AutoCAD

2024 辅助设计

周站长◎编著

从入门到精通

北京大学出版社
PEKING UNIVERSITY PRESS

内 容 简 介

在计算机辅助设计领域，不论是普通图纸的绘制，还是机械、建筑、服装、电气、供暖等专业辅助设计图纸的绘制，AutoCAD无疑是人们必须掌握的基础性工具软件之一。

本书根据作者十余年教学和设计使用经验编写，是一本全面介绍AutoCAD软件基础功能、操作技巧、实战案例的学习用书。本书对软件界面、软件优化设置、基础功能、精确绘图与图形定位、绘图命令、修改命令、文本与表格、尺寸与标注、特性与图层、图块与组、模型与布局出图、打印图纸等方面进行了详细讲解，并提供了相应的操作案例示范和实战技巧提示，帮助读者全面掌握AutoCAD 2024的操作技巧和应用方法，提高绘图效率和质量。

本书讲解系统，案例实用，适合AutoCAD初学者和进阶用户阅读，同时也适合相关领域的绘图人员、设计人员、考级学习人员等参考使用。

图书在版编目(CIP)数据

AutoCAD 2024辅助设计从入门到精通 / 周站长编著.
北京：北京大学出版社，2024.8. -- ISBN 978-7-301
-35207-6

Ⅰ. TP391.72

中国国家版本馆CIP数据核字第2024J06H98号

书 名	AutoCAD 2024辅助设计从入门到精通
	AutoCAD 2024 FUZHU SHEJI CONG RUMEN DAO JINGTONG
著作责任者	周站长 编著
责任编辑	刘 云 姜宝雪
标准书号	ISBN 978-7-301-35207-6
出版发行	北京大学出版社
地 址	北京市海淀区成府路205号 100871
网 址	http://www.pup.cn 新浪微博：@北京大学出版社
电子邮箱	编辑部 pup7@pup.cn 总编室 zpup@pup.cn
电 话	邮购部 010-62752015 发行部 010-62750672 编辑部 010-62570390
印 刷 者	北京飞达印刷有限责任公司
经 销 者	新华书店
	787毫米×1092毫米 16开本 20.75印张 499千字
	2024年8月第1版 2024年8月第2次印刷
印 数	3001-7000册
定 价	79.00元

前言

INTRODUCTION

　　自从大学时代在机房首次接触AutoCAD，我便对这款软件产生了浓厚的兴趣。当时，我的学习途径主要依赖课内的老师教学和课外的自学。由于在学习过程中不断遇到各种挑战，我开始在AutoCAD的帮助文档中寻求答案。然而，很多时候我遇到的问题在帮助文档中并未找到解答，或者某些专业术语对我而言还不够清晰。因此，我逐渐转向网络，关注了一些专业的AutoCAD论坛，并从中学习到了许多实用的技巧和知识。同时，我也乐于在论坛上帮助其他网友解答问题，分享我的见解和经验。

　　随着对AutoCAD理解的深入，我萌生了创建一个属于自己的论坛的想法，旨在将我的知识系统化地沉淀下来，并帮助那些渴望学习的人。尽管对于一个非计算机专业的学生来说，搭建一个网站是一项艰巨的任务，但我并未因此退缩。从服务器环境的搭建、网站程序的选择、网站的备案，到后续的网站框架构思和运营管理，我全部亲力亲为，不断探索和学习。终于，在2011年4月，我的第一个网站——"CAD自学网"正式上线，至今已走过13个春秋。

　　在这十多年的时间里，我于2015年注册了"CAD自学网"微信公众号，专注于分享AutoCAD设计知识。近年来，我又开始在各大短视频平台以短视频的形式分享AutoCAD相关的知识。尽管我已经与AutoCAD相伴十多年，并持续在使用和分享与之相关的内容，但我依然发现有些功能或变量我尚未涉足。为了更系统地分享我的知识，我尝试将过去的文章进行分类整理，形成了"CAD百科全书"（在"CAD自学网"微信公众号回复"百科全书"即可获取）。然而，仍有许多用户询问是否有相关的书籍可供参考，这促使我产生了编写一本关于AutoCAD的书籍的想法。

◆ 本书特色

1. 全面指南

　　本书是一本关于AutoCAD 2024的完全使用手册，共11章，涵盖了从基础设置到高级功能的全面介绍，旨在帮助读者系统地掌握AutoCAD的使用。

2. 实操性强

　　书中配备了大量的实操案例，结合作者丰富的经验提示，使读者能够更快地掌握AutoCAD 2024的使用技巧。

3. 配套资源丰富

本书不仅提供了实操案例的素材文件，还附赠了价值近千元的"CAD练习题实战视频讲解"，助力读者更好地备考相关考试。

♦ 除了本书，你还可以获得什么？

1. CAD 快捷键大全

根据作者多年使用经验整理的AutoCAD快捷键，可以帮助读者提高绘图效率。

2. 各行业 CAD 图块素材

涵盖机械、室内、建筑等多个行业的图块素材，助力读者的设计工作。

3. CAD 图案填充素材

提供数千种常用AutoCAD填充图案，以及自定义填充图案的插件和使用方法。

4. CAD 字体库

包含6000多种AutoCAD字体文件，以及字体的使用方法和特殊字体问题的解决方案。

5. CAD 常用插件

提供一些实用的AutoCAD插件，帮助读者更高效地完成绘图任务。

由于篇幅所限，本书无法涵盖AutoCAD的所有知识和各个行业的深入应用。如果您在学习和使用过程中遇到问题，欢迎访问我的网站或微信公众号（CAD自学网）进行咨询，我将尽我所能为您解答。同时，我也期待广大读者对本书提出宝贵的意见和建议，帮助我不断完善和提高。

温馨提示：本书提供的附赠资源，读者可以通过扫描封底二维码，关注"博雅读书社"微信公众号，输入本书77页的资源下载码，根据提示获取。

目录

CONTENTS

第6章 图纸更清楚：文本与表格使用详解

第7章 图纸好坏的关键：尺寸与标注使用详解

第1章

工作更丝滑：AutoCAD认识与优化设置

1.1 · 软件界面：认识工作场景

　　AutoCAD（Autodesk Computer Aided Design）是由美国Autodesk（欧特克）公司首次于1982年开发推出的自动计算机辅助设计软件，是集二维绘图、三维设计、参数化设计、协同设计及通用数据库管理和互联网通信功能为一体的计算机绘图软件。AutoCAD因为具有操作简单、功能强大、易拓展等优点，故被广泛使用。AutoCAD从早期的1.0版本，经过多次版本更新与功能完善，现已发展到2024版本，它被广泛应用于机械设计、土木工程设计、建筑设计、室内装饰设计、电气设计、家具设计、园林景观设计和服装设计等领域。同时，AutoCAD也是一个开放性的工程设计平台，其开放性的源码可供各个领域进行二次开发，目前国内一些比较流行的二次开发软件有天正系列、源泉设计、燕秀工具箱、赫思CAD等。

　　本书内容以最新版的AutoCAD 2024为基础，相关知识也适用于其他版本的AutoCAD。

　　首次完成安装AutoCAD软件之后，计算机桌面会生成AutoCAD的快捷图标，只需双击该快捷图标，即可启动AutoCAD 2024软件。AutoCAD开始界面如图1-1所示。

图1-1

由于 AutoCAD 开始界面不是很常用，因此这里不做过多介绍。如图 1-2 所示，单击【新建】下拉按钮，在打开的下拉列表中选择【浏览模板】选项，弹出"选择模板"对话框，选择 acadiso.dwt 模板，单击【打开】按钮，如图 1-3 所示，最终界面如图 1-4 所示。

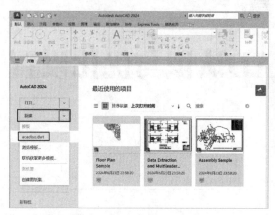

图 1-2

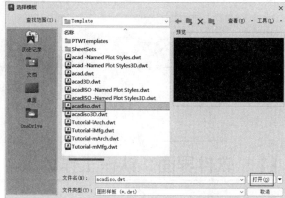

图 1-3

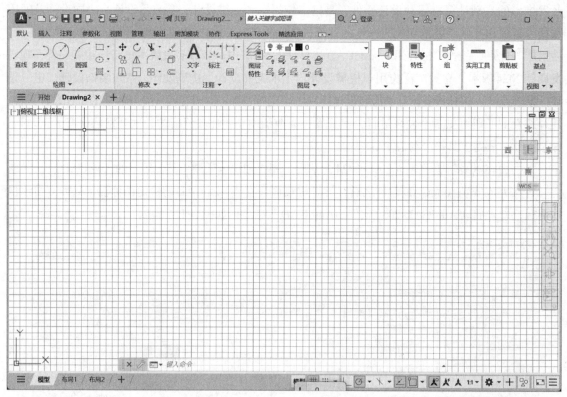

图 1-4

AutoCAD 初始界面由程序菜单、快速访问工具栏、标题栏、交互信息工具栏、菜单栏、功能区、文件选项卡、绘图区、视图与视觉样式、十字光标、ViewCube、导航栏、命令行、坐标系、模型与布局选项卡和状态栏组成，如图 1-5 所示。

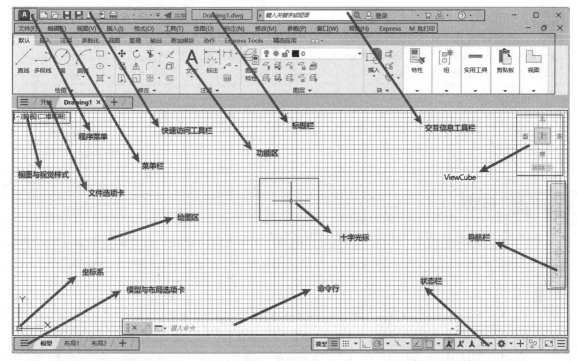

图 1-5

1.1.1 程序菜单

【程序菜单】按钮 位于 AutoCAD 界面左上角，单击【程序菜单】按钮，弹出程序菜单，如图 1-6 所示，其中包括【最近使用的文档】【打开的文档】【选项】【退出 AutoCAD 2024】等内容及左边竖排的常用功能，包括【新建】【打开】【保存】【另存为】【输入】【输出】【发布】【打印】【图形实用工具】【关闭】。

1.1.2 快速访问工具栏

AutoCAD 2024 界面中的快速访问工具栏包含一些常用的快捷操作按钮，方便用户使用，默认包括【新建】【打开】【保存】【另存为】【从 Web 和 Mobile 中打开】【保存到 Web 和 Mobile】【打印】【放弃】【重做】，如图 1-7 所示。

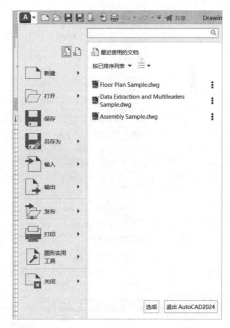

图 1-6

图 1-7

技能
拓展

单击快速访问工具栏右侧的向下箭头 ▼，可以对快速访问工具栏进行自定义设置。图1-8所示为自定义快速访问工具栏，选中代表在快速访问工具栏中显示该功能按钮，反之亦然。

图1-8

1.1.3 标题栏

标题栏由AutoCAD软件名称和当前打开图纸名称组成，如图1-9所示。

AutoCAD2024　Drawing1.dwg

图1-9

技能
拓展

我们也可以自定义标题栏为AutoCAD软件名称和当前图纸完整路径，设置方法如下：选择【工具】→【选项】，如图1-10所示，在弹出的【选项】对话框中选择【打开和保存】选项卡，选中【在标题中显示完整路径】复选框，单击【确定】按钮，如图1-11所示。此时只需要保存一次图纸，或者打开已有的图纸，标题栏中就会显示该图纸的完整路径，如图1-12所示。

图1-10

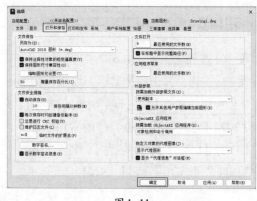

图1-11

AutoCAD2024　C:\Users\Administrator\Desktop\Drawing1.dwg

图1-12

1.1.4 交互信息工具栏

交互信息工具栏由【搜索】【登录】【Autodesk App Store】【保持连接】【帮助】构成，如图1-13所示。

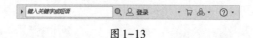

图1-13

1.1.5　菜单栏

默认情况下，AutoCAD 2024 的菜单栏处于隐藏状态。要显示菜单栏，可以单击快速访问工具栏右侧的向下箭头，在打开的下拉列表中选择【显示菜单栏】选项，如图 1-14 所示。默认情况下，菜单栏包括【文件】【编辑】【视图】【插入】【格式】【工具】【绘图】【标注】【修改】【参数】【窗口】和【帮助】12 个菜单，这 12 个菜单涵盖了 AutoCAD 绝大多数的操作命令，后面章节会——介绍，故这里不再详细介绍。

> **技能拓展**　用户也可以通过命令 menubar 将其值改成 1 或 0 来显示和隐藏菜单栏。

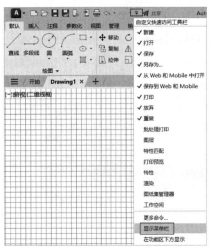

图 1-14

1.1.6　功能区

功能区位于菜单栏下方、文件选项卡上方，在【草图与注释】绘图环境中显示，由选项卡和面板组成。默认情况下，选项卡包括【默认】【插入】【注释】【参数化】【视图】【管理】【输出】【附加模块】【协作】【Express Tools】【精选应用】，面板包括【绘图】【修改】【注释】【图层】【块】【特性】【组】【实用工具】【剪贴板】【视图】，如图 1-15 所示。

图 1-15

（1）如果功能区隐藏，可以选择【工具】→【选项板】→【功能区】选项，如图 1-16 所示；或者在命令行输入 ribbon 命令。

（2）如果功能区显示选项卡缺失，可以在选项卡空白处右击，在弹出的快捷菜单中的【显示选项卡】级联菜单中选择需要的选项卡，如图 1-17 所示。

（3）如果需要的显示面板隐藏，可以在面板空白处右击，在弹出的快捷菜单中的【显示面板】级联菜单中选择需要的面板，如图 1-18 所示。

图 1-16　　　　　　　　图 1-17　　　　　　　　图 1-18

1.1.7　文件选项卡

文件选项卡位于功能区与绘图区之间，方便用户快速切换图形及执行图形的一些快捷操作，如新建、保存、打开等，如图 1-19 所示。

（1）单击文件选项卡左侧的 ☰ 图标，可以对当前打开的文件进行切换、新建、打开、全部保存及全部关闭等快捷操作，如图 1-20 所示。

（2）单击某一个文件选项卡，可以快速切换当前图纸的模型与布局空间，也可以对当前图纸进行快速打印与发布，如图 1-21 所示。

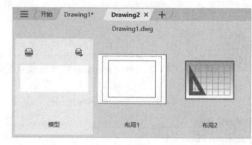

图 1-19　　　　　　　　　　图 1-20　　　　　　　　　　　　图 1-21

（3）选中某个文件选项卡，按住鼠标左键不放，可以进行多窗口操作，这对多屏计算机非常方便。如不需要，再将该窗口拖回去即可，如图 1-22 所示。

（4）单击文件选项卡右侧的 ＋ 图标，可以快速新建图形，如图 1-23 所示。

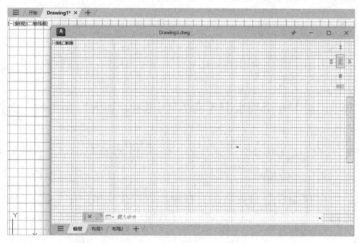

图 1-22

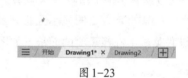

图 1-23

1.1.8　绘图区

绘图区是整个 AutoCAD 界面中占用面积最大的一块区域，用户绘制、编辑图纸主要是在该区域（见图 1-24）。绘图区是无限大的，可以通过鼠标滚轮放大或缩小该区域，使图形调至合适大小；也可以通过按住鼠标滚轮不放进行平移操作。

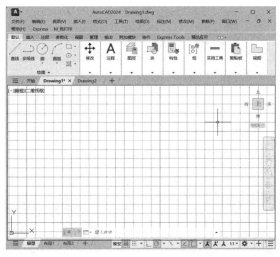

图 1-24

1.1.9　视图与视觉样式

视图与视觉样式位于绘图区左上角，可以通过单击【视图】控件更改视图类型，或者通过【视觉样式】控件更改图形的显示方式，如图 1-25 和图 1-26 所示。

1.1.10　坐标系

坐标系位于绘图区左下角，其作用是为点的坐标确定一个参考系。根据用户需要，可以对坐标系进行设置及新建。新建坐标系可以通过 UCS 命令实现，后面章节我们会详细讲解。设置坐标系可以通过 UCS 命令实现如图 1-27 和表 1-1 所示。

图 1-25

图 1-26

图 1-27

表 1-1　UCS 命令中各选项含义

选项	含义
开	显示 UCS 图标
关	关闭 UCS 图标
全部	将对图标的修改应用到所有活动视口。否则，UCS 命令只影响当前视口

选项	含义
非原点	无论 UCS 原点在何处,均在视口的左下角显示图标
原点	在当前 UCS 的原点 (0,0,0) 处显示该图标。如果原点超出视图,其将显示在视口的左下角
可选	控制 UCS 图标是否可选并且可以通过夹点操作
特性	显示"UCS 图标"对话框,从中可以控制 UCS 图标的样式、可见性和位置

1.1.11 ViewCube和导航栏

　　ViewCube是用户在二维模型空间或三维视觉样式中处理图形时显示的导航工具。通过ViewCube,用户可以在标准视图和等轴测视图间切换。导航栏位于绘图区右侧,由全导航控制盘、平移、范围缩放、动态观察、showmotion组成。用户可以通过ViewCube和导航栏这两个工具查看图纸的状态,如图1-28所示。

图 1-28

　　技能拓展　如果想取消ViewCube和导航栏显示,可以在【视图】选项卡中取消【ViewCube】和【导航栏】,如图1-29所示。

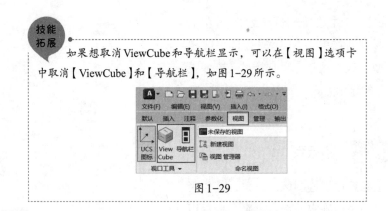

图 1-29

1.1.12 命令行

　　命令行位于绘图区正下方,是输入命令和显示命令提示的区域,如图1-30所示;选择命令行左边█图标,按住鼠标左键不放,可以移动命令行至其他位置;单击【关闭】██按钮,可以关闭命令行。单击██按钮,可以自定义命令行;单击██按钮,可以查看最近使用的命令。单击最右侧向上箭头██,可以查看命令历史记录。

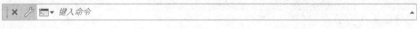

图 1-30

　　技能拓展　如果命令行不见了,则可以按【Ctrl+9】组合键打开与关闭命令行。

1.1.13 十字光标

十字光标由十字线和拾取框组成，绘图过程中的绝大部分选择操作由十字光标完成。

> **技能拓展**
>
> 更改十字光标大小和拾取框大小的方法如下：在CAD命令行输入op命令，按Enter键，弹出【选项】对话框，选择【显示】选项卡，拖动十字光标大小滑块或更改数值，即可更改十字光标大小，如图1-31所示。同理，选择【选择集】选项卡，拖动拾取框大小滑块，即可更改拾取框大小，如图1-32所示。

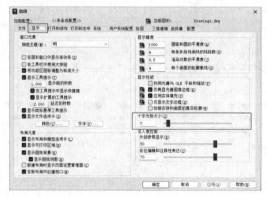

图1-31

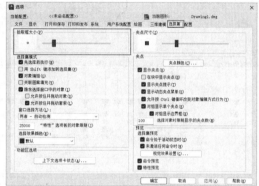

图1-32

1.1.14 模型与布局选项卡

模型与布局选项卡位于AutoCAD界面左下角，包括一个模型选项卡和两个布局选项卡，默认情况下系统是打开模型选项卡的，如图1-33所示。模型选项卡是绘制图形的主要空间，而在布局选项卡中可以通过视口将模型空间图形按不同比例排布，从而达到快速、准确、高效出图的效果。

图1-33

1.1.15 状态栏

状态栏位于AutoCAD界面底部，和模型与布局选项卡在一起，默认情况下状态栏依次显示【模型】【栅格】【捕捉模式】【正交模式】【极轴追踪】【等轴测草图】【对象捕捉追踪】【二维对象捕捉】【注释可见性】【自动缩放】【注释比例】【切换工作空间】【注释监视器】【隔离对象】【全屏显示】【自定义】，如图1-34所示。单击状态栏中的按钮，可实现这些功能的开与关或控制图形与绘图区的状态。

图1-34

如需状态栏显示更多功能，可以单击状态栏最右侧的【自定义】按钮，选中需要的功能即可，如图1-35所示。在状态栏全部打开的状态下，各功能名称如图1-36所示，状态栏各功能含义如表1-2所示。

图 1-35

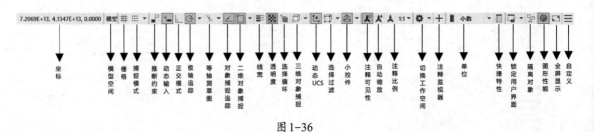

图 1-36

表 1-2　状态栏各功能含义

功能	含义
坐标	显示光标位置的坐标
模型	表示当前正在模型空间中工作。在模型空间中，单击此按钮可显示最近访问的布局；在布局中，单击此按钮可从布局视口中的模型空间切换到图纸空间
栅格	在绘图区域中显示栅格
捕捉模式	启用捕捉到栅格。启用栅格捕捉后，当移动光标时，光标将捕捉到指定的栅格间距上。启用极轴捕捉后，光标将沿指定的极轴对齐路径捕捉到指定的距离
推断约束	在创建或编辑几何图形时自动应用几何约束
动态输入	在光标附近显示工具提示，以便使用工具提示为命令指定选项，并为距离和角度指定值
正交模式	约束光标在水平方向或垂直方向移动
极轴追踪	沿指定的极轴角度跟踪光标
等轴测草图	通过沿着等轴测轴（每个轴之间的角度是 $120°$）对齐对象模拟等轴测图形环境
对象捕捉追踪	从对象捕捉点沿着垂直对齐路径和水平对齐路径追踪光标
二维对象捕捉	移动光标时，将光标捕捉到最近的二维参照点，如端点、圆心、中点等
线宽	在图形中显示线宽。模型空间使用成比例的像素宽度显示线宽，布局使用真实单位显示线宽
透明度	为所有透明度特性设置为非零值的对象启用透明度。禁用此按钮后，所有对象都将是不透明的

续表

功能	含义
选择循环	启用选择循环，该功能可帮助用户在对象彼此重叠的情况下选择对象
三维对象捕捉	移动光标时，将光标捕捉到最近的三维参照点，如顶点、边上的中点、最近的面等
动态 UCS	将 UCS 的 XY 平面与一个三维实体的平整面临时对齐
选择过滤	指定将光标移动到对象上方时，哪些对象将会亮显
小控件	显示三维小控件，可以帮助用户沿三维轴或平面移动、旋转或缩放一组对象
注释可见性	使用注释比例显示注释性对象。禁用后，注释性对象将以当前比例显示
自动缩放	当注释比例发生更改时，自动将注释比例添加到所有的注释性对象
注释比例	设置模型空间中的注释性对象的当前注释比例
切换工作空间	将当前工作空间更改为用户选择的工作空间
注释监视器	打开注释监视器。当注释监视器处于打开状态时，系统将在所有非关联注释上显示标记
单位	设置当前图形的图形单位
快捷特性	选中对象时显示"快捷特性"窗口
锁定用户界面	锁定工具栏和可固定窗口（如"设计中心"和"特性"窗口）的位置和大小
隔离对象	隐藏绘图区域中的选定对象，或显示先前隐藏的对象
图形性能	启用硬件加速以利用已安装的显卡的 GPU，而不是利用计算机的 CPU
全屏显示	通过清除功能区、工具栏和可固定窗口（命令窗口除外）的绘图区域，最大化绘图区域
自定义	指定在状态栏中显示哪些命令按钮

技能拓展 ● 如果底部状态栏隐藏，可以在命令行输入 statusbar 命令，按 Enter 键，将值改成 1，即可显示状态栏。

1.1.16 实操：设置经典工作空间界面

从 AutoCAD 2015 版本开始，AutoCAD 工作空间已默认不再包括经典工作空间，如果需要经典工作空间界面，则需要用户自定义。这也是很多习惯使用 AutoCAD 2015 以下版本的用户，突然转换到 AutoCAD 2015 及以上版本时，经常会遇到的一个问题。

设置 AutoCAD 经典工作空间界面的步骤如下。

步骤1 调出 AutoCAD 菜单栏。

单击快速访问工具栏右侧的下拉按钮，在打开的下拉列表中选择【显示菜单栏】选项，如图 1-37 所示，结果如图 1-38 所示。

步骤2 关闭功能区。

选择【工具】→【选项板】→【功能区】选项，如图1-39所示，最终界面如图1-40所示。

图 1-37

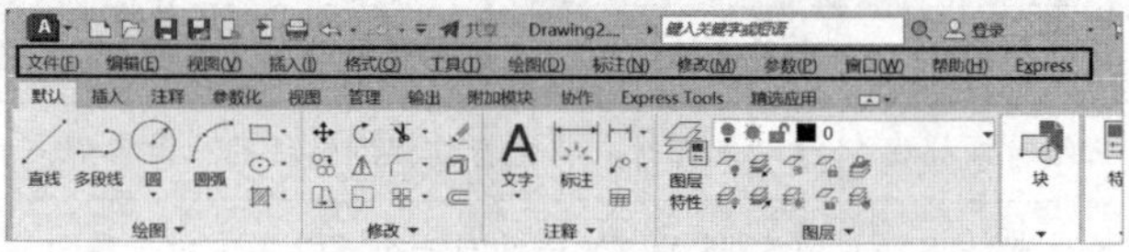

图 1-38

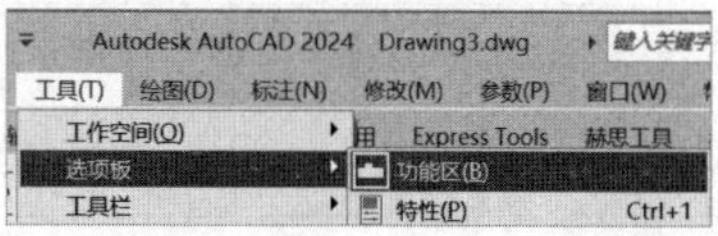

图 1-39

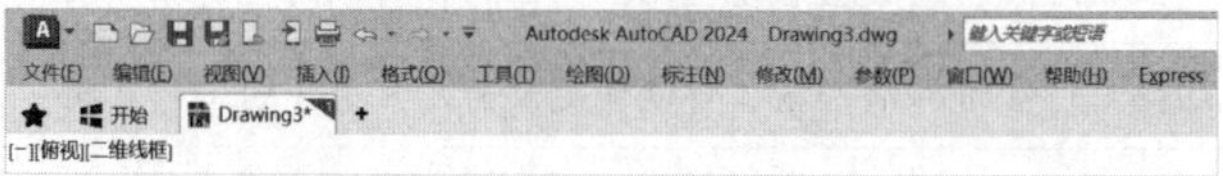

图 1-40

步骤3 调出常用工具栏。

选择【工具】→【工具栏】→【AutoCAD】选项，在其级联菜单中依次选中【修改】【图层】【标准】【样式】【特性】【绘图】【绘图次序】，如图1-41所示，最终工具栏如图1-42所示。

图 1-41

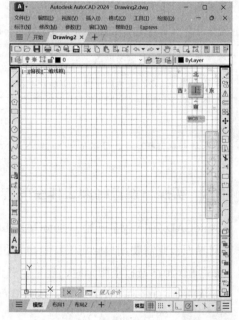

图 1-42

步骤4 保存工作空间。

单击状态栏中的切换工作空间按钮 ✿▾，在其下拉列表中选择【将当前工作空间另存为】选项，如图 1-43 所示，弹出【保存工作空间】对话框，在【名称】文本框中输入【AutoCAD 经典】，单击【保存】按钮，如图 1-44 所示，保存 AutoCAD 经典工作空间如图 1-45 所示。

图 1-43　　　　　　　　　　　　图 1-44　　　　　　　　　　　　图 1-45

最终的 AutoCAD 经典工作空间界面如图 1-46 所示。

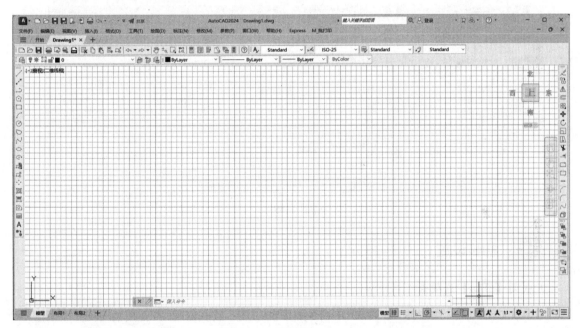

图 1-46

1.2 · 软件优化设置：准备进入工作

俗话说："工欲善其事，必先利其器。"AutoCAD 作为一款绘图软件，要想利用得好，必选设置好。本节将介绍安装 AutoCAD 之后需要做的一些基础设置，供读者参考。

首次安装完成并打开 AutoCAD 后会出现如图 1-47 所示的开始界面。单击快速访问工具栏中的【新建】按钮 ，弹出【选择样板】对话框，选择【acadiso.dwt 模板】，单击【打开】按钮，如图 1-48 所示，新建界面如图 1-49 所示。

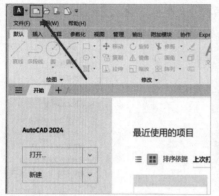

图 1-47

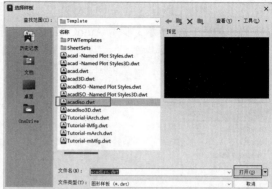

图 1-48

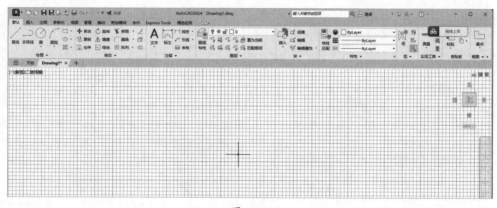

图 1-49

1.2.1 初步设置

1. 关闭【开始】选项卡

在 AutoCAD 命令行输入 STARTMODE 命令并按 Enter 键，将其值改成 1 并按 Enter 键，如图 1-50 所示，即可关闭【开始】选项卡，最终结果如图 1-51 所示。STARTMODE 参数各值含义如表 1-3 所示。

图 1-50   图 1-51

表 1-3　STARTMODE 参数各值含义

值	含义
0	关闭【开始】选项卡，该选项卡将在用户下次启动应用程序时禁用
1	【开始】选项卡处于启用和显示状态

2. 设置 AutoCAD 启动时或打开新图形时显示的内容

在 AutoCAD 命令行输入 STARTUP 命令并按 Enter 键，将其值设置成 0 并按 Enter 键，如图 1-52 所示。结合上面将 STARTMODE 参数设置为 0，再将 STARTUP 参数设置为 0 后，启动 AutoCAD，会发现【开始】选项卡已关闭，同时新建 Drawing1 图形，如图 1-53 所示。startup 参数各值含义如表 1-4 所示。

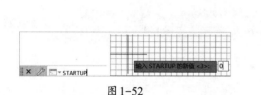

图 1-52

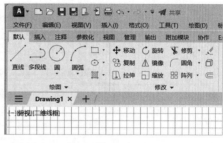

图 1-53

表 1-4　STARTUP 参数各值含义

值	含义
0	在未定义设置的情况下启动图形
1	显示【启动】或【创建新图形】对话框
2	显示【开始】选项卡。如果该选项卡在应用程序中可用，将显示自定义对话框
3	打开或创建新图形时，将显示【开始】选项卡并预加载功能区

3. 合并任务栏多个文件显示

在 AutoCAD 命令行输入 TASKBAR 命令并按 Enter 键，将其值设置成 0 并按 Enter 键，合并任务栏，如图 1-54 所示。任务栏合并前后效果对比如图 1-55 所示。TASKBAR 参数各值含义如表 1-5 所示。

图 1-54

图 1-55

表 1-5　TASKBAR 参数各值含义

值	含义
0	仅显示当前图形的名称
1	单独显示图形

温馨
提示

根据每个人的习惯不同，可自行选择是否合并任务栏。如合并任务栏后需要切换图形，可以通过文件选项卡进行切换。

至此，AutoCAD软件的初步设置已经完成。重新打开AutoCAD，其界面中没有【开始】选项卡并且新建Drawing1图形（如存在多文件，也会合并多个文件），如图1-56所示。

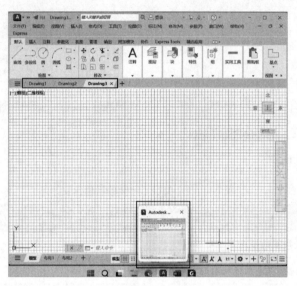

图1-56

1.2.2 细节设置

1. 调出 AutoCAD 菜单栏

单击快速访问工具栏右侧的向下箭头 ，在打开的下拉列表中选择【显示菜单栏】选项，如图1-57所示，即可调出菜单栏，如图1-58所示。

图1-57

图1-58

温馨
提示

在命令行输入menubar命令并按Enter键，将值改成1并按Enter键，也可以调出AutoCAD菜单栏。

2. 调出常用选项卡

在选项卡空白处右击，在弹出的快捷菜单中选择【显示选项卡】选项，如图1-59所示，其级联菜单中包括【默认】【插入】【注释】【参数化】【三维工具】【可视化】【视图】【管理】【输出】【协作】【Express Tools】选项卡。

3. 设置状态栏图标

单击状态栏最右侧 ≡ 图标，在打开的下拉列表中选择需要显示的图标，如图1-60所示。一般情况下，笔者习惯除了【锁定用户界面】和【全屏显示】不选中，其他都选中，读者可以根据自己的实际情况选择。

4. 设置对象捕捉

单击状态栏中的【对象捕捉】下拉按钮，在打开的下拉列表中选择【端点】【中点】【圆心】【几何中心】【交点】【延长线】【垂足】【切点】，如图1-61所示（读者也可以根据自己的实际情况选择）。

图1-59 选择需要显示的图标

图1-60 状态栏

图1-61 对象捕捉设置

同时，状态栏开启【动态输入】【极轴追踪】【对象捕捉追踪】【对象捕捉】，并关闭【栅格】，如图1-62所示。其他选项保持默认即可，后面有需要时再打开。

图1-62

至此，AutoCAD的细节设置已经完成，主要设置了菜单栏、选项卡、状态栏图标和对象捕捉，如图1-63所示。

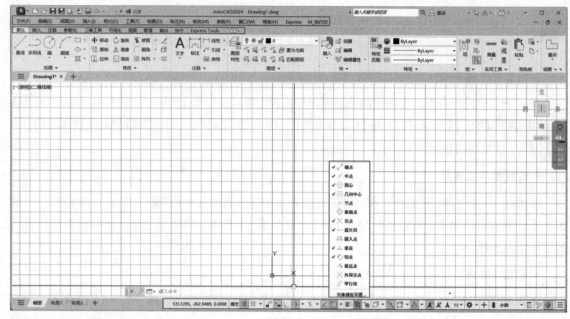

图 1-63

1.2.3 深度设置

选择【工具】→【选项】选项，如图 1-64 所示，弹出【选项】对话框，如图 1-65 所示。

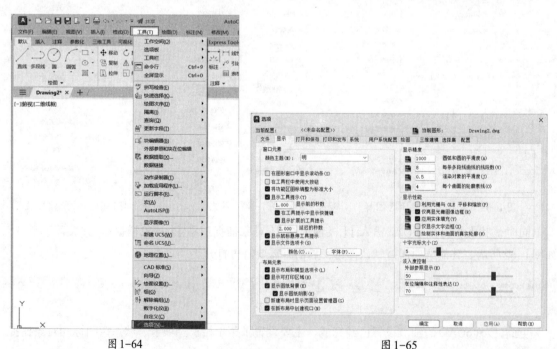

图 1-64　　　　　　　　　　　　　　图 1-65

（1）选择【显示】选项卡，将十字光标大小调到最大，单击【应用】按钮，如图 1-66 所示。

（2）选择【打开和保存】选项卡，将【文件保存】面板中的【另存为】格式改成AutoCAD 2007/LT2007，单击【应用】按钮，如图1-67所示。

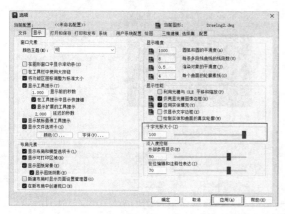

图 1-66

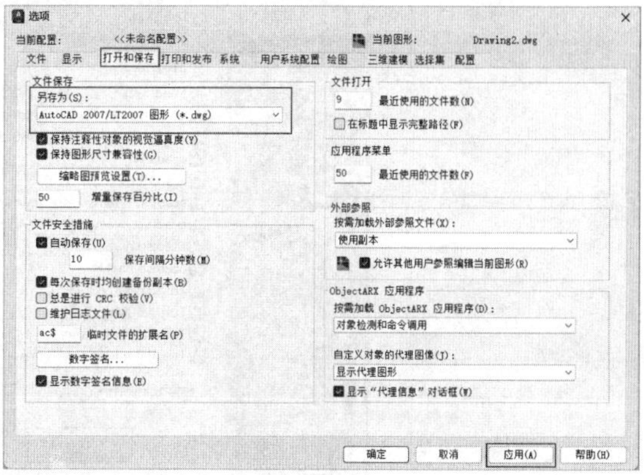

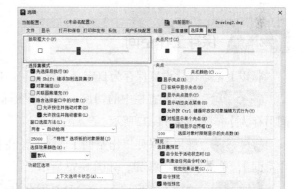

图 1-67

（3）更改拾取框大小。选择【选择集】选项卡，将拾取框更改至适合大小，单击【确定】按钮，如图1-68所示。

（4）取消栅格显示。默认情况下启动AutoCAD后绘图区会有栅格显示，如图1-69所示。如想取消栅格显示，可以单击状态栏中的【栅格显示】图标，最终结果如图1-70所示。

图 1-68

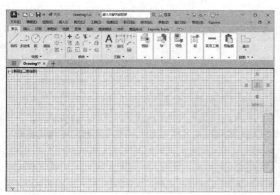

图 1-69

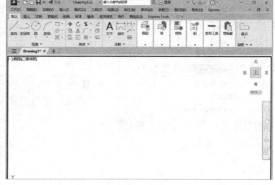

图 1-70

如图1-71所示，单击快速访问工具栏中的【另存为】按钮，在弹出的【图形另存为】对话框中选择文件类型为dwt，将文件名修改为【acadiso.dwt】，单击【保存】按钮，即可将其保存为模板文件，这样下次新建文件时使用该模板，即可自动取消栅格显示。

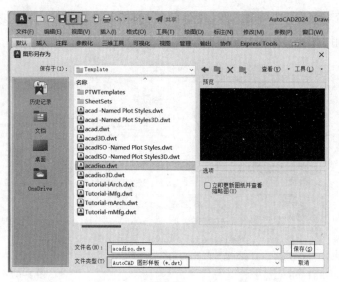

图 1-71

1.2.4 保存工作空间

将以上基础优化设置保存为自定义工作空间，具体步骤如下。

步骤1 单击状态栏中的切换工作空间图标 ⚙ ，在打开的下拉列表中选择【将当前工作空间另存为】选项，如图1-72所示。

步骤2 弹出【保存工作空间】对话框，在【名称】文本框中输入名称，如【周站长专用工作空间】，单击【保存】按钮，如图1-73所示。

步骤3 这样下次启动AutoCAD时就会自动默认该工作空间为当前工作空间。如果需要切换工作空间，则单击状态栏中的切换工作空间图标 ⚙ 进行切换即可，如图1-74所示。

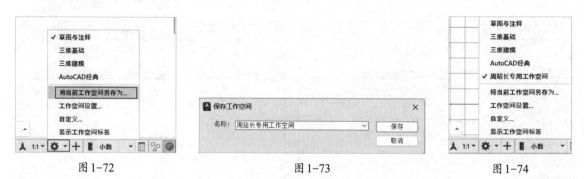

图 1-72　　　　　　　　　　图 1-73　　　　　　　　　　图 1-74

1.3 · 软件进阶优化设置

在1.2节我们讲解了AutoCAD的基础优化设置，本节将讲解AutoCAD的进阶优化设置。

在命令行输入op并按Enter键，弹出【选项】对话框，如图1-75所示。

1. 设置自动保存文件位置

在【选项】对话框中选择【文件】选项卡，在【搜索路径、文件名和文件位置】列表框中找到【自动保存文件位置】并打开，双击自动保存文件位置路径，如图1-76所示。弹出【浏览文件夹】对话框，找到需要保存的位置，这里为C盘中的【cad bakup】文件夹，选中该文件夹，单击【打开】按钮，如图1-77所示，再单击【应用】按钮，如图1-78所示。

图1-75

图1-76

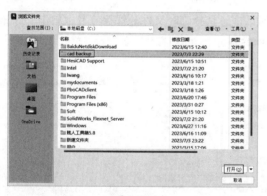

图1-77

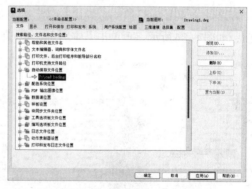

图1-78

2. 设置快速新建默认样板文件

在【选项】对话框中选择【文件】选项卡，在【搜索路径、文件名和文件位置】列表框中找到【样板设置】→【快速新建的默认样板文件名】，双击下方路径，如图1-79所示。弹出【选择文件】对话框，选择自己设置的模板，如acadiso.dwt，单击【打开】按钮，如图1-80所示，再单击【应用】按钮，如图1-81所示。

图1-79

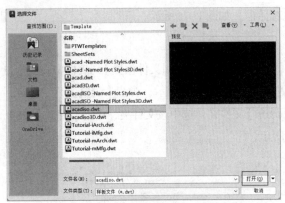

图 1-80

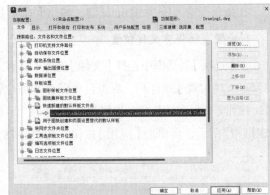

图 1-81

通过【快速新建】按钮，如图 1-82 所示，或者命令 qnew 来新建文件，不需要选择样板文件，系统将直接使用设置的默认样板，这样可以大大节省绘图时间。

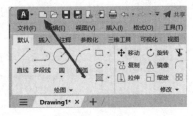

图 1-82

3. 设置临时图形文件位置

在【选项】对话框中选择【文件】选项卡，在【搜索路径、文件名和文件位置】列表框中找到【临时图形文件位置】，双击其下方路径，如图 1-83 所示。弹出【浏览文件夹】对话框，选择临时文件的保存位置，单击【打开】按钮，如图 1-84 所示，再单击【应用】按钮，如图 1-85 所示。

图 1-83

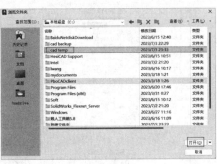

图 1-84

图 1-85

这样设置之后，临时文件就会被保存在该位置，如 .bak 文件。

4. 设置布局背景

大多数人使用 AutoCAD 画图时会采用默认的背景颜色，而使用最多的就是模型选项卡，模型选项卡中默认的背景颜色是黑色，模型空间背景颜色如图 1-86 所示。

布局空间的背景颜色是白色的，并且周围的图纸背景颜色是灰色的，布局空间背景颜色如图 1-87 所示。

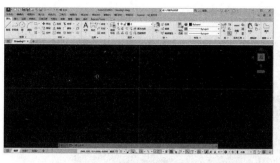
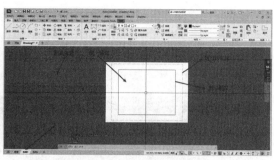

图 1-86　　　　　　　　　　　　图 1-87

下面将布局空间背景颜色设置成和模型空间一样。

在 AutoCAD 命令行输入 OP 命令并按 Enter 键，如图 1-88 所示。弹
出【选项】对话框，选择【显示】选项卡，取消选中【布局元素】中的
【显示可打印区域】【显示图纸背景】【在新布局中创建视口】复选框，单击【应用】按钮，如图 1-89
所示。

单击【窗口元素】中的【颜色】按钮，如图 1-90 所示。【图形窗口颜色】对话框，在【上下文】
列表框中选择【图纸/布局】，在【界面元素】列表框中选择【统一背景】【图纸背景】，将颜色改成
黑色，单击【应用并关闭】按钮，如图 1-91 所示。

图 1-88

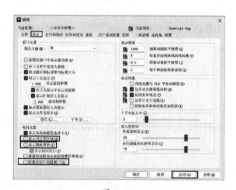
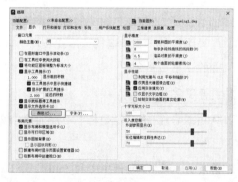

图 1-89　　　　　　　　　　　　图 1-90

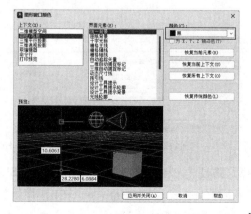
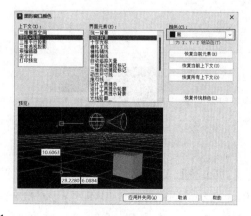

图 1-91

最终布局空间背景颜色如图1-92所示，和模型空间背景颜色完全相同。

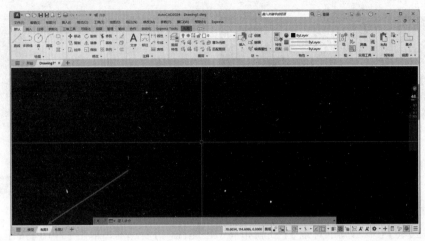

图1-92

1.4 · 软件运行加速优化设置

前面讲解了AutoCAD的一些优化设置，主要是一些使用习惯和界面的优化。作为一款使用频率很高的绘图软件，如果运行速度比较慢，或者经常出现一些错误，也会影响用户体验。结合笔者的使用经验，本节将介绍一些AutoCAD运行速度的优化设置。

1. 打开硬件加速

在AutoCAD的状态栏中将【硬件加速】按钮打开（选中代表打开，反之代表关闭），如图1-93所示。

2. 屏蔽AutoCAD通讯中心和AutoCAD FTP中心

按【Windows+R】组合键，弹出【运行】对话框，输入regedit，单击【确定】按钮，如图1-94所示。

图1-93

图1-94

打开【注册表编辑器】窗口，如图1-95所示，找到路径"计算机\HKEY_CURRENT_USER\Software\Autodesk\AutoCAD\R24.3\ACAD-7101:804\InfoCenter"，双击InfoCenterOn，弹出【编辑DWORD（32位）值】对话框，如图1-96所示，将【数值数据】改成0，单击【确定】按钮，如此

即可屏蔽AutoCAD通讯中心。

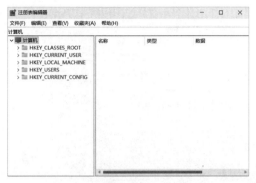

图 1-95

图 1-96

同样的操作方法，在【注册表编辑器】窗口中找到"计算机\HKEY_CURRENT_USER\Software\Autodesk\AutoCAD\R24.3\ACAD-7101:804\FileNavExtensions"，选中右侧的FTPSites并右击，在弹出的快捷菜单中选择【删除】，如图1-97所示，如此即可屏蔽AutoCAD FTP中心。

图 1-97

3. 修改 VTENABLE 的系统变量值

AutoCAD中的VTENABLE命令可启用平滑转换来切换显示区域，默认值是3。可以将其设置为0，以此加快AutoCAD启动速度。其设置方法如下：在AutoCAD命令行输入VTENABLE命令，按Enter键，将其值改成0即可，如图1-98所示。

4. 去掉启动 AutoCAD 时加载的 logo 界面

在默认情况下，AutoCAD 2024启动时会有图1-99所示的启动界面。

如果需要去掉该启动界面，只需在桌面选中AutoCAD 2024图标并右击，在弹出的快捷菜单中选择【属性】命令，如图1-100所示。弹出【AutoCAD 2024-简体中文（Simplified Chinese）属性】对话框，在【目标】中加载 /nologo（"/"前面有一个空格），单击【确定】按钮，如图1-101所示。

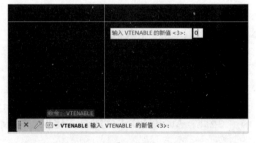

图 1-98

图 1-99

图 1-100

图 1-101

5. 优化高版本输入快捷键卡顿现象

单击命令行左侧的 ⌀ 图标，在打开的下拉列表中选择【输入搜索选项】，如图1-102所示。弹出【输入搜索选项】对话框，取消选中【启用中间字符串搜索】【在命令行中搜索内容（T）】复选框，设置【建议列表延迟时间】为100毫秒，即可优化高版本输入快捷键卡顿现象，如图1-103所示。

图 1-102

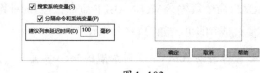

图 1-103

至此，AutoCAD运行加速优化设置完成。

第2章

效率会更高：基础功能操作详解

本章从5个方面介绍初学AutoCAD时需要了解的基础功能及概念，包括文件的相关操作、鼠标的用法与技巧、基本输入操作、动态输入的用法与技巧、坐标输入与坐标系。

2.1 · 文件的相关操作

2.1.1 新建文件

在1.2节中介绍了如何设置在AutoCAD启动时自动新建一个Drawing1文件，如果还想绘制其他图形，就需要继续新建图形。

1. 新建文件的几种常用方式

（1）程序菜单：AutoCAD界面左上角程序菜单图标 A →新建图标 新建。

（2）快速访问工具栏中的新建图标 。

（3）菜单栏：【文件】→【新建】。

（4）工具栏：【标准】工具栏中的新建图标 。

（5）文件选项卡中的加号图标 。

（6）命令行：NEW。

（7）快捷键：Ctrl+N。

2. 新建文件的步骤

任选上述一种新建文件的常用方式，AutoCAD会弹出【选择样板】对话框，如图2-1所示。文件类型选择【图形样板（*.dwt）】，选择某一个样板，如acadiso.dwt，单击【打开】按钮，即可新建一个图形文档。

图 2-1

3.快速新建文件方式

除上述介绍的新建文件常用方式之外，AutoCAD还提供了快速新建文件的方式，即提前设置好快速新建的默认样板文件（见1.3节），通过快速新建方式新建文档，从而可以省去选择样板的步骤，达到快速新建文件的目的。

（1）快速访问工具栏中的新建图标 □ 。

（2）命令行：QNEW。

（3）文件选项卡中的加号图标 ✚ 。

（4）工具栏：【标准】工具栏中的快速新建图标 □ 。

在我们设置好快速新建模板之后，通过上述几种方式新建文件，不会再弹出【选择样板】对话框，而是直接用快速新建样板文件自动新建文件。

2.1.2 打开文件

除了新建文件，用户也可以打开自己保存的文件或打开他人保存的文件进行学习或使用。

1.打开文件的几种常见方式

（1）程序菜单：AutoCAD界面左上角程序菜单图标 A →打开图标 🗁 打开 。

（2）快速访问工具栏中的打开图标 🗁 。

（3）菜单栏：【文件】→【打开】。

（4）工具栏：【标准】工具栏中的打开图标 🗁 。

（5）单击文件选项卡左边 ☰ 图标，然后单击打开图标 🗁 打开… 。

（6）命令行：OPEN。

（7）快捷键：Ctrl+O。

2.打开文件的步骤

任选上述一种常见文件打开方式，弹出【选择文件】对话框，如图2-2所示。

选择文件类型，如图2-3所示。在【文件类型】下拉列表中有.dwg、.dws、.dxf、.dwt四种格式，其中.dwg是AutoCAD创建的一种图纸保存格式，已成为二维CAD的标准格式；.dws为图层标准文件，保存一些图层定义和图层映射表，主要用于标准检查和图层转换；.dxf是用文本形式存储的图形文件，能够被其他程序读取，通常也是很多第三方软件都支持的格式；

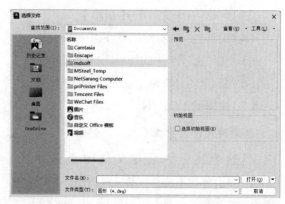

图2-2

.dwt为样板文件，保存了一些设置，如图层、标注样式、文字样式、线型等。

这里选择 .dwg，再选择需要打开的图形，单击【打开】按钮，即可打开图形，如图 2-4 所示。

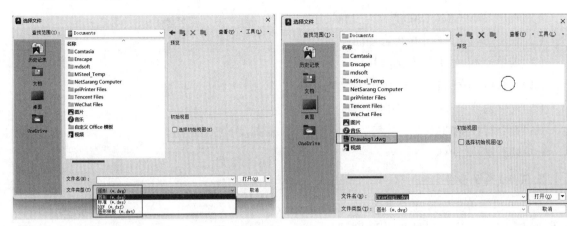

图 2-3　　　　　　　　　　　　　　　　图 2-4

3. 打开文件的其他几种方式

方式 1：双击图形文件。

方法 2：将图形文件拖入 AutoCAD 2024 快捷方式处打开，如图 2-5 所示。

方式 3：将图形文件拖入文件选项卡处打开，如图 2-6 所示。

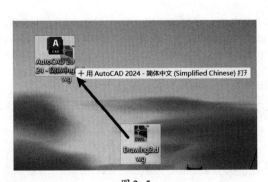

图 2-5

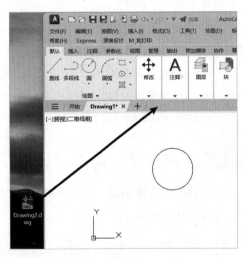

图 2-6

> **技能拓展**
>
> AutoCAD 低版本无法打开高版本格式的图形文件，高版本 AutoCAD 则可以打开低版本格式的图形文件。

2.1.3　保存文件

图形文件绘制或修改之后，需要保存图形文件。

1. 保存文件的几种方式

（1）程序菜单：AutoCAD界面左上角程序菜单图标 **A·** →保存图标 **日 保存**。

（2）快速访问工具栏中的保存图标 **日**。

（3）菜单栏：【文件】→【保存】。

（4）工具栏：【标准】工具栏中的保存图标 **日**。

（5）文件选项卡：选中文件选项卡右击进行保存。

（6）命令行：SAVE。

（7）快捷键：Ctrl+S。

2. 保存文件的步骤

任选上述一种文件保存方式之后，如果是首次保存，会弹出【图形另存为】对话框，如图2-7所示，选择保存位置、文件名、文件类型，单击【保存】按钮即可；如果不是首次保存，则执行保存操作之后会将文件保存在最后一次保存的位置。

图 2-7

3. 保存文件的小技巧

（1）保存和另存为的区别：首次保存文件等同于另存为；非首次保存文件时无须选择保存位置、文件名和文件类型，直接保存为前一次设置。

（2）AutoCAD目前保存的.dwg格式有R14、2000、2004、2007、2010、2013、2018版本，即2024版本最高也只可以保存为2018版本。

（3）可设置AutoCAD默认保存版本格式，详见1.2.3节相关内容。

2.1.4 关闭文件

绘制完成图形文件之后，如果不需要某个图形文件，可以选择关闭它。

1. 关闭文件的几种方式

（1）程序菜单：AutoCAD界面左上角程序菜单图标 **A·** →关闭图标 **□· 关闭**。

（2）菜单栏：【文件】→【关闭】。

（3）文件选项卡：选中文件选项卡右击进行关闭。

（4）AutoCAD界面右上角关闭图标 **✕**。

2. 关闭文件的步骤

执行关闭命令后，如果该文件已被保存，则会直接关闭；如果未被保存，则弹出是否保存对话框，如图2-8所示。若单击【否】按钮，则无论有没有保存文件都会关闭。若单击【是】按钮，如果文件被保存过，将直接保存文档，并保存在上一次保存的位置；如果文件从未被保存，将弹出【图形另存为】对话框，如图2-9所示。

图2-8 图2-9

3.关闭、全部关闭与退出的区别

关闭、全部关闭与退出的区别具体如下。

（1）关闭：只关闭当前选项卡的文档。

（2）全部关闭：关闭AutoCAD中打开的所有文档。执行全部关闭的方式有以下几种。

①单击【程序菜单】→【关闭】→【所有图形】，关闭所有图形，如图2-10所示。

②选中文件选项卡并右击，在弹出的快捷菜单中选择【全部关闭】命令，如图2-11所示。

在全部关闭后，如果文件没有保存，会提示用户逐个进行保存；如果已经保存，则直接全部关闭。文档全部关闭后界面如图2-12所示。

图2-10 图2-11 图2-12

（3）退出：退出整个软件，执行方式有如下几种。

①程序菜单：退出AutoCAD 2024。

②菜单栏：【文件】→【退出】。

③AutoCAD界面右上角关闭图标 ×。

④命令行：QUIT或EXIT。

⑤快捷键：Ctrl+Q。

2.2 · 鼠标的用法与技巧

AutoCAD充分利用了鼠标左键、滚轮和右键。熟练掌握鼠标的操作，可以有效提高操作效率，从而大大提高绘图效率。

本节将简单介绍鼠标左键、滚轮和右键在AutoCAD中的基本操作技巧。

2.2.1 鼠标左键

1. 选择并执行命令

AutoCAD提供了多种执行命令的方式，其中常用的是命令行，用户可以直接输入命令或使用快捷键来执行所需功能。另外，在实际操作中，用户也可以通过单击鼠标左键在菜单栏、工具栏或功能区中选择并执行命令，如图2-13所示。

图2-13

用户不仅可以通过单击鼠标左键在菜单栏、工具栏或功能区中选择并执行命令，还可以在功能区或对话框中通过单击鼠标左键来切换不同的选项或设置。此外，在文件选项卡中单击鼠标左键也是用户切换文档或进行文件管理的常用方式，如图2-14所示。

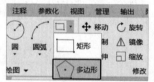 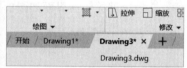

图2-14

2. 选择对象

（1）单击鼠标左键选择对象。

当需要选择某个图形时，把光标移动到图形上，单击鼠标左键即可，如图2-15所示。

当需要选择多个对象时，将光标移动到对象上，当光标右上角出现+号时，单击鼠标左键即可累加选择对象，如图2-16所示。

如果对象选择错误，需要减选，只需要按住Shift键，将光标移动到对象上，当光标右上角出现-号时，单击鼠标左键即可减选对象，如图2-17所示。

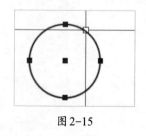

图2-15

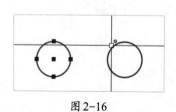

图2-16

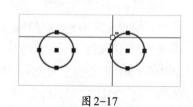

图2-17

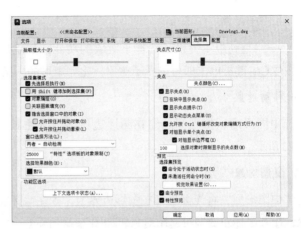

图2-18

技能拓展

如果鼠标左键单击无法进行累加选择，只需要在命令行输入op并按Enter键，弹出【选项】对话框，选择【选择集】选项卡，取消选中【用Shift键添加到选择集】复选框即可，如图2-18所示。

（2）单击鼠标左键框选对象。

在绘图区空白处单击，按住鼠标左键，拖动光标到下一位置即可框选对象。如果是从右往左拖动，就是窗交选择，只要图形的一部分在选框内，该图形就会被选中。如果是从左往右拖动，就是窗口选择，只有图形完全在选框内，该图形才会被选中。框选如图2-19所示。

如果是按住鼠标左键不放则是套索选择，从右往左拖动是窗交选择，只要图形的一部分在选框内，该图形就会被选中。从左往右拖动是窗口选择，只有图形完全在选框内，该图形才会被选中。套索选择如图2-20所示。

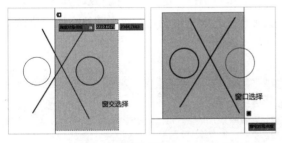

图2-19

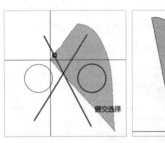

图2-20

技能拓展

如果需要取消套索选择，即无论单击鼠标左键后是松开还是不松开都是框选，只需要在命令行输入op并按Enter键，在弹出的【选项】对话框中选择【选择集】选项卡，取消选中【允许按住并拖动套索】复选框即可，如图2-21所示。

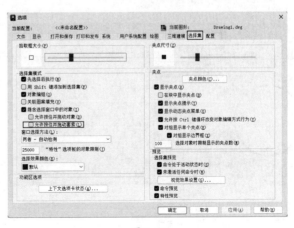

图2-21

3. 选择子对象

AutoCAD高版本提供了选择子对象的功能，如矩形。正常情况下单击矩形会选中整个矩形；如果按住Ctrl键再单击即可选择子对象，比如矩形的一条边，如图2-22所示。

4. 移动对象

选中图形后，将光标悬停在图形边界上，按住鼠标左键不放，移动光标即可移动对象，如图2-23所示。

5. 复制对象

选中图形后，将光标悬停在图形边界上，按住鼠标左键不放，再按住Ctrl键，移动光标到指定位置，松开鼠标左键即可复制对象，如图2-24所示。

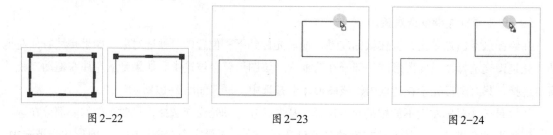

图2-22   图2-23   图2-24

6. 编辑对象

用鼠标左键双击对象即可编辑对象，针对不同对象AutoCAD中定义了不同的双击动作，如双击直线、圆等会弹出快捷特性面板，双击多行文字会弹出多行文字编辑器，双击图块会执行块编辑器，双击多段线会弹出多段线编辑对话框，等等，如图2-25所示。

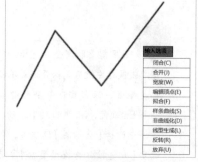

图2-25

2.2.2　鼠标滚轮

1. 缩放图形

在绘图过程中，有时需要放大图形观察图形的局部，有时又需要缩小图形观察图形的整体。在AutoCAD中，使用鼠标滚轮可实现快速地放大或缩小图形。

在默认情况下，向前滚动是放大图形，向后滚动是缩小图形，光标所在位置为滚轮放大或缩小图形的中心。

2. 平移图形

按住鼠标滚轮不放，可以平移图形，从而改变图形在绘图区中的位置。

3. 全图显示

双击鼠标滚轮，绘图区内所有图形都会最大化显示到当前窗口。这种操作相当于使用了快捷键zoom，并执行了 e 范围缩放的命令。

4. 旋转图形

按住 Shift 键，同时按住鼠标滚轮不放，可以对视图进行三维旋转。

5. 动态平移

按住 Ctrl 键，同时按住鼠标滚轮不放，将图形向某一方向移动，确定一下方向，图形就可以沿一个方向等速平移，直到松开滚轮。

2.2.3　鼠标右键

1. 右键菜单

AutoCAD 提供了灵活的右键操作设置，在不同的位置或选择不同的对象，右键的菜单也会发生相应的变化，如图 2-26 所示。

2. 确认和重复命令

在通常情况下，确认和重复命令通过 Space 键执行。如果需要将鼠标右键设置为确认和重复的功能，则在命令行输入 op 并按Enter 键，在弹出的【选项】对话框中选择【用户系统配置】，单击【自定义右键单击】按钮，弹出【自定义右键单击】对话框，在【默认模式】【编辑模式】【命令模式】中均选中【快捷菜单】单选按钮即可，如图 2-27 所示。

图 2-26

3. 捕捉菜单

在绘图过程中如果需要临时捕捉某个选项，可以输入快捷键，也可以通过右键捕捉菜单来设置。

在图形窗口中按住 Ctrl 或 Shift 键，右击，在弹出的捕捉菜单中选择需要捕捉的命令，如图 2-28所示。

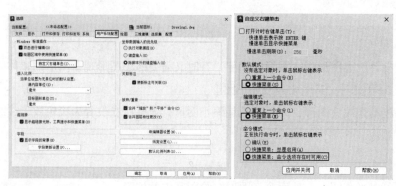

图 2-27 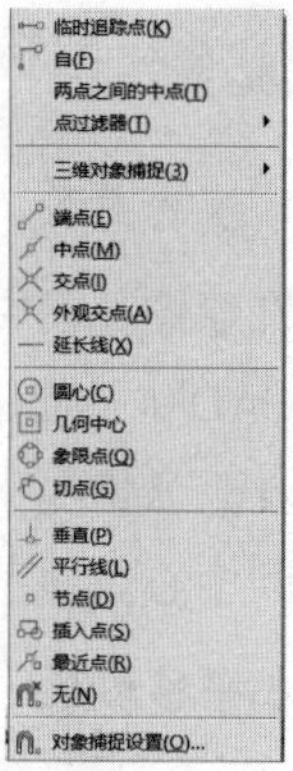   图 2-28

4. 移动、复制和粘贴为块

选中图形，按住鼠标右键拖动，到指定位置松开鼠标右
键，会弹出一个菜单，在其中可以选择【移动到此处】【复制
到此处】【粘贴为块】，如图 2-29 所示。

图 2-29

2.3 · 基本输入操作

2.3.1 命令的输入方式

无论是绘制简单图形还是复杂图形，第一步都是输入绘图命令。常用的命令输入方式有菜单栏、
功能区（工具栏）和命令行。本小节将重点介绍命令行的使用方法。

下面以圆为例，介绍 AutoCAD 的命令输入方式。

执行圆命令的方式通常有以下几种。

（1）菜单栏：选择【绘图】→【圆】选项，在其级联菜单中选择相应选项执行圆的绘制，如图 2-30
所示。

（2）功能区：单击【默认】选项卡→【绘图】面板→【圆】按钮，执行绘制圆命令，如图 2-31 所示。

（3）命令行：本书主要的执行方式，在命令行输入圆的命令 C 并按 Space 键确认，如图 2-32
所示。

图 2-30

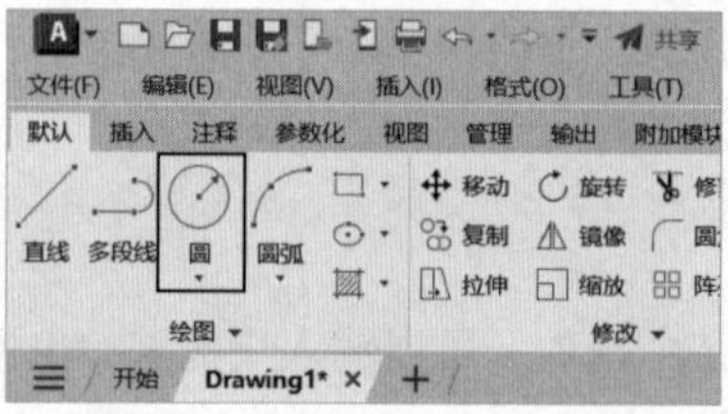

图 2-31

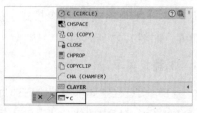

图 2-32

命令行中会提示"指定圆的圆心或［三点(3P)两点(2P)切点、切点、半径(T)］"，其中中括号里的内容是备选项，如图2-33所示。

这时如果直接按Space键确认，则会执行首选项，即指定圆的圆心，如图2-34所示。

图2-33　　　　　　　　　　　　　　　图2-34

在绘图区任意指定一点作为圆心，这时会提示"指定圆的半径或［直径(D)］"，如果通过半径确定圆的大小，则只需要输入半径值，按Space键确认，即可将圆绘制完成，如图2-35所示。

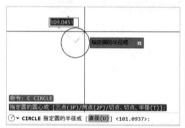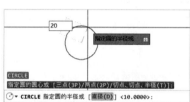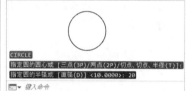

图2-35

如果通过直径确定圆的大小，则单击选择［直径(D)］选项，如图2-36所示；或者输入D，按Space键来切换到直径，如图2-37所示。

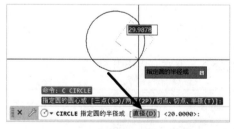

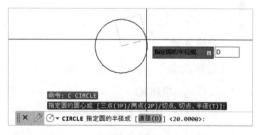

图2-36　　　　　　　　　　　　　　　图2-37

输入直径值，按Space键确认，即可将圆绘制完成，如图2-38所示。

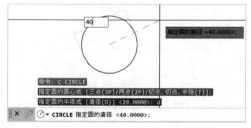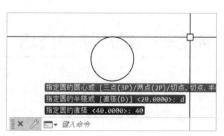

图2-38

2.3.2 命令的重复、撤销与重做

在绘图过程中经常需要重复执行某个命令或出现用错某个命令，所以需要掌握对命令的重复、撤销和重做操作。

1. 命令的重复

无论上一个命令是已经完成了还是被取消了，按 Enter 键或 Space 键都可以重复上一个命令。

例如，在绘制圆的过程中，无论是按 Space 键结束圆命令的绘制，还是按 Esc 键取消圆命令的绘制，按 Space 键或 Enter 键都可以再次重复圆命令的绘制，而不需要再执行圆命令，如图 2-39 所示。

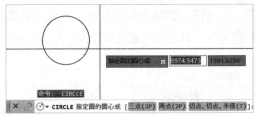

图 2-39

2. 命令的撤销

在绘制图形的任何时候都可以取消或终止命令的执行。执行撤销命令的方式有以下几种。

（1）命令行：UNDO。

（2）菜单栏：【编辑】→【放弃】。

（3）工具栏：【标准】工具栏或【快速访问】工具栏中的【放弃】按钮 ⇐。

（4）快捷键：Esc 或 Ctrl+Z。

3. 命令的重做

已被撤销的命令若需要恢复，可以重做。执行重做命令的方式有以下几种。

（1）命令行：REDO。

（2）菜单栏：【编辑】→【重做】。

（3）工具栏：【标准】工具栏或【快速访问】工具栏中的【重做】按钮 ⇒。

（4）快捷键：Ctrl+Y。

2.4 · 动态输入的用法与技巧

在图形的绘制过程中，AutoCAD 会在十字光标右下角显示命令参数提示和当前光标坐标，这种跟随光标的输入方式被称为动态输入，如图 2-40 所示。动态输入方式可以让用户把注意力集中在图形上，不必分散精力关注命令行提示，从而提高绘图效率。

图 2-40

2.4.1 动态输入和命令行的区别

在使用动态输入时，如果定位的是第一点，则输入的坐标是绝对坐标；当定位下一点时，输入的坐标默认就是相对坐标，无须在坐标前面加"@"符号，如图2-41所示。这样设计的主要目的是考虑到在绘图过程中，相对坐标的使用频率比较高。如果需要在动态输入中使用绝对坐标，则应在坐标前面加"#"符号，如输入（#0,0），如图2-42所示。

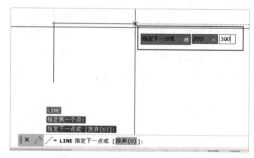

图 2-41

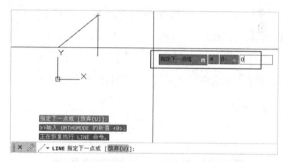

图 2-42

2.4.2 动态输入用法简介

使用动态输入的前提是要打开动态输入，其打开方式有以下几种。

（1）状态栏：单击动态输入按钮 ━。

（2）快捷键：按F12键。

（3）命令行：输入DYNMODE并按Space键确认，将值改成3（0是关闭动态输入）。

打开动态输入之后，在执行命令时就会出现动态输入提示，如图2-43所示。例如，在执行直线命令后，首先会提示"指定第一个点"，此为动态输入的指针输入提示，为了确定第一个点的位置，用户可以输入（0,0）坐标，两个坐标之间可以通过Tab键切换，并通过Space键确认，如图2-44所示。

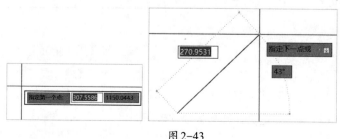

图 2-43

图 2-44

在执行直线命令并指定了第一个点后，系统会提示用户"指定下一点或"，这时只需要输入长度和角度即可确定直线，两个输入框（长度和角度）通过 Tab 键切换，在输入角度后，需通过 Enter 键确认，如图 2-45 所示。

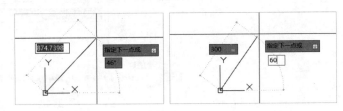

图 2-45

2.4.3 动态输入设置

在了解了动态输入的用法后，我们知道在默认情况下，动态输入采用的是极坐标模式，即用户需要输入长度和角度来确定点的位置。然而，在某些情况下，我们可能希望使用笛卡儿坐标或绝对坐标来进行输入。为了满足这一需求，我们可以对动态输入的设置进行调整。

右击状态栏中的动态输入图标，在弹出的快捷菜单中选择【动态输入设置】，如图 2-46 所示。弹出【草图设置】对话框，选择【动态输入】选项卡，在【指针输入】中单击【设置】按钮，如图 2-47 所示。弹出【指针输入设置】对话框，选中【笛卡尔格式】和【绝对坐标】，单击"确定"按钮，如图 2-48 所示。

图 2-46

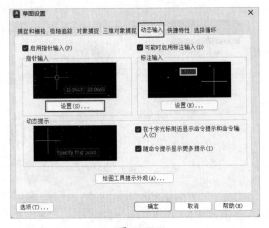

图 2-47

图 2-48

2.5 · 坐标输入与坐标系

2.5.1 坐标输入

AutoCAD 提供了一个虚拟的三维绘图空间，但其主要用于绘制二维图形。因为通常情况下用户只在二维空间绘图，即 XY 平面绘图，所以只需要定义 X 轴和 Y 轴的坐标即可。

定义坐标的方式主要有两种：输入坐标值和光标定位。

1. 输入坐标值

在绘图过程中，当提示需要指定点时，输入X轴和Y轴的值，如（20,30），代表X轴上距离当前坐标系原点的距离为20，Y轴上距离当前坐标系原点的距离为30，这就是绝对坐标。如果第一点已经确定，则在输入下一个点的坐标时有两种输入方式：①相对坐标，输入格式是（@X轴坐标,Y轴坐标）；②极坐标，输入格式是（@长度<角度）。

2. 光标定位

除了坐标定位的方式，AutoCAD还可以通过光标单击的方式来进行定位，我们可以通过一些绘图辅助工具来实现精准定位。比如对象捕捉，对象捕捉追踪等方式。

2.5.2 坐标系

1. 世界坐标系和用户坐标系

AutoCAD为用户提供了一个虚拟的三维空间，该空间需要一个基准，该基准被称为世界坐标系（World Coordinate System，WCS）。世界坐标系是由X、Y、Z三个坐标轴定义的笛卡儿坐标系，如图2-49所示。在绘制图形的过程中，输入坐标时，需要指定X轴、Y轴、Z轴上相对于原点（0,0,0）的距离及正负方向。

图 2-49

由于AutoCAD是以二维绘图为主的软件，因此日常绘图时是在XY面上绘图，所以通常省略Z坐标。其中，X值用来指定水平距离，水平向右代表正方向；Y值用来指定垂直距离，竖直向上代表正方向。（0,0）代表坐标原点。

因为有时使用世界坐标系绘图不是很方便，所以需要使用用户坐标系（User Coordinate System，UCS），此时可根据绘图需求设定一个新的坐标系。其具体设定方法如下：在命令行输入UCS 并按Space键确认，指定UCS原点，如图2-50所示。指定X轴上的点，如图2-51所示；指定Y轴上的点，如图2-52所示。

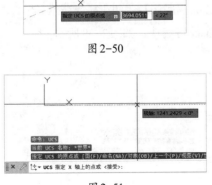

图 2-50

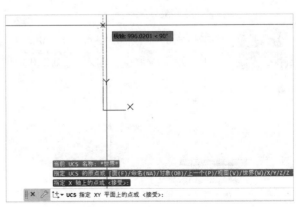

图 2-51 图 2-52

2. 绝对坐标与相对坐标

绝对坐标是相对于坐标原点各轴向的距离或角度。例如（5,10）代表此点在当前坐标系下，与X轴正方向的距离是5，与Y轴正方向的距离是10；（5<30）代表此点在当前坐标系下，极轴的长度是5，与X轴正方向的角度是30°。

相对坐标是指相对于上一点的各轴向距离或角度，输入时需要在坐标前面加一个@符号。例如，（@5,10）代表此点相对于上一点，与X轴正方向的距离是5，与Y轴正方向的距离是10；（@5<30）代表此点相对于上一点，极轴的长度是5，与X轴正方向的角度是30°。

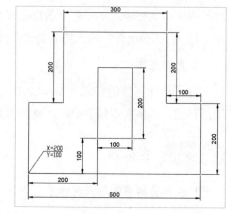

图2-53

3. 绝对坐标与相对坐标实战练习

绝对坐标与相对坐标实战练习如图2-53所示。绘图步骤如下。

步骤1 在命令行输入直线命令L，按Space键确认，如图2-54所示。

步骤2 提示指定第一个点，输入（200,100），按Space键确认，如图2-55所示。

图2-54

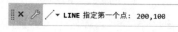

图2-55

步骤3 提示指定下一个点，输入（@500,0），按Space键确认，如图2-56所示。

步骤4 提示指定下一个点，输入（@0,200），按Space键确认，如图2-57所示。

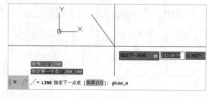

图2-56

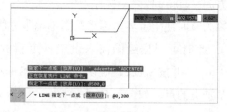

图2-57

步骤5 提示指定下一个点，输入（@-100,0），按Space键确认，如图2-58所示。

步骤6 提示指定下一个点，输入（@0,200），按Space键确认，如图2-59所示。

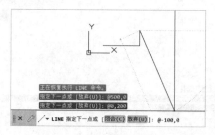

图2-58

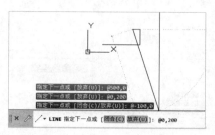

图2-59

步骤7 提示指定下一个点，输入（@-300,0），按Space键确认，如图2-60所示。

步骤8 提示指定下一个点，输入（@0,-200），按Space键确认，如图2-61所示。

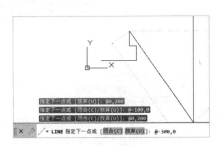

图2-60

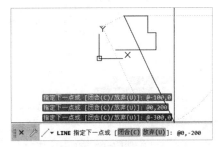

图2-61

步骤9 提示指定下一个点，输入（@-100,0），按Space键确认，如图2-62所示。

步骤10 输入C，按Space键确认闭合，如图2-63所示。

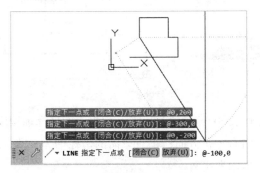

图2-62

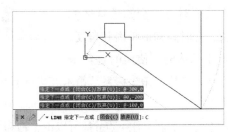

图2-63

步骤11 按Space键重复执行直线命令，提示指定第一个点，输入（400,200），按Space键确认，如图2-64所示。

步骤12 提示指定下一个点，输入（@100,0），按Space键确认，如图2-65所示。

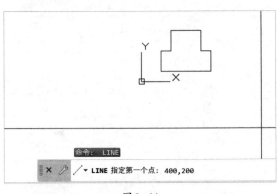

图2-64

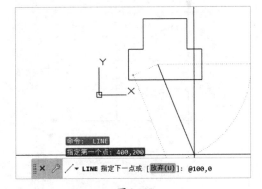

图2-65

步骤13 提示指定下一个点，输入（@0,200），按Space键确认，如图2-66所示。

步骤14 提示指定下一个点，输入（@-100,0），按Space键确认，如图2-67所示。

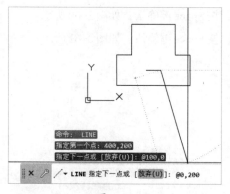

图 2-66

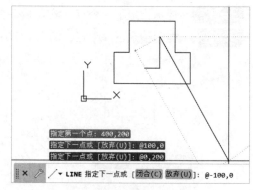

图 2-67

步骤15 输入C，按Space
键确认，闭合图形，这样整个图
形绘制完成，如图2-68所示。

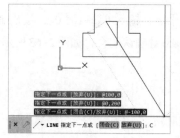

图 2-68

4. 直角坐标与极坐标

在绘图时有时会知道具体的
坐标值，有时只知道距离和角度。
当知道坐标值时，使用的是笛卡
儿坐标系，又称直角坐标系。笛卡儿坐标系由原点坐标（0,0）和通过原点互相垂直的坐标轴构成，
如图2-69所示。其中，水平方向的坐标轴为X轴，向右为正方向；垂直方向的坐标轴为Y轴，向
上为正方向。平面上任一点p都可以由X轴和Y轴的坐标来定义。

当只知道长度和角度时，使用的是极坐标系，其由一个极点和一根极轴构成，如图2-70所示。
其中，极轴的方向为水平向右，极角是从极轴出发，逆时针方向旋转到与p点连线所形成的角度。
平面上任一点p都可以由长度L和极角来定义。

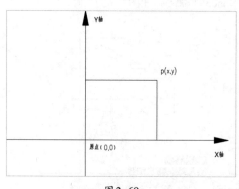

图 2-69

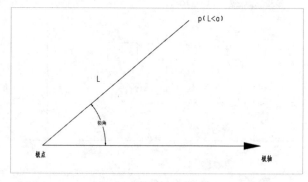

图 2-70

5. 直角坐标与极坐标实战练习

直角坐标与极坐标实战练习如图2-71所示。绘图步骤如下。

步骤1 在命令行输入直线命令L，按Space键确认，如图2-72所示。

步骤2 提示指定第一个点，在绘图区任意指定一点，如图2-73所示。

步骤3 提示指定下一个点，输入（@20,0），按Space键确认，如图2-74所示。

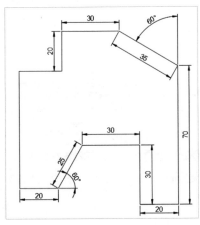

图 2-71

图 2-72

图 2-73

步骤4 提示指定下一个点，输入（@25<60），按Space键确认，如图2-75所示。

步骤5 提示指定下一个点，输入（@30,0），按Space键确认，如图2-76所示。

图 2-74　　　　　　　　图 2-75　　　　　　　　图 2-76

步骤6 提示指定下一个点，输入（@0,-30），按Space键确认，如图2-77所示。

步骤7 提示指定下一个点，输入（@20,0），按Space键确认，如图2-78所示。

步骤8 提示指定下一个点，输入（@0,70），按Space键确认，如图2-79所示。

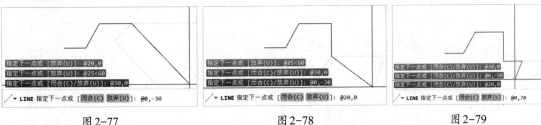

图 2-77　　　　　　　　图 2-78　　　　　　　　图 2-79

步骤9 提示指定下一个点，输入（@35<150），按Space键确认，如图2-80所示。

步骤10 提示指定下一个点，输入（@-30,0），按Space键确认，如图2-81所示。

步骤11 提示指定下一个点，输入（@0,-20），按Space键确认，如图2-82所示。

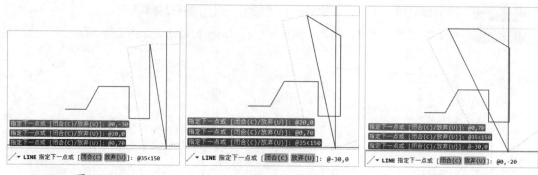

图 2-80   图 2-81   图 2-82

步骤12 提示指定下一个点，捕捉追踪与下方起点在一个垂直线上，如图2-83所示。

步骤13 提示指定下一个点，输入C，按Space键确认，闭合图形，图形绘制完成，如图2-84所示。

图 2-83

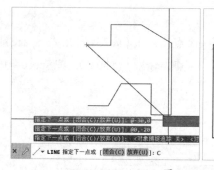

图 2-84

第3章

绘图准备：精确绘图与图形定位

3.1 精确绘图

精确绘图指的是在图纸绘制过程中能够快速、准确地定位某些特殊的点（如端点、中点、切点、圆心等）和一些特殊的位置（水平、垂直等）。

3.1.1 精确定位工具

1. 栅格显示与捕捉

当打开AutoCAD新建一张空白图纸时，在绘图区可以看到等间距排列的线，这就是栅格，类似于传统的坐标纸，如图3-1所示。

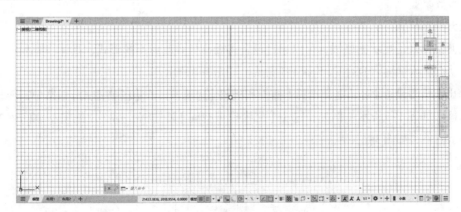

图 3-1

利用栅格可以直观地对齐对象并显示对象之间的距离。合理设置栅格间距和范围，打开栅格捕捉，就可以通过捕捉栅格点精确绘制图形，从而不需要输入坐标值和长度。

下面通过栅格打开、栅格捕捉和栅格设置来详细介绍栅格。

（1）栅格打开。

打开栅格主要有以下3种方式。

方式1：菜单栏。选择【工具】→【绘图设置】选项，弹出【草图设置】对话框，选择【捕捉和栅格】选项卡，选中【启用栅格】复选框，单击【确定】按钮即可，如图3-2所示。

方式2：状态栏。单击状态栏中的栅格图标▦即可。

方式3：快捷键。按F7键，即可打开与关闭栅格显示。

（2）栅格捕捉。

打开栅格捕捉，可以使用光标精准地捕捉栅格中的每个点。以下是栅格捕捉的几种常见方式。

方式1：菜单栏。选择【工具】→【绘图设置】选项，弹出【草图设置】对话框，选择【捕捉和栅格】选项卡，选中【启用捕捉】复选框，单击【确定】按钮即可，如图3-3所示。

图 3-2

图 3-3

方式2：状态栏。单击状态栏中的栅格捕捉图标▦即可。

方式3：快捷键。按F9键，即可打开与关闭栅格捕捉。

（3）栅格设置。

①设置栅格样式。

默认栅格样式是显示栅格线，可以通过设置将栅格样式改成点的形式，具体步骤如下。

a. 在动态输入框输入DS，按Space键确认，如图3-4所示。

b. 弹出【草图设置】对话框，选择【捕捉和栅格】选项卡，在【栅格样式】中选中需要显示点栅格的复选框，如图3-5所示。例如，选中【二维模型空间】复选框，那么二维模型空间中就会以点的样式显示栅格，如图3-6所示。

图 3-4

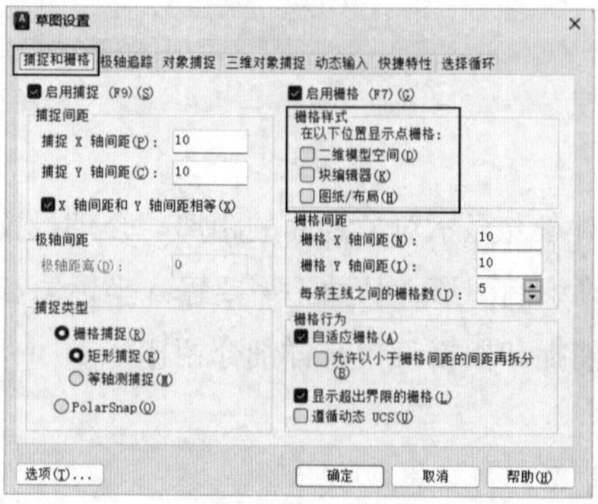

图 3-5

图 3-6

②设置栅格间距与捕捉间距。

默认情况下，AutoCAD的栅格间隔和捕捉间距都是10，即边长为10的正方形，如图3-7所示。

在栅格间距和捕捉间距都是10的情况下，可以直观看到每个栅格的距离并捕捉到。如果需要调整栅格间距和捕捉间距，则在动态输入框输入DS，按Space键确认，如图3-8所示，弹出【草图设置】对话框，选择【捕捉和栅格】选项卡，在【捕捉间距】和【栅格间距】中设置即可，如图3-9所示。

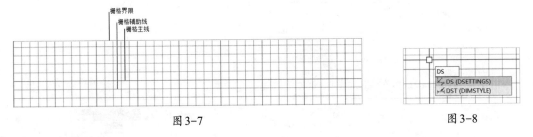

图 3-7　　　　　　　　　　　　　　　　　　图 3-8

③设置捕捉类型。

默认情况下，捕捉类型为栅格捕捉中的矩形捕捉。如果需要更改捕捉类型，只需要在动态输入框输入DS，按Space键确认，弹出【草图设置】对话框，选择【捕捉和栅格】选项卡，在【捕捉类型】中进行设置即可，如图3-10所示。

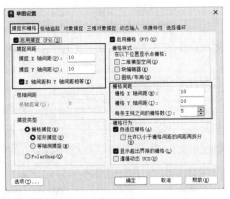 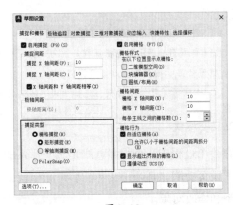

图 3-9　　　　　　　　　　　　　　　　　　图 3-10

a. 矩形捕捉：将捕捉类型设置为【栅格捕捉】中的【矩形捕捉】时，光标将捕捉矩形捕捉栅格，如图3-11所示。

b. 等轴测捕捉：将捕捉类型设置为【栅格捕捉】中的【等轴测捕捉】时，光标将捕捉等轴测捕捉栅格，如图3-12所示。

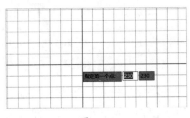 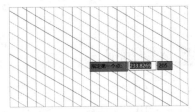

图 3-11　　　　　　　　　　　　　　　　　　图 3-12

在使用等轴测栅格时，按F5键可以切换坐标方向，从而方便绘制左视图、右视图和俯视图。

将捕捉类型设置为【PolarSnap】时，如果同时启用了捕捉模式并在极轴追踪打开的情况下指定点，光标将自动沿着在【极轴追踪】选项卡上相对于极轴追踪起点，设定的极轴对齐角度进行移动，并按设定的极轴间距进行捕捉，如图3-13所示。

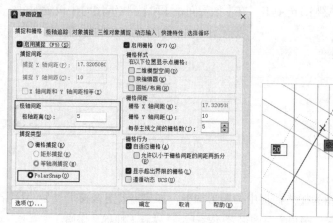

图 3-13

技能拓展

（1）栅格是不会被打印的。

（2）取消栅格显示和栅格捕捉后，可以把文件保存为AutoCAD模板文件，这样下次新建文件时如果使用该模板，就不会显示栅格及开启栅格捕捉。

（3）如果开启了栅格捕捉，光标出现不能连续移动，只需要按F9键关闭栅格捕捉即可。

2. 正交模式

在绘图过程中，有很多直线是和坐标系的X轴或Y轴平行的，为了方便绘制这种线，AutoCAD提供了正交功能。打开正交功能后，光标就会被限定在沿坐标系的水平或垂直方向移动，以便精确地绘制和修改对象。

单击状态栏中的正交图标▨或按F8键，即可开启与关闭正交功能。当正交功能开启时，只能在沿坐标系水平或垂直方向绘制图形，并且只需要输入距离即可，可大大提高绘图效率，如图3-14所示。

在绘图过程中，可以通过按住Shift键临时打开和关闭正交状态。

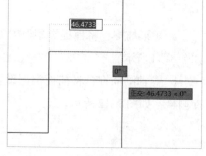

图 3-14

3.1.2 对象捕捉

使用AutoCAD绘制图形时，经常需要捕捉一些特殊点，如端点、中点、交点、圆心、切点等，如果只用光标在图形上选择会非常困难，因此AutoCAD提供了识别这些点的工具，通过这些工具，用户可以更加精准地绘制图形。在 AutoCAD 中，该功能被称为对象捕捉。

当设置了对象捕捉并且打开对象捕捉后，在绘制图形过程中，如果需要定位点，则当光标移动到满足条件的点时，会出现对应捕捉标记提示，单击即可将图形准确定位到需要的点上，如图 3-15 所示。

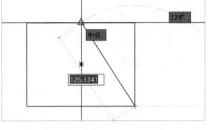

图 3-15

对象捕捉不仅使用频率非常高，而且捕捉选项非常多，如果全开，不仅影响软件性能，而且不同捕捉选项之间也会相互干扰。因此，AutoCAD 提供了多种方式来设置对象捕捉，如对话框、状态栏、右键菜单、工具栏、命令修饰符等，灵活选择捕捉方式可以大大提高捕捉效率，从而提高绘图速度。

1. 对话框

在动态输入框输入 DS，按 Space 键确认，如图 3-16 所示。弹出【草图设置】对话框，选择【对象捕捉】选项卡，选中常用的捕捉复选框，单击【确定】按钮，如图 3-17 所示。这样用户在绘图过程中就可以精准地捕捉需要的点，如图 3-18 所示。

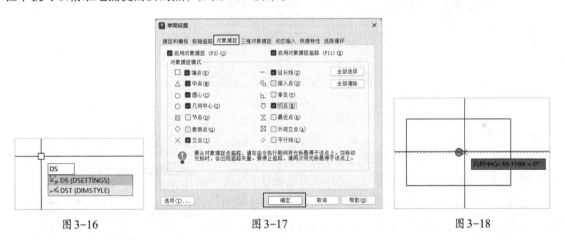

图 3-16　　　　　　　　　图 3-17　　　　　　　　　图 3-18

2. 状态栏

单击状态栏中的对象捕捉右侧向下箭头，在打开的下拉列表中选择需要的捕捉选项即可，如图 3-19 所示。例如，选中【垂足】，那么在绘图过程中就可以精准地捕捉垂足点，如图 3-20 所示。

以上两种捕捉对象设置方式都是永久捕捉设置选项，即设置一次之后，在当前图纸的绘制过程中会一直有效。使用以上两种方式，通常可以设置一些常用的捕捉

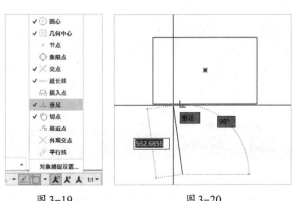

图 3-19　　　　　　　　　图 3-20

选项，如端点、中点、圆心、交点、延长线、切点等。

对于偶尔使用的捕捉选项，可以进行临时调用。

临时调用是指我们设置后使用一次，该选项就会失效，再次使用需要重新调用。

3. 右键菜单

在图纸绘制过程中，如果需要捕捉椭圆的象限点，而永久捕捉选项中又没有设置，这时可以利用右键菜单选择象限点，并进行捕捉。

其具体操作方法如下：在提示指定某一点时（见图3-21），按住Shift键，右击，在弹出的快捷菜单中选择【象限点】命令，如图3-22所示，即可精准地捕捉到象限点，如图3-23所示。

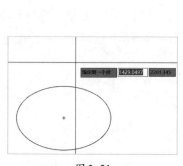
图 3-21

图 3-22

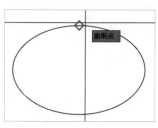
图 3-23

4. 工具栏

在AutoCAD经典界面中可以调出对象捕捉工具栏，当需要某个临时捕捉选项时，只需选择该捕捉选项即可临时捕捉点。

具体调出对象捕捉工具栏的方法如下：选择【工具】→【工具栏】→【AutoCAD】，在其级联菜单中选中【对象捕捉】即可，如图3-24所示，最终结果如图3-25所示。

图 3-24

5. 命令修饰符

图 3-25

在绘图过程中，当提示指定点时，如果永久捕捉选项中没有设置，而又需要捕捉，这时就可以输入捕捉的参数（或缩写）临时性捕捉该点。

各捕捉选项名称、参数全称、参数缩写和作用如表3-1所示。

表3-1　各捕捉选项名称、参数全称、参数缩写和作用

捕捉选项名称	参数全称	参数缩写	作用
端点	Endpoint	END	捕捉几何对象的最近端点或角点
中点	Midpoint	MID	捕捉几何对象的中点
交点	Intersection	INT	捕捉几何对象的交点
外观交点	ApparentIntersect	APP	捕捉在三维空间中不相交但在当前视图中看起来可能相交的两个对象的视觉交点
延长线	Extension	EXT	当光标经过对象的端点时，显示临时延长线或圆弧，以便用户在延长线或圆弧上指定点
圆心	Center	CEN	捕捉圆弧的圆心
几何中心	GeometricCenter	GCEN	捕捉任意闭合多段线和样条曲线的质心
象限点	Quadrant	QUA	捕捉圆弧、圆、椭圆或椭圆弧的象限点
切点	Tangent	TAN	捕捉圆弧、圆、椭圆、椭圆弧、多段线圆弧或样条曲线的切点
垂足	Perpendicular	PER	捕捉垂直于选定几何对象的点
平行线	Parallel	PAR	可以通过悬停光标约束新直线段、多段线线段、射线或构造线，以使其与标识的现有线性对象平行
节点	Node	NOD	捕捉点对象、标注定义点或标注文字原点
插入点	Insert	INS	捕捉对象（如属性、块或文字）的插入点
最近点	Nearest	NEA	捕捉对象（如圆弧、圆、椭圆、椭圆弧、直线、点、多段线、射线、样条曲线或构造线）的最近点
无	None	NON	不使用对象捕捉
捕捉自	From	FRO	在命令中定位某个点相对于参照点的偏移
临时追踪点	Temporary track point	TT	通过指定基点进行极轴追踪
两点的中点	Middle of Two points	MTP	可以捕捉两个点的中点
追踪	Tracking	TK	可以捕捉一个基点，然后设置偏移方向和距离，捕捉距离某一点特定距离的某个点

其具体使用步骤如下。

步骤1　需要捕捉的椭圆象限点如图3-26所示。

步骤2　在执行任意命令后提示指定点，这里输入qua，按Space键确认，如图3-27所示。

步骤3　捕捉到象限点，如图3-28所示。

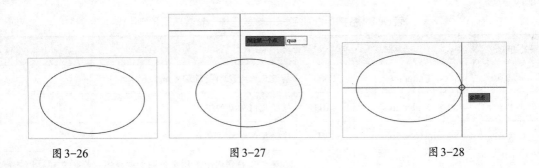

图 3-26　　　　　　　　　图 3-27　　　　　　　　　图 3-28

3.1.3　自动追踪

1. 对象捕捉追踪

对象捕捉追踪是对象捕捉和极轴追踪的结合，即在捕捉对象特征点的同时进行极轴追踪。

正因如此，要使用对象捕捉追踪，首先需要打开对象捕捉追踪，其次需要设置对象捕捉追踪，如图 3-29 所示。

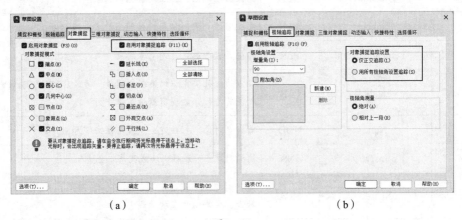

（a）　　　　　　　　　　　　　（b）

图 3-29

如图 3-29（a）所示，选中【启用对象捕捉追踪】复选框，即可打开对象捕捉追踪；也可以单击状态栏中的对象捕捉追踪图标或按 F11 键开启与关闭对象捕捉追踪。

如图 3-29（b）所示，在【极轴追踪】选项卡中可以设置对象捕捉追踪的形式：①仅正交追踪，即只能追踪水平或垂直方向；②用所有极轴角设置追踪，即可以按极轴增量角对对象捕捉点进行追踪。

同时，要使用对象捕捉追踪还需要打开对象捕捉，并且通过临时打开对象捕捉选项是无法进行对象捕捉追踪的，如对象捕捉工具栏、shift+ 右键和命令修饰符。

对象捕捉追踪的常见应用如下。

应用 1：绘制距离捕捉点一定距离的点。这条直线，需要在右端点

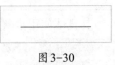

图 3-30

处向右 50 的距离处继续绘制图形，如图 3-30 所示。

我们可以在执行命令后提示指定第一个点时，将光标放在右端点处（不要单击）向右移动，待出现虚线时输入距离 50，按 Space 键确认，即可将向右距离 50 处作为起点继续绘制图形，如图 3-31 所示。

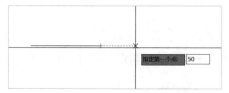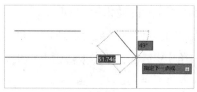

图 3-31

应用 2：追踪两条线的交点。如果需要追踪两条线的交点，首先将光标放在第一个端点处（出现＋号标记），再将光标放在第二个端点处（出现＋号标记），然后沿着任一端点所在线的方向移动光标，会出现虚线，继续移动光标，直到和另一端点所在线的方向相交，如图 3-32 所示。

应用 3：追踪两个捕捉点的极轴交点。首先将光标放在第一个端点处（出现＋号），再把光标放在第二个端点处（出现＋号），然后在两端点极轴方向形成交点，如图 3-33 所示。

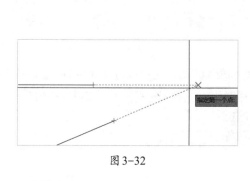

图 3-32

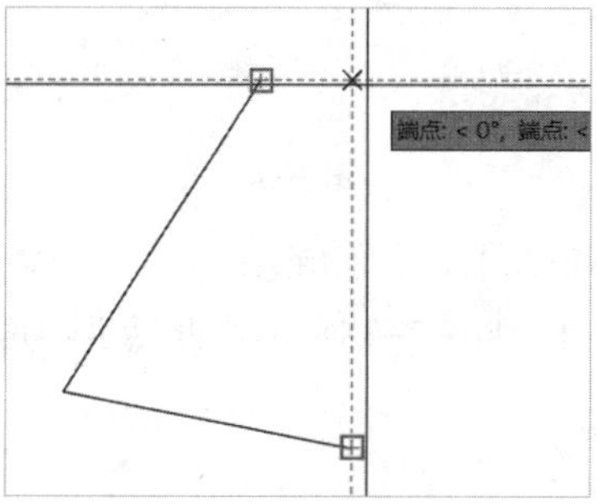

图 3-33

2. 极轴追踪

在 AutoCAD 绘图过程中，一些图形中的角度是固定的或有规律的，如 30°、45°、60° 等，为了减少输入角度次数，AutoCAD 提供了极轴追踪功能。设置一个增量角，当光标靠近满足条件的角度时会出现一条虚线，这条虚线就是极轴，光标被锁定在极轴上，只需要输入长度即可绘制，如图 3-34 所示。

打开极轴追踪并设置极轴追踪角度，即可使用极轴追踪。

（1）打开极轴追踪的方式如下。

方式 1：单击状态栏中的极轴追踪图标 ⊙ 即可。

方式 2：按 F3 键，也可打开与关闭极轴追踪。

（2）设置极轴追踪角度的方式如下。

方式 1：单击状态栏中的极轴追踪图标右侧向下箭头，即可设置极轴追踪角度，如图 3-35 所示。

方式 2：输入 ds，按 Space 键确认，弹出【草图设置】对话框，选择【极轴追踪】选项卡，在【增量角】

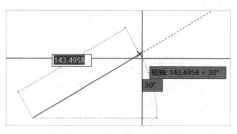

图 3-34

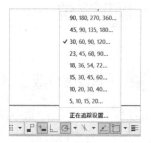

图 3-35

处选择需要的角度即可,如图3-36所示。

如果采用以上两种方式都没有所需角度,则可以在【草图设置】对话框的【极轴追踪】选项卡中选中【附加角】复选框,单击【新建】按钮,输入所需追踪的角度值即可,如图3-37所示。

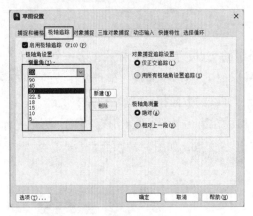

图3-36   图3-37

默认情况下,极轴角是针对单位对话框中设置的基准角确定的。也可以将极轴角的测量改成【相对上一段】,如图3-38所示,此后极轴角的捕捉就会相对于上一段来进行追踪,如图3-39所示。

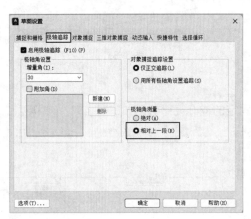

图3-38

技能拓展
极轴追踪和正交不能同时打开。

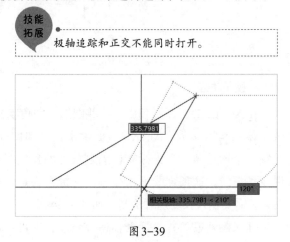

图3-39

3.2 · 图形定位

3.2.1   FRO定位法

FRO(From,捕捉自)命令用于定位某个点相对于参照点的偏移。如需要定位圆相对于左下角的位置,就可以使用FRO定位,如图3-40所示。其步骤如下。

步骤1   在命令行输入REC,按Space键确认,如图3-41所示。

步骤2　指定矩形的第一个角点，任意单击一个即可，如图3-42所示。

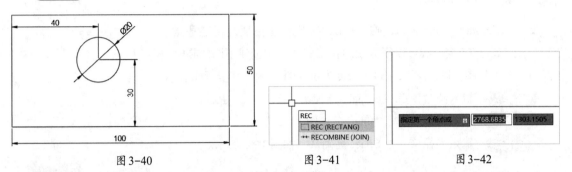

图 3-40　　　　　　　　　图 3-41　　　　　　　　　图 3-42

步骤3　输入（100,50），按Space键确认第二个角点，矩形绘制完成，如图3-43所示。

步骤4　输入圆命令C，按Space键确认，如图3-44所示。

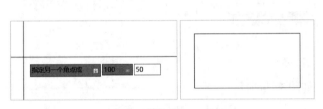

图 3-43　　　　　　　　　　　　　　　图 3-44

步骤5　提示指定圆心，输入FRO，按Space键确认，如图3-45所示。

步骤6　提示指定基点，单击矩形左下角作为基点，如图3-46所示。

步骤7　提示偏移，输入（@40,30），按Space键确认，如图3-47所示。

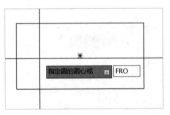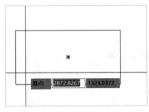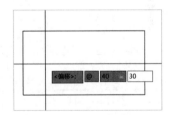

图 3-45　　　　　　　　　图 3-46　　　　　　　　　图 3-47

步骤8　提示指定圆的半径，输入10，按Space键确认，如图3-48所示。

步骤9　绘制完成，如图3-49所示。

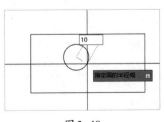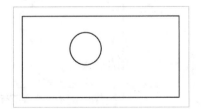

图 3-48　　　　　　　　　　　　　　　图 3-49

3.2.2 TT定位法

TT（Temporary track point，临时追踪点）定位法指通过指定基点进行极轴追踪。TT定位法可以很方便地在绘图过程中创建不同的临时追踪点，辅助作图。以绘制图3-50中长度为60的线为例，其步骤如下。

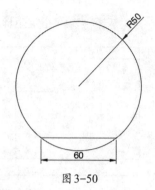

图 3-50

步骤 1 输入圆命令 C，按 Space 键确认，如图 3-51 所示。

步骤 2 任意指定一点作为圆心，如图 3-52 所示。

步骤 3 输入半径 50，按 Space 键确认，如图 3-53 所示。

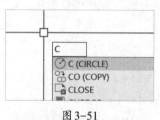

图 3-51

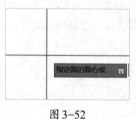

图 3-52

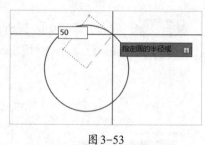

图 3-53

步骤 4 输入 L，按 Space 键确认，如图 3-54 所示。

步骤 5 提示指定第一个点，输入 TT，按 Space 键确认，如图 3-55 所示。

步骤 6 识别到圆心不要单击，向右出现虚线，输入 30，按 Space 键确认，指定一个临时对象追踪点，如图 3-56 所示。

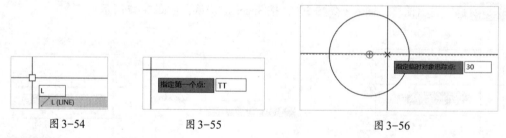

图 3-54   图 3-55   图 3-56

步骤 7 临时追踪点向下出现虚线，捕捉与圆的交点，单击捕捉到与圆的交点，如图 3-57 所示。

步骤 8 水平向左捕捉与圆相交的第二个点，直线绘制完成，如图 3-58 所示。

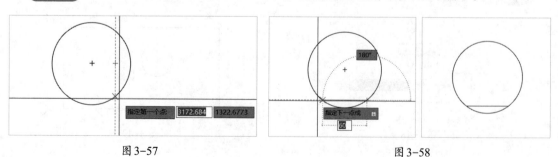

图 3-57   图 3-58

3.2.3 TK定位法

TK（Tracking，追踪）定位法可以捕捉一个基点，并设置偏移的方向和距离，捕捉距离某一点特定距离的某个点。以图3-59所示的图为例，其步骤如下。

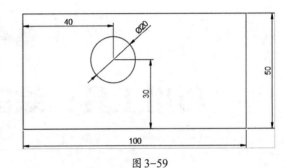

图3-59

步骤1 同FRO命令或者用REC命令绘制完成矩形后，输入圆命令C，按Space键确认，如图3-60所示。

步骤2 提示指定圆的圆心，输入TK，按Space键确认，如图3-61所示。

步骤3 提示指定第一个追踪点，指定矩形左下角点，如图3-62所示。

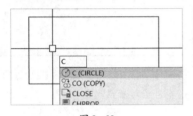

图3-60

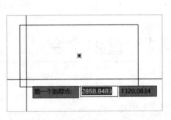

图3-61

图3-62

步骤4 水平向右拉，输入40，按Enter键确认，如图3-63所示。

步骤5 垂直向上拉，输入30，按Enter键确认，如图3-64所示。

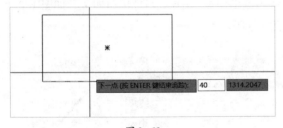

图3-63

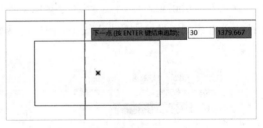

图3-64

步骤6 追踪完成，按Enter键确认，如图3-65所示。

步骤7 输入圆的半径10，按Space键确认，即可绘制完成，如图3-66所示。

图3-65

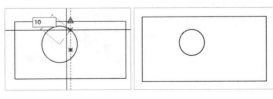

图3-66

第4章

巧用工具：绘图命令使用详解

本章主要介绍AutoCAD中常用的二维绘图命令，包括直线、多段线、圆、圆弧、矩形、多边形、椭圆、填充、样条曲线、构造线、点、定数等分、定距等分、面域、区域覆盖和修订云线。

4.1 · 直线命令

4.1.1 直线命令执行方式

直线命令可以用来创建一系列连续的直线段。通常情况下，有以下几种方式可以执行直线命令。

方式1：菜单栏。选择【绘图】→【直线】选项即可，如图4-1所示。

方式2：功能区或工具栏。单击【默认】选项卡→【绘图】面板→【直线】按钮即可，如图4-2所示；或单击绘图工具栏中的【直线】按钮即可，如图4-3所示。

图4-1

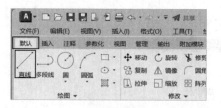

图4-2

图4-3

方式3：快捷键。在命令行或动态输入框输入直线命令L，如图4-4所示。

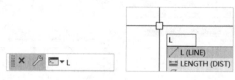

图4-4

4.1.2 直线命令操作步骤

步骤1 在动态输入框输入L，按Space键确认，如图4-5所示。

步骤2 提示指定第一个点，这里任意指定一点作为直线的起点，如图4-6所示。

步骤3 提示指定下一点，如图4-7所示，此时可以绘制水平、垂直或具有一定角度的直线。

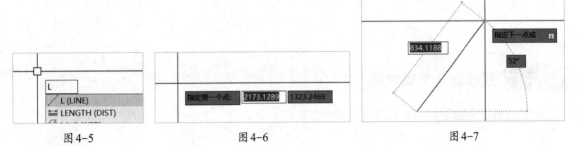

图4-5　　　　　　　　　图4-6　　　　　　　　　图4-7

步骤4 打开正交，直接输入长度，即可绘制水平或垂直的直线，如图4-8所示。

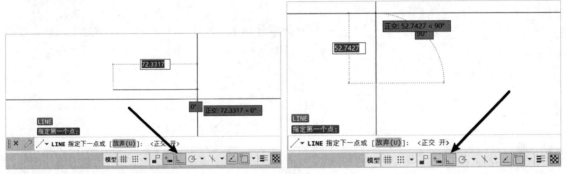

图4-8

步骤5 关闭正交，绘制带有角度的直线，如图4-9所示。

步骤6 根据提示输入长度，按Tab键切换到角度，如图4-10所示。

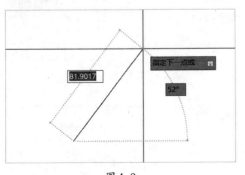 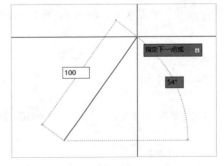

图4-9　　　　　　　　　　　　　　　　图4-10

步骤7 输入角度，按Enter键，直线即绘制完成，如图4-11所示。

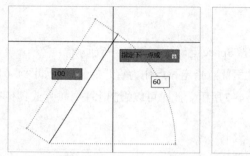

图 4-11

4.1.3 直线命令实战案例

利用直线命令绘制如图4-12所示的图形。

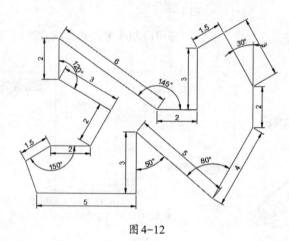

图 4-12

其步骤如下。

步骤1 在动态输入框输入L，按Space键确认，如图4-13所示。

步骤2 任意指定一点作为第一个点，如图4-14所示。

步骤3 捕捉水平，输入5，按Space键确认，如图4-15所示。

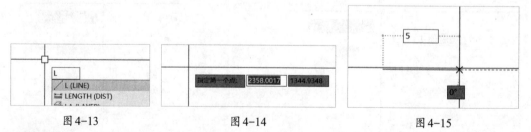

图 4-13   图 4-14   图 4-15

步骤4 捕捉垂直，输入3，按Space键确认，如图4-16所示。

步骤5 光标指向右下角，输入长度5，按Tab键切换到角度，输入40，按Space键确认，如图4-17所示。

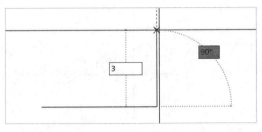
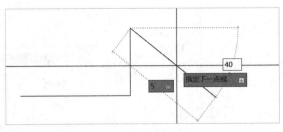

图 4-16 图 4-17

步骤6 光标指向右上角，输入4，按Tab键切换到角度，输入60，按Enter键确认，如图 4-18 所示。

步骤7 光标竖直向上，输入2，按Space键确认，如图 4-19 所示。

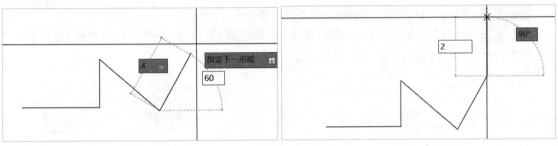

图 4-18 图 4-19

步骤8 光标指向左上角，输入3，按Tab键切换到角度，输入120，按Enter键确认，如图 4-20 所示。

步骤9 光标指向左下角，输入1.5，按Tab键切换到角度，输入150，按Enter键确认，如图 4-21 所示。

步骤10 光标捕捉垂直方向向下，输入3，按Space键确认，如图 4-22 所示。

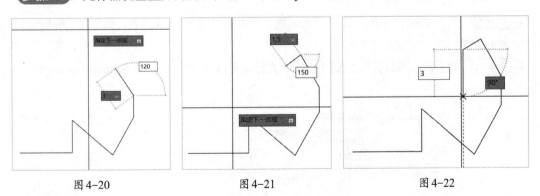

图 4-20 图 4-21 图 4-22

步骤11 光标捕捉水平方向向左，输入2，按Space键确认，如图 4-23 所示。

步骤12 光标指向左上角，输入6，按Tab键切换到角度，输入145，按Enter键确认，如图 4-24 所示。

步骤13 光标捕捉垂直向下，输入2，按Space键确认，如图 4-25 所示。

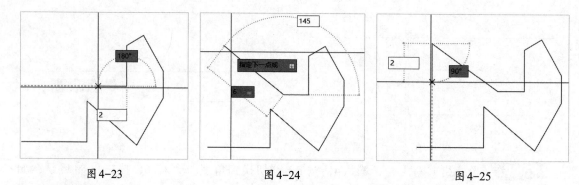

图 4-23   图 4-24   图 4-25

步骤 14   光标指向右下角，输入3，按Tab键切换到角度，输入30，按Enter键确认，如图 4-26 所示。

步骤 15   输入 "ds" 命令，按Space键确认，如图 4-27 所示。

步骤 16   弹出【草图设置】对话框，选择【极轴追踪】选项卡，将【极轴角测量】改成【相对上一段】，单击【确定】按钮，如图 4-28 所示。

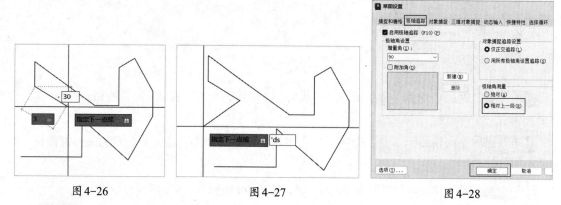

图 4-26   图 4-27   图 4-28

步骤 17   光标指向左下角，待出现虚线时，即相对于上一条线垂直，输入2，按Space键确认，如图 4-29 所示。

步骤 18   把【极轴角测量】改成【绝对】，光标水平向左，输入2，按Space键确认，如图 4-30 所示。

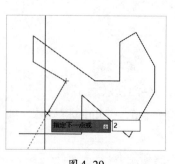
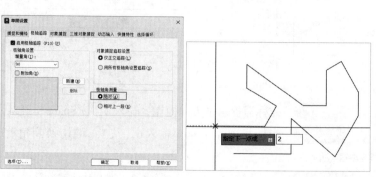

图 4-29   图 4-30

步骤19 光标指向左下角，输入1.5，按Tab键切换到角度，输入150，按Enter键确认，如图4-31所示。

步骤20 连接起点，图形即绘制完成，如图4-32所示。

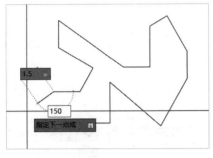
图4-31

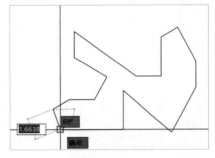
图4-32

4.2 · 多段线命令

4.2.1 多段线命令执行方式

多段线是一种由直线和圆弧组合而成的不同线宽的多线。由于多段线的组合形式多样，线宽可以变化，弥补了直线和圆弧的不足，适合绘制各种复杂的图像轮廓，因而其得到广泛应用。通常情况下，执行多段线命令有以下几种方式。

方式1：菜单栏。选择【绘图】→【多段线】选项即可，如图4-33所示。

方式2：功能区或工具栏。单击【默认】选项卡→【绘图】面板→【多段线】按钮即可，如图4-34所示；或单击绘图工具栏中的【多段线】按钮即可，如图4-35所示。

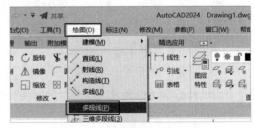
图4-33

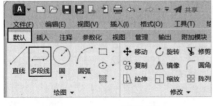
图4-34

图4-35

方式3：快捷键。在命令行输入多段线命令PL，按Space键确认即可，如图4-36所示。

图4-36

4.2.2 多段线绘制

多段线的绘制步骤如下。

步骤1 在命令行输入多段线命令PL，按Space键确认，如图4-37所示。

步骤2 提示指点起点，这里任意指定一点，如图4-38所示。

步骤3 提示"指定下一个点或［圆弧（A）半宽（H）长度（L）放弃（U）宽度（W）］"，如图4-39所示。

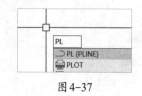

图 4-37

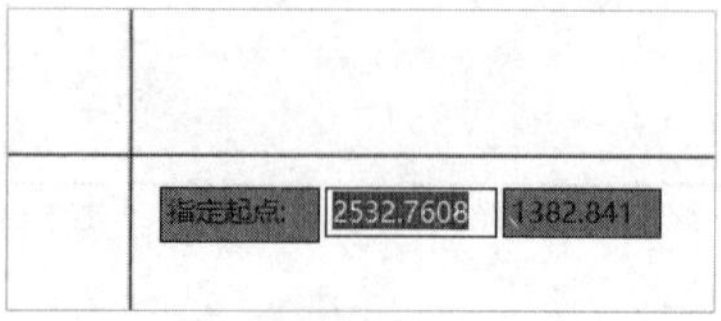

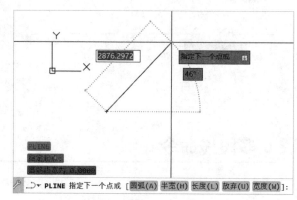

图 4-39

图 4-38

选项说明如下。

（1）圆弧：从直线切换到圆弧。

（2）半宽：绘制带有宽度的直线，值为从宽线段的中心到一条边的宽度。

（3）长度：按照上一段线相同方向创建指定长度的线段。如果上一线段为圆弧，将创建与该圆弧相切的直线。

（4）放弃：删除最近添加的线段。

（5）宽度：指定下一个线段的宽度。

当选择指定下一点时，就可以绘制连续的直线段，如图4-40所示。

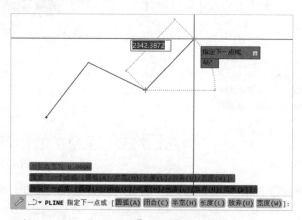

图 4-40

当输入 a，按 Space 键确认，即可切换到圆弧，如图 4-41 所示。此时会提示"指定圆弧的端点（按住 Ctrl 键以切换方向）或［角度（A）圆心（CE）闭合（CL）方向（D）半宽（H）直线（L）半径（R）第二个点（S）放弃（U）宽度（W）］"，选择需要的选项进行圆弧绘制，如图 4-42 所示。

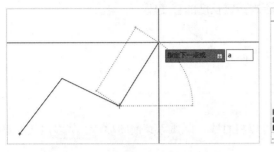

图 4-41

图 4-42

选项说明如下。

（1）圆弧端点：绘制弧线段。此为系统默认项，弧线段从多段线上一段的最后一点开始并与多段线相切。

（2）角度：指定弧线段从起点开始包含的角度。若输入的角度为正值，则按逆时针方向绘制弧线段；反之，按顺时针方向绘制弧线段。

（3）圆心：指定所绘制弧线段的圆心。

（4）闭合：用一段弧线段封闭所绘制的多段线。

（5）方向：指定弧线段的起始方向。

（6）半宽：指定从宽多段线线段的中心到其一边的宽度。

（7）直线：退出绘制圆弧选项并返回多段线命令的初始提示信息状态。

（8）半径：指定所绘制弧线段的半径。

（9）第二个点：利用三点绘制圆弧。

（10）放弃：撤销上一步操作。

（11）宽度：指定下一条多段线的宽度，与半宽类似。

当需要再次绘制直线时，只需要输入 l，按 Space 键确认，即可回到绘制直线状态，如图 4-43 所示。

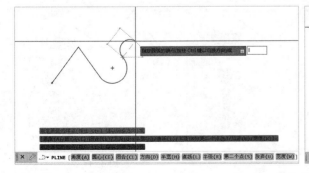
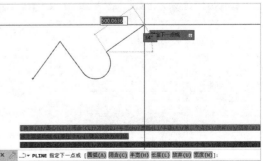

图 4-43

选项说明如下。

（1）闭合：绘制一条直线，以封闭多段线。

（2）半宽：指定从宽多段线线段的中心到其一边的宽度。

（3）长度：在与前一段线相同的角度方向上绘制指定长度的直线段。

（4）放弃：撤销上一步操作。

（5）宽度：指定下一条多段线的宽度，与半宽类似。

4.2.3　多段线编辑

多段线编辑命令不仅可以编辑多段线，而且可以将直线、圆弧等其他图形转换成多段线并进行连接。

1. 常见多段线命令的执行方式

方式1：菜单栏。选择【修改】→【对象】→【多段线】选项即可，如图4-44所示。

方式2：功能区或工具栏。单击【默认】选项卡→【修改】面板→【多段线编辑】按钮即可，如图4-45所示；或单击修改Ⅱ工具栏中的【多段线编辑】按钮即可，如图4-46所示。

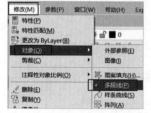

图 4-44 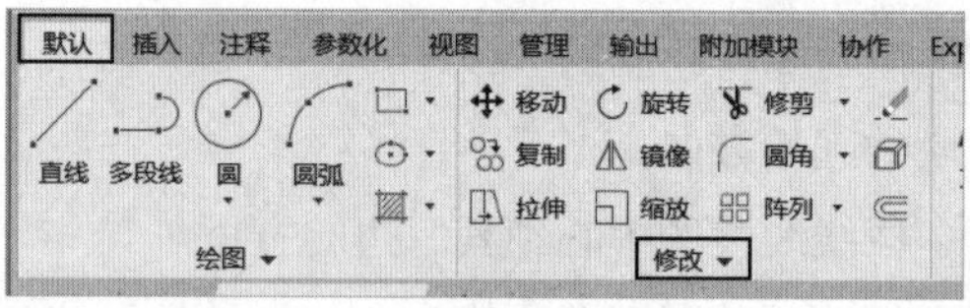　　　　　图 4-45 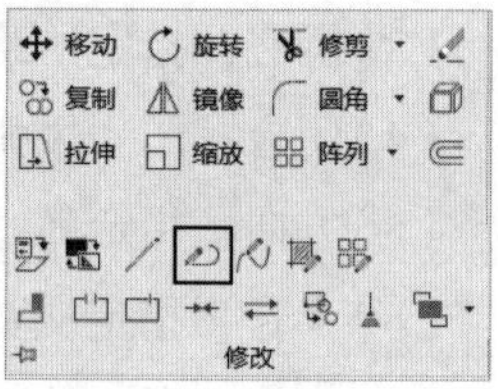　　　　　图 4-46

方式3：快捷键。在动态输入框输入多段线编辑命令PE即可，如图4-47所示。

方式4：直接双击多段线也可以对多段线进行编辑，如图4-48所示。

2. 多段线编辑命令操作步骤

双击需要编辑的多段线，弹出编辑对话框，如图4-49所示，选择需要编辑的选项即可对多段线进行编辑。

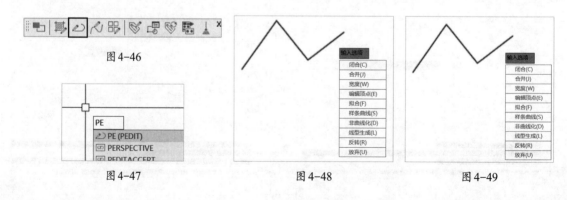

图 4-46

图 4-47　　　　　图 4-48　　　　　图 4-49

编辑多段线时各选项含义如下。

（1）闭合：可以让不闭合的多段线进行自动闭合。

（2）合并：以选中多段线为主体，合并其他直线、圆弧和多段线，使其成为一条多段线。能合并的前提是各段线的端点首尾相连。

（3）宽度：修改多段线的宽度，使其统一。

（4）编辑顶点：选择该选项后，在多段线起点处会出现一个"×"符号，为当前的顶点标记，并且在命令行会出现如下的后续操作提示。

[下一个 (N)/上一个 (P)/打断 (B)/插入 (I)/移动 (M)/重生成 (R)/拉直 (S)/切向 (T)/宽度 (W)/退出 (X)] <N>:

选择这些选项后，可对多段线进行下一步操作。

（5）拟合：可以将多段线转换成拟合曲线，转换后的拟合曲线还可以设置成二次、三次曲线，如图4-50所示。

（6）样条曲线：以多段线的顶点为控制点生成样条曲线。

（7）非曲线化：用直线代替多段线中的圆弧。

（8）线型生成：生成经过多段线顶点的连续图案线型。关闭此选项，将在每个顶点处以点画线开始和结束生成线型。此选项不能用于带变宽线段的多段线。

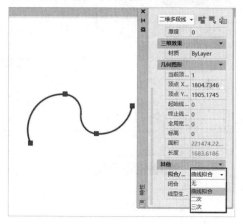

图 4-50

（9）反转：反转多段线顶点的顺序。使用此选项，可反转包含文字线型的对象的方向。例如，根据多段线的创建方向，线型中的文字可能会倒置显示。

（10）放弃：还原操作，可一直返回 PEDIT 任务开始时的状态。

3. 直线、圆弧转换为多段线

如图4-51所示，将由直线和圆弧绘制的图形转换为多段线，其步骤如下。

步骤1 输入 PE，按 Space 键确认，如图4-52所示。

步骤2 输入 M，按 Space 键确认，如图4-53所示。

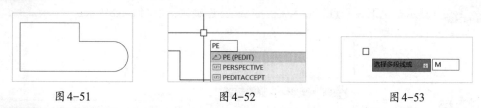

图 4-51　　　　　图 4-52　　　　　图 4-53

步骤3 框选需要转换的图形，按 Space 键确认，如图4-54所示。

步骤4 输入 Y，按 Space 键确认，如图4-55所示。

步骤5 选择【合并】选项，如图4-56所示。

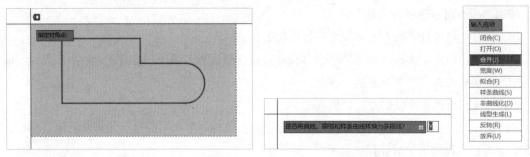

图 4-54　　　　　　　　　图 4-55　　　　　　　　图 4-56

步骤6　提示输入模糊距离，默认为0，按 Space 键确认，如图 4-57 所示。

步骤7　再按 Space 键，退出多段线编辑，如图 4-58 所示。

转换完成，结果如图 4-59 所示。

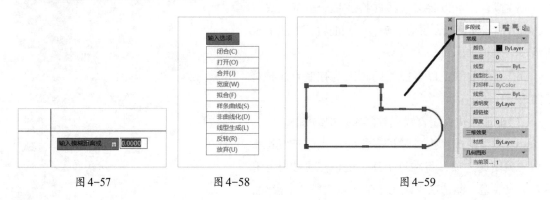

图 4-57　　　　　　图 4-58　　　　　　　　　图 4-59

4.2.4　多段线命令实战案例

1. 绘制圆形多段线

在某些特殊情况下，需要绘制圆形多段线，但使用圆命令绘制的圆并不是多段线，这时可以利用多段线命令中的圆弧进行圆形多段线绘制。其步骤如下。

步骤1　输入多段线命令 PL，按 Space 键确认，如图 4-60 所示。

步骤2　任意指定一点作为起点，如图 4-61 所示。

步骤3　提示指定下一个点，输入 A，按 Space 键确认，如图 4-62 所示。

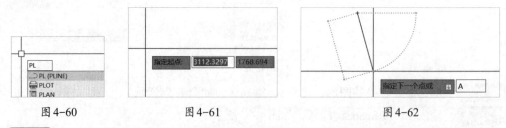

图 4-60　　　　　　　　图 4-61　　　　　　　　　图 4-62

步骤4　捕捉垂直向上，当出现虚线时，输入圆的直径 50，按 Space 键确认，如图 4-63 所示。

步骤5 提示指定圆弧的端点，输入CL进行闭合，如图4-64所示。

步骤6 圆形多段线绘制完成，结果如图4-65所示。

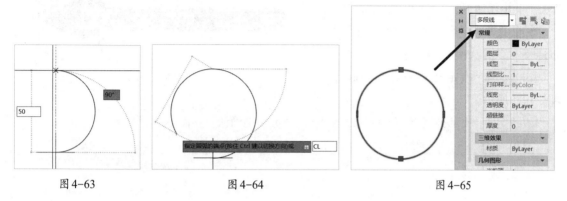

图4-63　　　　　　　　　　　图4-64　　　　　　　　　　　图4-65

2.绘制椭圆多段线

椭圆无法使用多段线命令绘制，要绘制椭圆多段线，需要先设置一个变量：PELLIPSE。其步骤如下。

步骤1 在动态输入框输入变量PELLIPSE，按Space键确认，如图4-66所示。

步骤2 将值设置为1，按Space键确认，如图4-67所示。

步骤3 输入椭圆命令EL，按Space键确认，如图4-68所示。

步骤4 任意指定一点作为椭圆弧的轴端点，如图4-69所示。

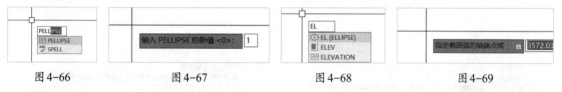

图4-66　　　　　　　　图4-67　　　　　　　　图4-68　　　　　　　　图4-69

步骤5 指定轴的另一个端点，可以捕捉水平，输入轴长度，按Space键确认，如图4-70所示。

步骤6 指定另一条半轴长度，捕捉垂直向上，输入长度，按Space键确认，如图4-71所示。

步骤7 这样绘制出来的椭圆就是一个多段线，如图4-72所示。

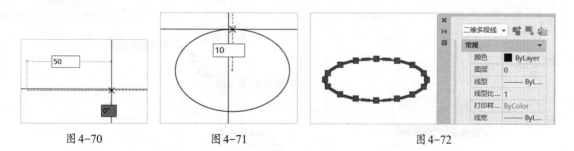

图4-70　　　　　　　　　　图4-71　　　　　　　　　　图4-72

3. 利用多段线绘制箭头

利用多段线命令绘制如图4-73所示的箭头。其步骤如下。

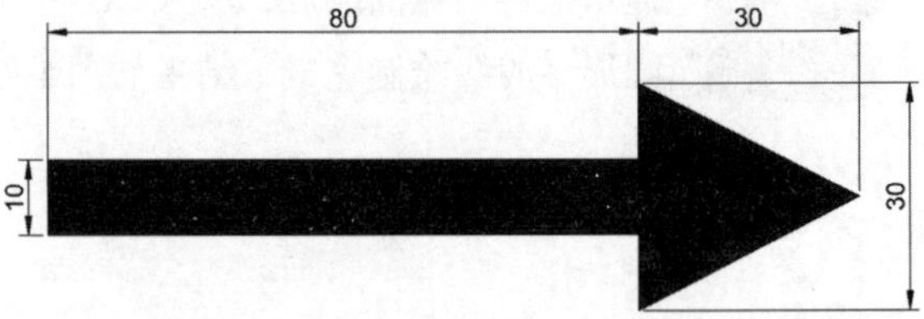

步骤1 输入多段线命令PL，按Space键确认，如图4-74所示。

步骤2 指定任意一点作为起点，如图4-75所示。

图 4-73

步骤3 提示指定下一个点，输入W，按Space键确认，如图4-76所示。

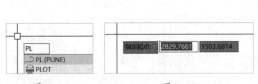

图 4-74　　　　图 4-75 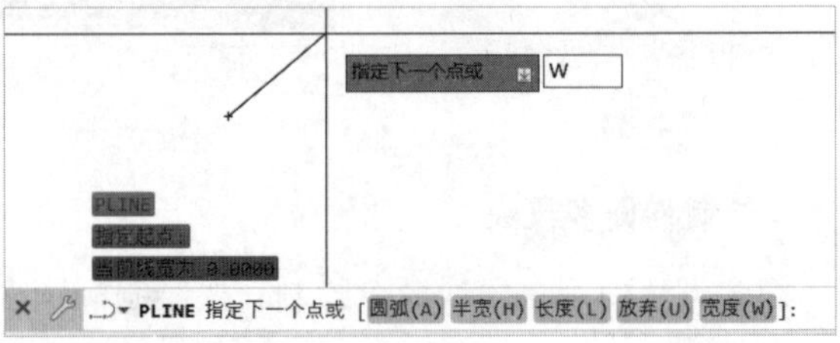　　　　图 4-76

步骤4 输入起点宽度10，按Space键确认，如图4-77所示。

步骤5 输入端点宽度10，按Space键确认，如图4-78所示。

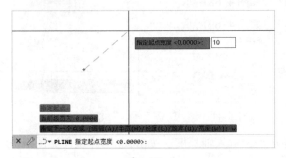

图 4-77 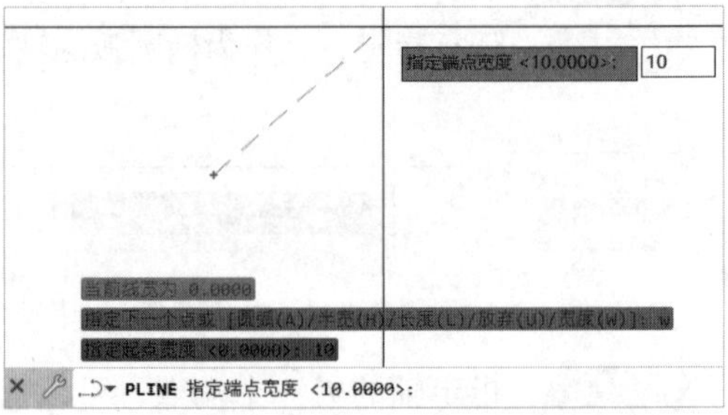　　　　　　　图 4-78

步骤6 捕捉水平，输入长度80，按Space键确认，如图4-79所示。

步骤7 提示指定下一点，输入W，按Space键确认，如图4-80所示。

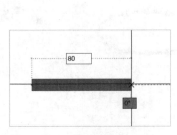

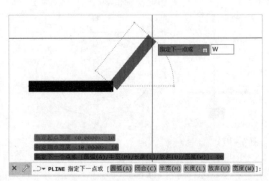

图 4-79　　　　　　　图 4-80

步骤8 输入起点宽度30，按Space键确认，如图4-81所示。

步骤9 输入端点宽度0，按Space键确认，如图4-82所示。

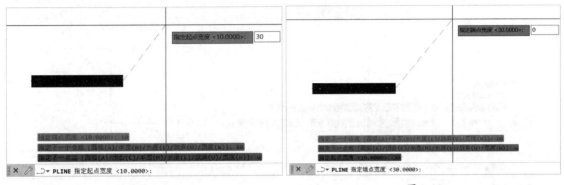

图4-81 图4-82

步骤10 捕捉水平，输入长度30，按Space键确认，如图4-83所示。

步骤11 图形绘制完成，结果如图4-84所示。

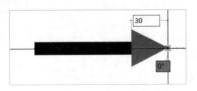

图4-83

图4-84

4. 利用多段线绘制图形

利用多段线绘制如图4-85所示的图形。其步骤如下。

步骤1 输入多段线命令PL，按Space键确认，如图4-86所示。

步骤2 指定任意一点作为起点，如图4-87所示。

步骤3 捕捉水平，输入长度200，按Space键确认，如图4-88所示。

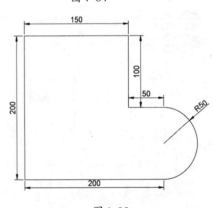

图4-85

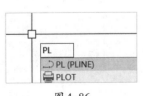

图4-86

图4-87

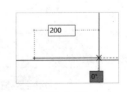

图4-88

步骤4 提示指定下一点，输入A，按Space键确认，如图4-89所示。

步骤5 捕捉垂直，输入100，按Space键确认，如图4-90所示。

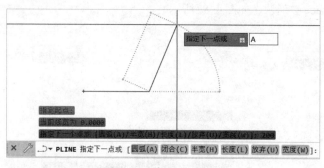

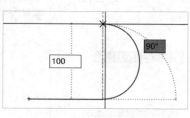

图4-89

图4-90

步骤6 提示指定圆弧的端点，输入L，按Space键确认，如图4-91所示。

步骤7 捕捉水平，光标向左，输入50，按Space键确认，如图4-92所示。

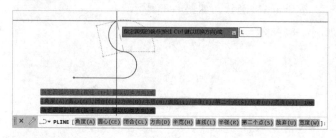

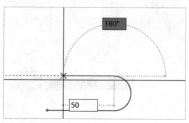

图4-91

图4-92

步骤8 捕捉垂直，光标向上，输入100，按Space键确认，如图4-93所示。

步骤9 捕捉水平，光标向左，输入150，按Space键确认，如图4-94所示。

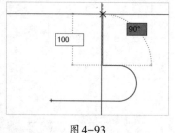

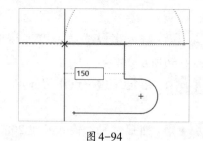

图4-93

图4-94

步骤10 输入C，按Space键确认，进行闭合，如图4-95所示。

步骤11 图形绘制完成，结果如图4-96所示。

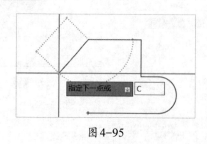

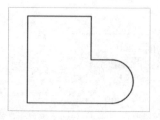

图4-95

图4-96

4.3 · 圆命令

4.3.1 圆命令执行方式

圆命令是AutoCAD中较简单的曲线命令，也是绘制工程图过程中常用的命令。通常执行圆命令有以下几种方式。

方式1：菜单栏。选择【绘图】→【圆】选项，在其级联菜单中根据需要选择圆的绘制方式即可，如图4-97所示。

方式2：功能区或工具栏。单击【默认】选项卡→【绘图】面板→【圆】按钮，即可绘制圆，如图4-98所示；或单击绘图工具栏中的【圆】按钮，如图4-99所示。

方式3：快捷键。在命令行输入绘制圆命令C，即可执行圆命令，如图4-100所示。

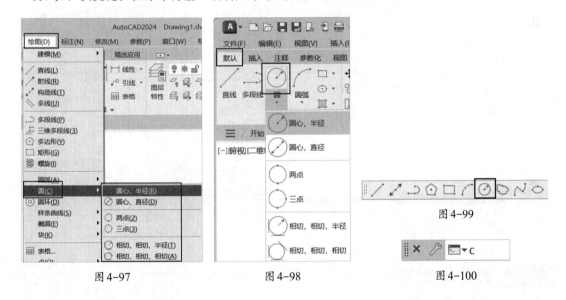

图4-97　　　　　　　　　图4-98　　　　　　　　　图4-99

图4-100

4.3.2 圆命令操作步骤

以下以命令行执行圆命令的方式介绍圆命令的详细使用方法。

在命令行输入圆命令C，按Space键确认，如图4-101所示。

图4-101

提示"指定圆的圆心或 [三点(3P)/两点(2P)/切点、切点、半径(T)]。"

当选择指定圆的圆心时，任意指定一点作为圆的圆心，提示输入圆的半径或直径，选择其一，输入半径或直径的值即可绘制圆，如图4-102所示。

当选择三点绘制圆时，指定三点即可，如图4-103所示。

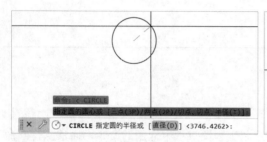

图 4-102

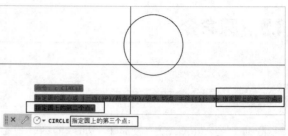

图 4-103

温馨
提示
这里的三点也可以为捕捉的3个切点。

当选择两点绘制圆时，只需要指定圆直径的两个端点即可，如图4-104所示。

当选择相切、相切、半径绘制圆时，只需要指定切点、切点、半径即可，如图4-105所示。

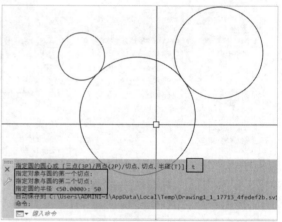

图 4-105

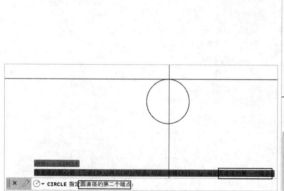

图 4-104

4.3.3　圆命令实战案例

利用圆命令绘制如图4-106所示的图形。其步骤如下。

步骤1　输入圆命令C，按Space键确认，如图4-107所示。

步骤2　指定任意一点作为圆心，如图4-108所示。

步骤3　提示指定圆的半径，输入10，按Space键确认，如图4-109所示。

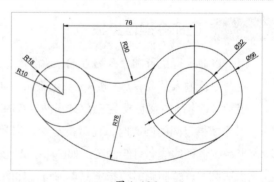

图 4-106

图 4-107

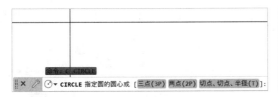
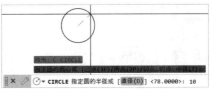

图 4-108　　　　　　　　　　　　图 4-109

步骤4　继续执行圆命令，提示指定圆的圆心，捕捉上一个圆的圆心作为圆心，如图4-110所示。

步骤5　提示指定圆的半径，输入18，按Space键确认，如图4-111所示。

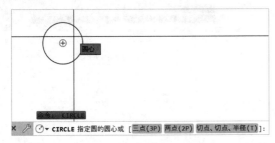
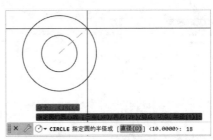

图 4-110　　　　　　　　　　　　图 4-111

步骤6　继续执行圆命令，提示指定圆的圆心，将光标放在上一个圆的圆心处，当出现圆心标记时不要单击，向右移动至出现虚线时，输入76，按Space键确认，如图4-112所示。

步骤7　提示指定圆的圆心，输入d，按Space键确认，如图4-113所示。

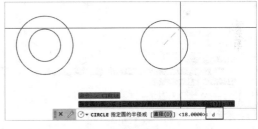

图 4-112　　　　　　　　　　　　图 4-113

步骤8　提示指定圆的直径，输入32，按Space键确认，如图4-114所示。

步骤9　继续执行圆命令，指定上一个圆的圆心作为圆心，切换到直径，输入56，按Space键确认，如图4-115所示。

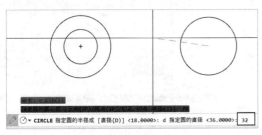
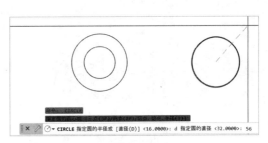

图 4-114　　　　　　　　　　　　图 4-115

步骤10　继续执行圆命令，输入t，按Space键确认，切换到切点、切点、半径绘制圆，如图4-116所示。

步骤11　捕捉第一个切点，如图4-117所示。

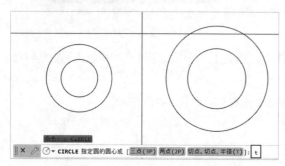

图4-116

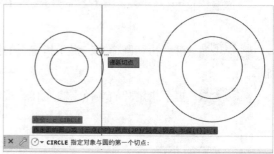

图4-117

温馨提示
光标需要放在圆的内侧，否则绘制的是内切圆。

步骤12　捕捉第二个切点，如图4-118所示。

步骤13　提示指定半径，输入30，按Space键确认，如图4-119所示，结果如图4-120所示。

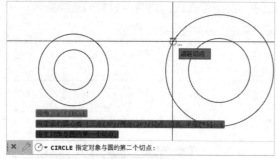

图4-118

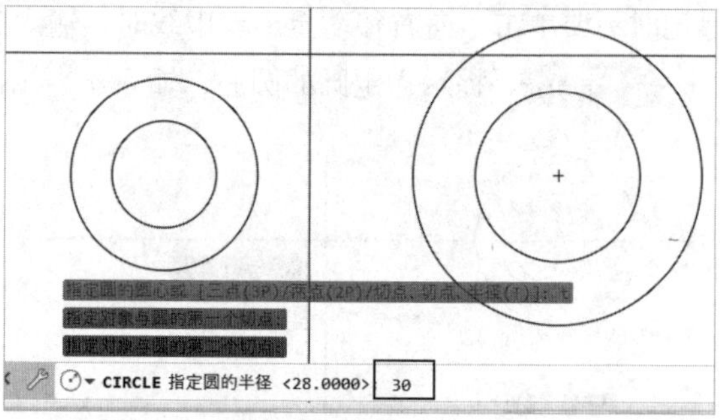

图4-119

步骤14　同样利用相切、相切、半径绘制圆，捕捉第一个切点，如图4-121所示。

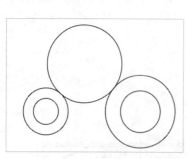

图4-120

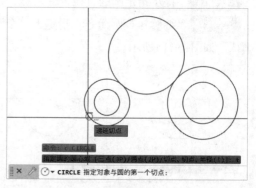

图4-121

温馨提示 光标需要放在圆的外侧，否则绘制的可能是内切圆。

步骤15 捕捉第二个切点，如图4-122所示。

步骤16 输入半径78，按Space键确认，如图4-123所示，结果如图4-124所示。

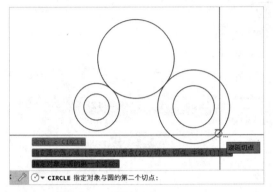

图4-122

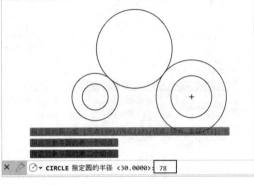

图4-123

步骤17 输入tr，按Space键确认，修剪不需要的地方，结果如图4-125所示。

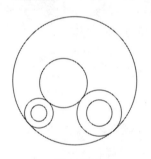

图4-124

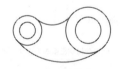

图4-125

温馨提示 修剪会在5.3.1小节单独讲解，这里了解即可。

4.4 圆弧命令

4.4.1 圆弧命令执行方式

圆弧是圆的一部分，在绘图过程中圆弧的使用比圆更为普遍。以下是圆弧命令的几种常见执行方式。

方式1：菜单栏。选择【绘图】→【圆弧】选项，在其级联菜单中选择绘制圆弧的方式即可，如图4-126所示。

方式2：功能区或工具栏。单击【默认】选项卡→【绘图】面板→【圆弧】按钮即可，如图4-127所示；或单击绘图工具栏中的【圆弧】按钮即可，如图4-128所示。

方式3：快捷键。在命令行输入圆弧命令ARC，按Space键确认即可，如图4-129所示。

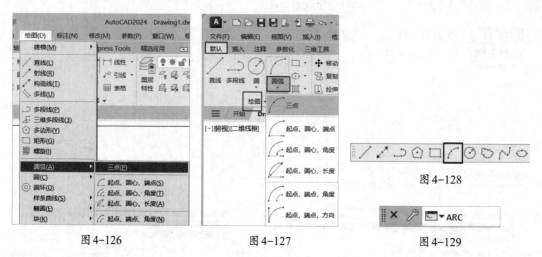

图4-126 图4-127 图4-128

图4-129

4.4.2 圆弧命令操作步骤

在命令行输入圆弧命令ARC，按Space键确认，如图4-130所示。

根据命令行提示，选择不同的选项和级联选项绘制圆弧，如图4-131所示。

圆弧共有11种绘制方式，具体如下。

方式1：三点绘制圆弧。其具体步骤如下。

步骤1 输入圆弧命令ARC，按Space键确认，如图4-132所示。

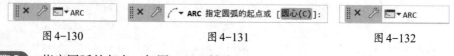

图4-130 图4-131 图4-132

步骤2 指定圆弧的起点，如图4-133所示。

步骤3 指定圆弧的第二个点，如图4-134所示。

步骤4 指定圆弧的端点，即可绘制圆弧，如图4-135所示。

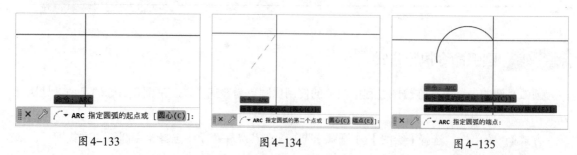

图4-133 图4-134 图4-135

方式2：起点、圆心、端点。其步骤如下。

步骤1 输入圆弧命令ARC，按Space键确认，如图4-136所示。

步骤2 指定圆弧的起点或圆心，这里以起点为例，如图4-137所示。

图4-136

步骤3 提示指定圆弧的第二个点，这里可以为圆心或端点。这里以圆心为例，输入C，按Space键确认，如图4-138所示。

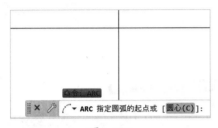

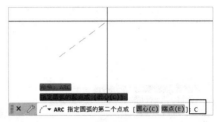

图4-137　　　　　　　　　　　　　　　　　　图4-138

步骤4 指定圆弧的圆心，如图4-139所示。

步骤5 指定圆弧的端点，即可绘制圆弧，如图4-140所示。

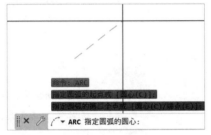

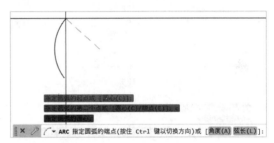

图4-139　　　　　　　　　　　　　　　　　　图4-140

方式3：起点、圆心、角度。其步骤如下。

步骤1 在命令行输入圆弧命令ARC，按Space键确认，如图4-141所示。

步骤2 提示指定圆弧的起点或圆心，这里以起点为例，任意指定一点为起点，如图4-142所示。

步骤3 提示"指定圆弧的第二个点或［圆心（C）端点（E）］"，输入C，按Space键确认，如图4-143所示。

图4-141　　　　　　图4-142　　　　　　　　　　　图4-143

步骤4 指定圆弧的圆心，如图4-144所示。

步骤5 提示"指定圆弧的端点（按住Ctrl键以切换方向）或［角度（A）　弦长（L）］"，输入a，按Space键确认，如图4-145所示。

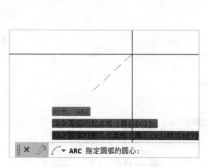

图4-144

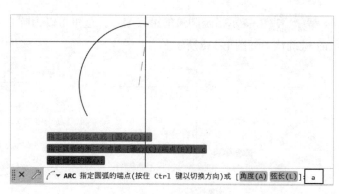

图4-145

步骤6 提示指定夹角，这里输入-90，按Space键确认，即可绘制圆弧，如图4-146所示。

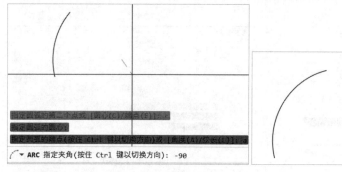

图4-146

温馨
提示

按Ctrl键可切换圆弧显示方向，逆时针为正角度，顺时针为负角度。

方式4：起点、圆心、长度。其步骤如下。

步骤1 在命令行输入圆弧命令ARC，按Space键确认，如图4-147所示。

步骤2 提示"指定圆弧的起点或[圆心（C）]"，这里以圆心为例，直接单击任意一点作为圆心，如图4-148所示。

步骤3 提示"指定圆弧的第二个点或[圆心（C） 端点（E）]"，输入c，按Space键确认，如图4-149所示。

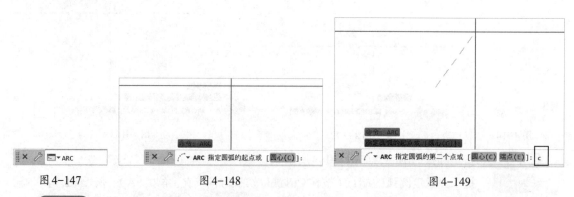

图4-147   图4-148   图4-149

步骤4 指定圆弧的圆心，如图4-150所示。

步骤5 提示"指定圆弧的端点（按住Ctrl键以切换方向）或[角度（A） 弦长（L）]"，输入1，按space键确认，如图4-151所示。

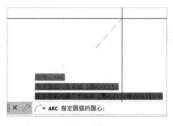

图4-150

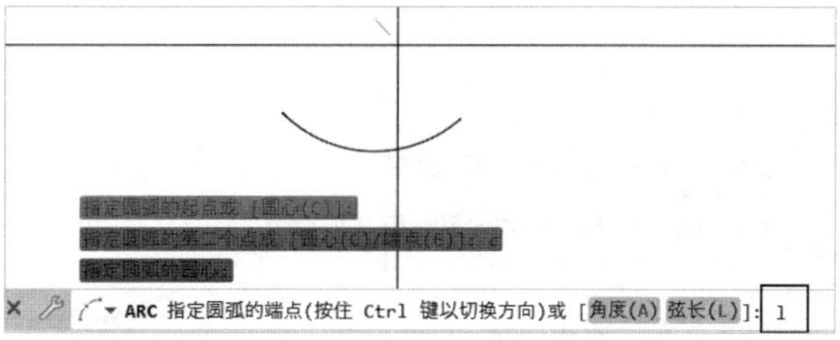

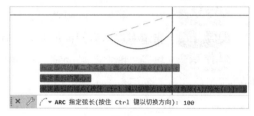

图4-151

步骤6 输入弦长，即可绘制圆弧，如图4-152所示。

方式5：起点、端点、角度。其步骤如下。

步骤1 在命令行输入圆弧命令ARC，按Space键确认，如图4-153所示。

步骤2 指定任意一点作为起点，如图4-154所示。

步骤3 输入e，切换到端点，如图4-155所示。

图4-152

图4-153   图4-154 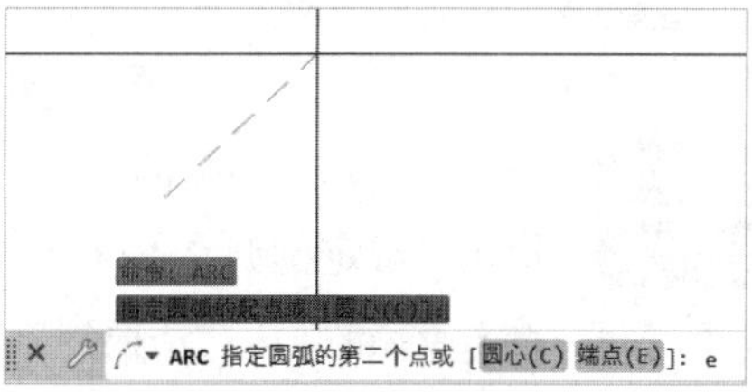   图4-155

步骤4 指定圆弧的端点，如图4-156所示。

步骤5 提示"指定圆弧的中心点（按住Ctrl键以切换方向）或〔角度(A) 方向(D) 半径(R)〕"，输入a，按Space键确认，如图4-157所示。

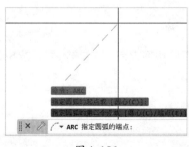

图4-156

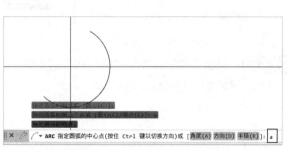

图4-157

步骤6 输入角度60，按Space键确认，即可绘制圆弧，如图4-158所示。

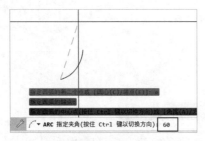

图 4-158

方式6：起点、端点、方向。其步骤如下。

步骤 1　在命令行输入圆弧命令ARC，按Space键确认，如图4-159所示。

步骤 2　指定一点作为圆弧的起点，如图4-160所示。

步骤 3　提示"指定圆弧的第二个点或［圆心(C)　端点(E)］"，输入e，按Space键确认，切换到圆弧的端点，如图4-161所示。

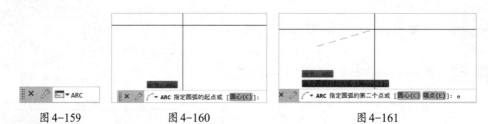

| 图 4-159 | 图 4-160 | 图 4-161 |

步骤 4　指定一点作为圆弧的端点，如图4-162所示。

步骤 5　提示"指定圆弧的中心点（按住Ctrl键以切换方向）或［角度(A)　方向(D)　半径(R)］"，输入d，按Space键确认，切换到方向，如图4-163所示。

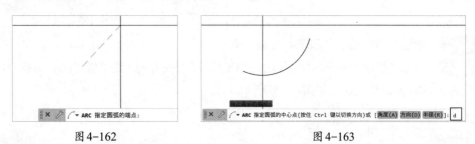

| 图 4-162 | 图 4-163 |

步骤 6　提示"指定圆弧起点的相切方向（按住Ctrl键以切换方向）"，输入30，按Space键确认，即可绘制圆弧，如图4-164所示。

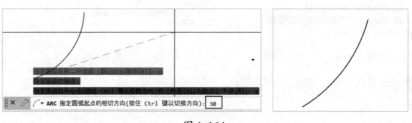

图 4-164

方式7：起点、端点、半径。其步骤如下。

步骤1 在命令行输入圆弧命令ARC，按Space键确认，如图4-165所示。

步骤2 提示"指定圆弧的起点或［圆心(C)]"，指定一点作为圆弧的起点，如图4-166所示。

步骤3 提示"指定圆弧的第二个点或［圆心(C) 端点(E)]"，输入e，按Space键确认，如图4-167所示。

图4-165　　　　　　图4-166　　　　　　　　　　图4-167

步骤4 指定圆弧的端点，如图4-168所示。

步骤5 提示"指定圆弧的中心点（按住 Ctrl 键以切换方向）或［角度(A) 方向(D) 半径(R)]"，输入r，按Space键确认，如图4-169所示。

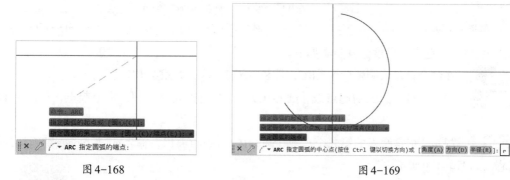

图4-168　　　　　　　　　　　　图4-169

步骤6 提示"指定圆弧的半径（按住Ctrl键以切换方向）"，输入半径300，按Space键确认，即可绘制圆弧，如图4-170所示。

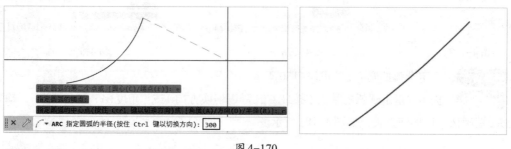

图4-170

方式8：圆心、起点、端点。其步骤如下。

步骤1 在命令行输入圆弧命令ARC，按Space键确认，如图4-171所示。

步骤2 直接指定一点作为起点，如图4-172所示。

步骤3 提示"指定圆弧的第二个点或［圆心(C) 端点(E)]"，输入e，按Space键确认，切换到端点，如图4-173所示。

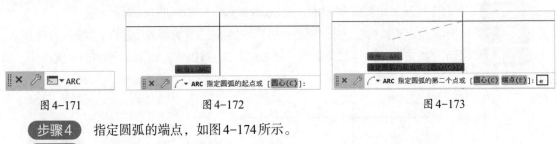

图4-171   图4-172   图4-173

步骤4　指定圆弧的端点，如图4-174所示。

步骤5　指定圆弧的中心点，如图4-175所示。

步骤6　圆弧绘制完成，如图4-176所示。

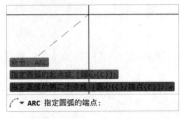   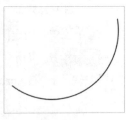

图4-174   图4-175   图4-176

方式9：圆心、起点、角度。其步骤如下。

步骤1　在命令行输入圆弧命令ARC，按Space键确认，如图4-177所示。

步骤2　提示"指定圆弧的起点或［圆心(C)］"，这里以起点为例，指定起点，如图4-178所示。

步骤3　提示"指定圆弧的第二个点或［圆心(C)　端点(E)］"，输入c，按Space键确认，切换到圆心，如图4-179所示。

图4-177   图4-178   图4-179

步骤4　指定圆弧的圆心，如图4-180所示。

步骤5　提示"指定圆弧的端点（按住Ctrl键以切换方向）或［角度(A)　弦长(L)］"，输入a，按Space键确认，切换到弦长，如图4-181所示。

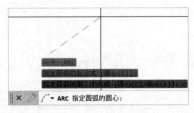   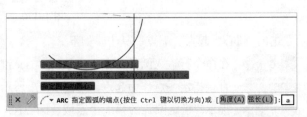

图4-180   图4-181

步骤6　指定圆弧的夹角，输入60，按Space键确认，即可绘制圆弧，如图4-182所示。

方式10：圆心、起点、长度。其步骤如下。

步骤1　在命令行输入圆弧命令ARC，按Space键确认，如图4-183所示。

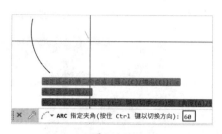

步骤2　提示"指定圆弧的起点或［圆心(C)］"，默认为起点，指定一点作为起点，如图4-184所示。

图4-182

步骤3　提示"指定圆弧的第二个点或［圆心(C)　端点(E)］"，输入c，按Space键确认，切换到圆心，如图4-185所示。

图4-183　　　　　　　　　　图4-184　　　　　　　　　　　　　　图4-185

步骤4　指定圆弧的圆心，如图4-186所示。

步骤5　提示"指定圆弧的端点(按住 Ctrl 键以切换方向)或［角度(A)　弦长(L)］"，输入1，按Space键确认，切换到弦长，如图4-187所示。

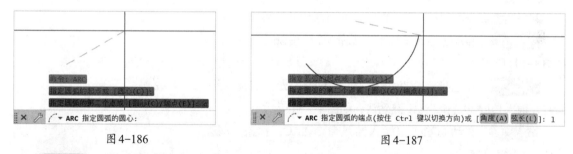

图4-186　　　　　　　　　　　　　　　　　　图4-187

步骤6　输入弦长10，按Space键确认，如图4-188所示。

步骤7　圆弧绘制完成，如图4-189所示。

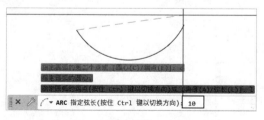 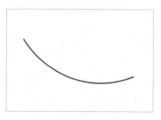

图4-188　　　　　　　　　　　　　　图4-189

方式11：连续。要绘制与上一个圆弧相切的圆弧，只需指点圆弧端点即可。选择【默认】选项卡→【绘图】面板→【圆弧】下拉列表中的【连续】选项，如图4-190所示，即可绘制与上一个圆弧相切的圆弧，这里只需指定圆弧的端点即可，如图4-191所示。

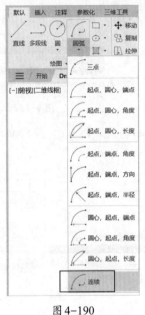

图 4-190

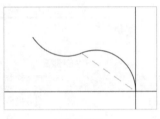

图 4-191

4.4.3 圆弧命令实战案例

利用圆弧命令绘制如图4-192所示的图形。其步骤如下。

步骤1 在动态输入框输入直线命令L，按Space键确认，如图4-193所示。

步骤2 任意指定一点作为直线的起点，光标捕捉水平向右，输入长度30，按Space键确认，如图4-194所示。

步骤3 在动态输入框输入圆弧命令ARC，按Space键确认，如图4-195所示。

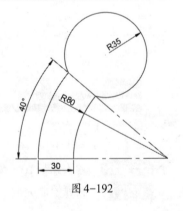

图 4-192

图 4-193

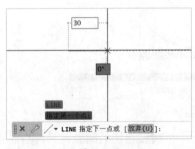

图 4-194

图 4-195

步骤4 提示"指定圆弧的起点或［圆心(C)］"，指定直线右端点为圆弧的起点，如图4-196所示。

步骤5 提示"指定圆弧的第二个点或［圆心(C) 端点(E)］"，输入c，按Space键确认，切换到圆弧的圆心，如图4-197所示。

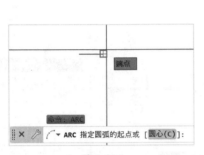

图4-196

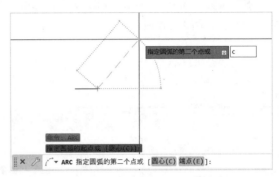

图4-197

步骤6 提示"指定圆弧的圆心"，光标捕捉水平向右至出现虚线，输入80，按Space键确认，如图4-198所示。

步骤7 提示"指定圆弧的端点（按住 Ctrl 键以切换方向）或［角度(A) 弦长(L)］"，输入a，按Space键确认，切换到角度，如图4-199所示。

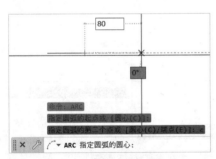

图4-198

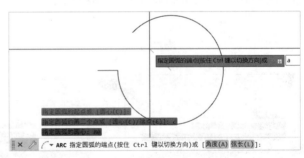

图4-199

步骤8 提示"指定夹角（按住 Ctrl 键以切换方向）"，输入-40，按Space键确认，如图4-200所示。

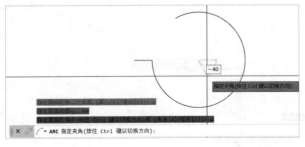

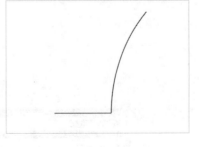

图4-200

步骤9 再次按Space键确认，执行圆弧命令。

温馨提示

按Space键可快速执行上一次命令。

步骤10 指定直线左端点作为圆弧起点，如图4-201所示。

步骤11 提示"指定圆弧的第二个点或［圆心(C) 端点(E)］"，输入c，按Space键确认，切换到圆心，如图4-202所示。

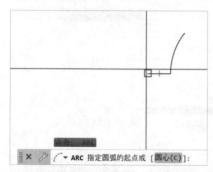

图4-201

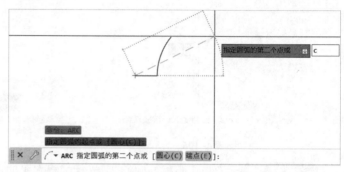

图4-202

步骤12 提示"指定圆弧的圆心"，捕捉和上一个圆弧同心，如图4-203所示。

步骤13 提示"指定圆弧的端点(按住 Ctrl 键以切换方向)或［角度(A) 弦长(L)］"，输入a，按Space键确认，切换到角度，如图4-204所示。

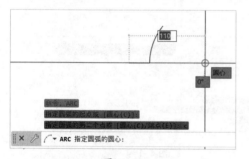

图4-203

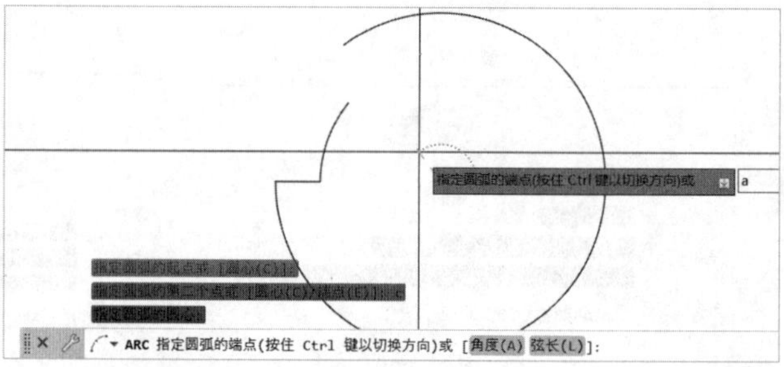

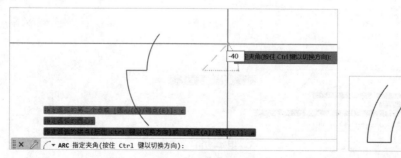

图4-204

步骤14 提示"指定夹角(按住Ctrl键以切换方向)"，输入-40，按Space键确认，如图4-205所示。

图4-205

步骤15 用直线命令连接圆弧的两个端点，如图4-206所示。

步骤16 输入圆弧命令ARC，按Space键确认，如图4-207所示。

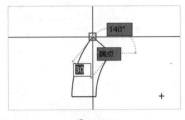

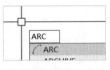

图4-206 　　　　　　　　　　　　　　　　　　图4-207

步骤17 指定圆弧的起点，如图4-208所示。

步骤18 提示"指定圆弧的第二个点或［圆心(C) 端点(E)］"，输入e，按Space键确认，切换到端点，如图4-209所示。

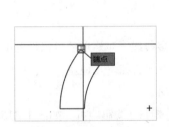

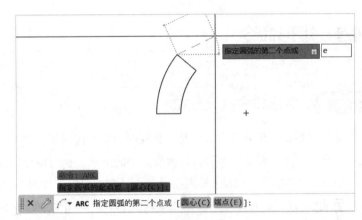

图4-208 　　　　　　　　　　　　　　　　　　图4-209

步骤19 指定圆弧端点，如图4-210所示。

步骤20 提示"指定圆弧的中心点（按住 Ctrl 键以切换方向）或［角度(A) 方向(D) 半径(R)］"，输入r，按Space键确认，切换到半径，如图4-211所示。

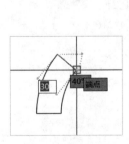

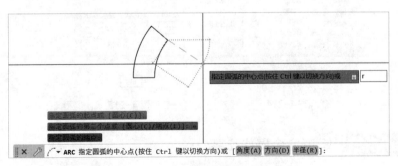

图4-210 　　　　　　　　　　　　　　　　　　图4-211

步骤21 按Ctrl键切换方向，输入圆弧半径35，按Space键确认，如图4-212所示。图形绘制完成，如图4-213所示。

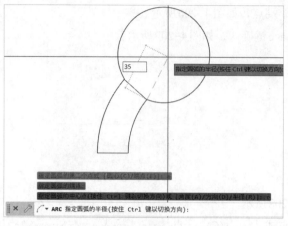

图 4-212

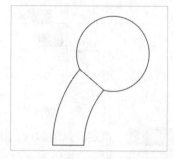

图 4-213

4.5 · 矩形命令

4.5.1 矩形命令执行方式

矩形包括正方形和长方形，是一种较简单的封闭图形，也是一种多段线。对矩形还可以设置倒角、圆角、宽度、厚度等参数，以改变矩形的形状。执行矩形命令的方式有如下几种。

方式1：菜单栏。选择【绘图】→【矩形】选项即可，如图4-214所示。

方式2：功能区或工具栏。单击【默认】选项卡→【绘图】面板→【矩形】按钮即可，如图4-215所示；或单击绘图工具栏中的【矩形】按钮，如图4-216所示。

方式3：快捷键。在命令行输入矩形命令REC，按Space键确认即可，如图4-217所示。

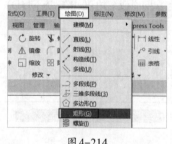

图 4-214

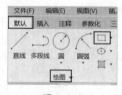

图 4-215

图 4-216

图 4-217

4.5.2 矩形命令操作步骤

执行矩形命令的方式有很多，以下以快捷键的方式介绍矩形命令的用法。

步骤1 在命令行输入矩形命令REC，按Space键确认，如图4-218所示。

步骤2 提示"指定第一个角点或［倒角(C) 标高(E) 圆角(F) 厚度(T) 宽度(W)］"，这里按默认指定矩形第一个角点，如图 4-219 所示。

图 4-218 　　　　　　　　　　　　　　　　　　　　　图 4-219

选项说明如下。

（1）倒角：指定倒角距离，绘制带倒角的矩形，如图 4-220 所示。其中，第一个倒角距离是指角点逆时针方向倒角距离，第二个倒角距离是指角点顺时针方向倒角距离。

（2）标高：指定矩形 Z 坐标值，即把矩形放置在标高为 Z 并与 XOY 面平行的平面上。

（3）圆角：指定圆角半径，绘制带圆角的矩形，如图 4-221 所示。

（4）厚度：主要用在三维图形中，相当于给矩形各边进行拉伸，如图 4-222 所示。

（5）宽度：指定矩形线宽，与多段线线宽类似，如图 4-223 所示。

图 4-220 　　　　　图 4-221 　　　　　图 4-222 　　　　　图 4-223

步骤 3　提示"指定另一个角点或［面积(A) 尺寸(D) 旋转(R)］"，这里按默认指定矩形第二个角点，如图 4-224 所示。

选项说明如下。

（1）面积：指定面积和长或宽创建矩形。执行此选项后，会提示用户输入矩形的面积和一边长度，软件会自动计算另一边长度。

（2）尺寸：指定长和宽，创建矩形。

（3）旋转：绘制带有一定角度的矩形。

绘制完成的矩形如图 4-225 所示。

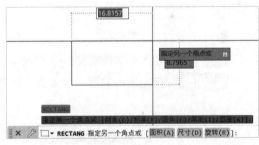

图 4-224

图 4-225

4.5.3　矩形命令实战案例

利用矩形命令绘制如图 4-226 所示的图形。其步骤如下。

步骤 1　输入矩形命令 REC，按 Space 键确认，如图 4-227 所示。

步骤 2　提示"指定第一个角点或［倒角(C) 标高(E) 圆角(F) 厚度(T) 宽度(W)］"，输入 f，按 Space 键确认，切换到圆角，如图 4-228 所示。

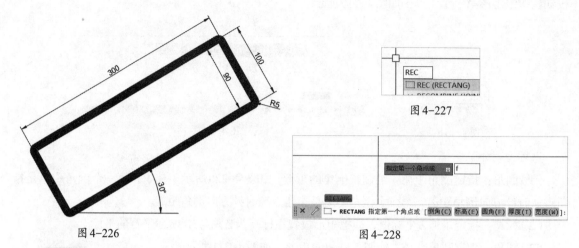

图 4-226

图 4-227

图 4-228

步骤 3　输入圆角半径 5，按 Space 键确认，如图 4-229 所示。

步骤 4　提示"指定第一个角点或［倒角 (C)　标高 (E)　圆角 (F)　厚度 (T)　宽度 (W)］"，输入 w，按 Space 键确认，切换到宽度，如图 4-230 所示。

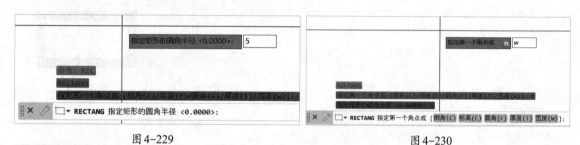

图 4-229

图 4-230

步骤 5　输入矩形的线宽 10，按 Space 键确认，如图 4-231 所示。

步骤 6　指定矩形的第一个角点，如图 4-232 所示。

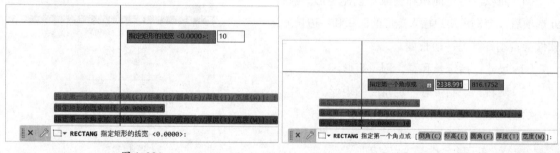

图 4-231

图 4-232

步骤 7　提示"指定另一个角点或［面积 (A)　尺寸 (D)　旋转 (R)］"，输入 r，按 Space 键确认，切换到旋转，如图 4-233 所示。

步骤 8　输入旋转角度 30，按 Space 键确认，如图 4-234 所示。

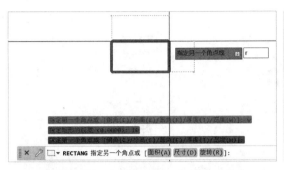
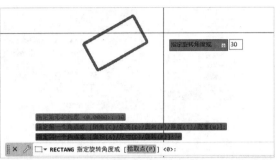

图 4-233　　　　　　　　　　　　　　　　图 4-234

步骤9　输入矩形长和宽，按 Enter 键确认，如图 4-235 所示。

步骤10　矩形绘制完成，如图 4-236 所示。

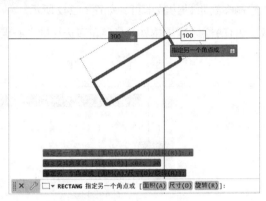

图 4-235　　　　　　　　　　　　　　　　图 4-236

4.6 · 多边形命令

4.6.1　多边形命令执行方式

多边形是由 3 条及以上线条组成的封闭形状。在 AutoCAD 中可以绘制 3～1024 条边的多边形。执行多边形命令的方式主要有以下几种。

方式 1：菜单栏。选择【绘图】→【多边形】选项即可，如图 4-237 所示。

方式 2：功能区或工具栏。单击【默认】选项卡→【绘图】面板→【多边形】按钮即可，如图 4-238 所示；或单击绘图工具栏中的【多边形】按钮即可，如图 4-239 所示。

方式 3：快捷键。在命令行输入多边形命令 POL，按 Space 键确认即可，如图 4-240 所示。

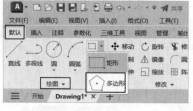

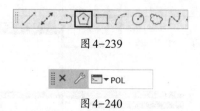

图 4-239

图 4-237　　　　　　　　　图 4-238　　　　　　　　　　图 4-240

4.6.2　多边形命令操作步骤

本小节以快捷键方式介绍多边形命令的用法。

步骤1　输入多边形命令POL，按Space键确认，如图4-241所示。

步骤2　提示"输入侧面数"，输入需要绘制多边形的边数即可，如图4-242所示。

步骤3　提示"指定正多边形的中心点或［边(E)］"，这里按默认指定正多边形的中心点即可，如图4-243所示。

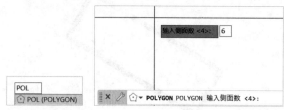

图 4-241　　　　　　　　图 4-242　　　　　　　　　　　图 4-243

选项说明如下。

边（E）：如果选择边，只需要指定多边形一边的两个端点即可绘制多边形，如图4-244所示。

步骤4　指定中心点后，提示选择内接于圆或外切于圆，这里选择内接于圆，如图4-245所示。

步骤5　指定圆的半径，即可绘制多边形，如图4-246所示。

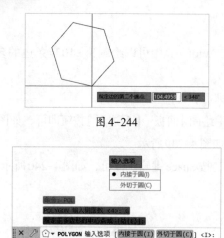

图 4-244

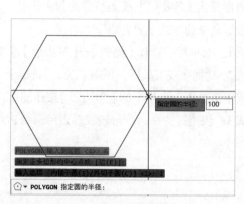

图 4-245　　　　　　　　　　　　　　　　图 4-246

选项说明如下。

（1）内接于圆：指定外接圆的半径，正多边形的所有顶点都在此圆周上，如图4-247所示。

（2）外切于圆：指定从正多边形圆心到各边中点的距离，如图4-248所示。

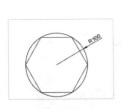

图 4-247

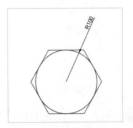

图 4-248

4.6.3 多边形命令实战案例

利用多边形命令和所学的其他知识绘制如图4-249所示的图形。其步骤如下。

步骤1 输入圆命令C，按Space键确认，如图4-250所示。

步骤2 指定任意一点为圆心，如图4-251所示。

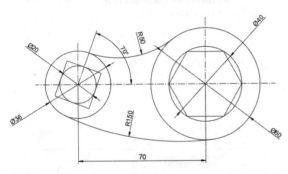

图 4-249

图 4-250

图 4-251

步骤3 输入d，按Space键确认，切换到直径，如图4-252所示。

步骤4 输入直径20，按Space键确认，如图4-253所示。

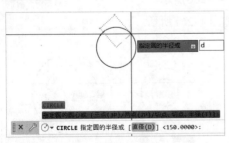

图 4-252

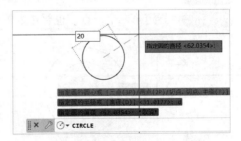

图 4-253

步骤5 继续执行圆命令，绘制直径为20的圆的同心圆，其直径为36，如图4-254所示。

步骤6 继续执行圆命令，光标放在圆心处不要单击，光标水平向右至出现虚线，输入70，按Space键确认，如图4-255所示。

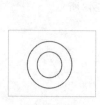

图4-254

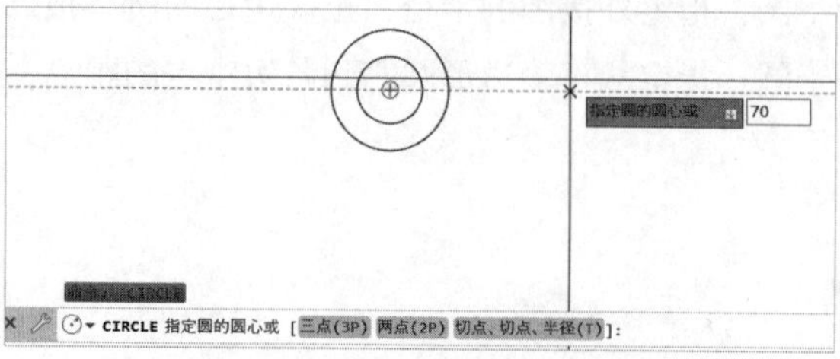

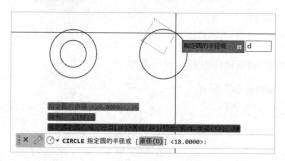

图4-255

步骤7 输入d，按Space键确认，切换到直径，如图4-256所示。

步骤8 输入40，按Space键确认，如图4-257所示。

图4-256

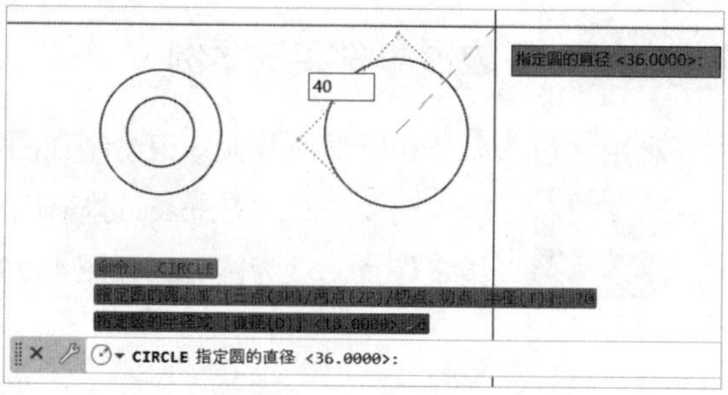

图4-257

步骤9 捕捉直径为40的圆的同心圆，绘制直径为60的圆，如图4-258所示。

步骤10 执行圆命令，输入t，按Space键确认，切换到切点、切点、半径绘制圆，如图4-259所示。

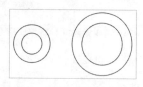

图4-258

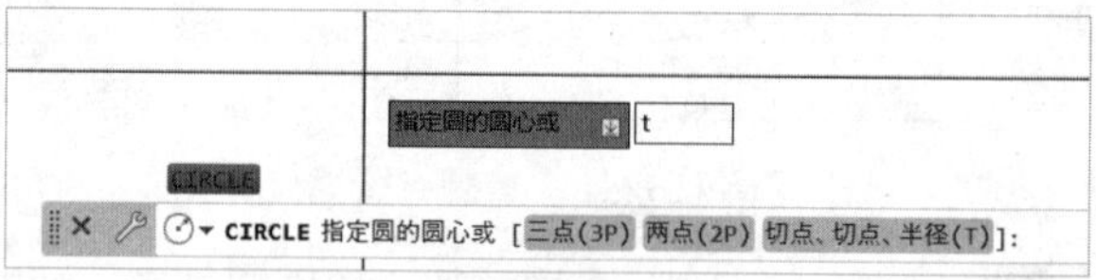

图4-259

步骤11 指定第一个切点，要在内侧单击，如图4-260所示。

步骤12 指定第二个切点，也要在内侧单击，如图4-261所示。

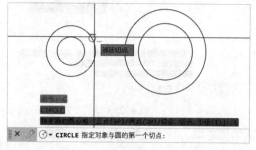

图4-260

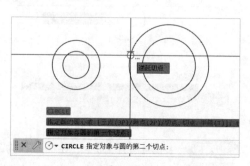

图4-261

步骤13 输入半径50，按Space键确认，如图4-262所示。

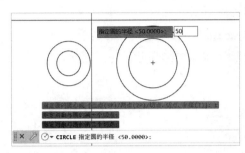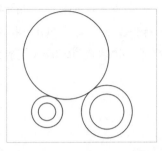

图 4-262

步骤14 同上，继续执行圆命令，切换到半径、半径、相切绘制圆。指定第一个切点，指定在下方外侧，如图4-263所示。指定第二个切点，也指定在下方右边圆外侧，如图4-264所示。输入半径150，按Space键确认，如图4-265所示。

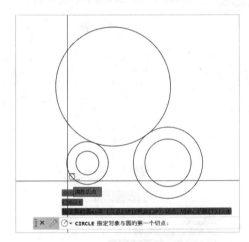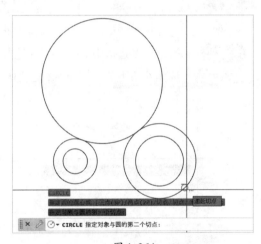

图 4-263　　　　　　　　　　　　图 4-264

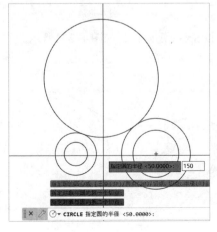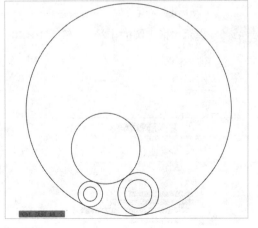

图 4-265

步骤15 输入 TR，按 Space 键确认，如图 4-266 所示。

步骤16 修剪不需要的部分，如图 4-267 所示。

步骤17 输入多边形命令 POL，按 Space 键确认，如图 4-268 所示。

步骤18 输入边数 4，按 Space 键确认，如图 4-269 所示。

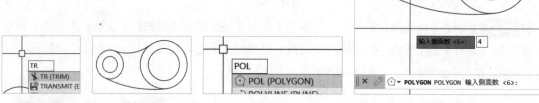

图 4-266   图 4-267   图 4-268   图 4-269

步骤19 指定正多边形中心点，即左边圆的圆心，如图 4-270 所示。

步骤20 选择外切于圆，按 Space 键确认，如图 4-271 所示。

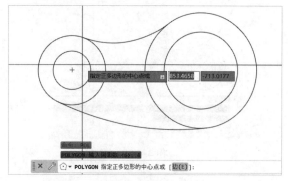 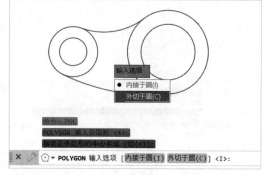

图 4-270   图 4-271

步骤21 提示"指定圆的半径"，输入 10<70，按 Space 键确认，如图 4-272 所示。

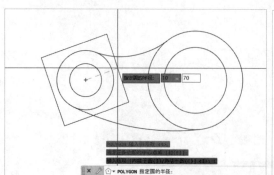 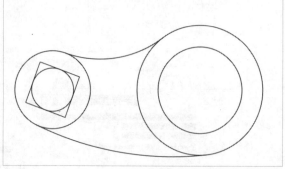

图 4-272

步骤22 执行多边形命令，输入边数6，按Space键确认，如图4-273所示。

步骤23 指定正多边形的中心点，如图4-274所示。

步骤24 选择内接于圆，如图4-275所示。

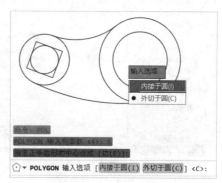

图4-273   图4-274   图4-275

步骤25 提示"指定圆的半径"，捕捉圆右象限点即可，如图4-276所示。

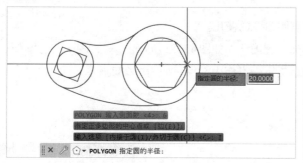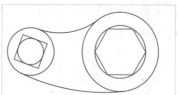

图4-276

4.7 椭圆命令

4.7.1 椭圆命令执行方式

椭圆的大小是由长轴和短轴共同决定的。椭圆中，较长的轴被称为长轴，较短的轴被称为短轴，当长轴等于短轴时，即为圆。执行椭圆命令的主要方式有以下几种。

方式1：菜单栏。选择【绘图】→【椭圆】选项，在其级联菜单中选择椭圆的绘制方式即可，如图4-277所示。

方式2：功能区或工具栏。单击【默认】选项卡→【绘图】面板→【椭圆】下拉按钮，在其下拉列表中选择绘制椭圆的方式即可，如图4-278所示；或单击绘图工具栏中的【椭圆】和【椭圆弧】按钮即可，如图4-279所示。

方式3：快捷键。输入椭圆命令EL，按Space键确认即可，如图4-280所示。

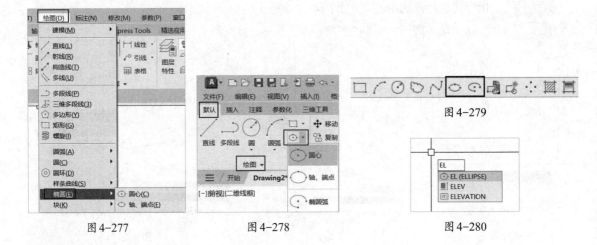

图4-277　　　　　　　　　　　图4-278　　　　　　　　　图4-280

图4-279

4.7.2　椭圆命令操作步骤

接下来，以快捷键方式为例，介绍椭圆命令的使用。

步骤1　输入椭圆命令EL，按Space键确认，如图4-281所示。

步骤2　指定椭圆的轴端点，任意指定一点作为端点，如图4-282所示。

选项说明如下。

（1）圆弧：用于创建一段椭圆弧，与菜单栏或功能区【椭圆】命令下的椭圆弧功能相同。

如果选择圆弧，椭圆绘制完成后会提示指定起点角度、端点角度、夹角和参数。

图4-281　　　　　　　　　　　图4-282

各选项说明如下。

①起点角度：定义椭圆弧的第一个端点。

②端点角度：定义椭圆弧的第二个端点。

③夹角：定义从起点角度开始的夹角。

④参数：指定椭圆弧端点的一种方式，可以通过矢量参数方程式创建椭圆弧，即 $p(u) = c + a\mathrm{x}\cos u + b\mathrm{x}\sin u$，其中 c 是椭圆的中心点，a 和 b 分别是椭圆的长轴和短轴，u 是光标与椭圆中心连线的夹角。

（2）中心点：通过指定中心点创建椭圆。

指定轴的另一个端点，如图4-283所示。

指定另一条半轴长度，如图4-284所示。

选项说明如下。

旋转：通过绕第一条轴旋转圆来创建椭圆，相当于将一个圆绕椭圆轴旋转一个角度后的投影视图。

椭圆绘制完成，如图4-285所示。

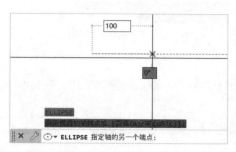

图 4-283

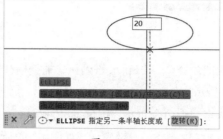

图 4-284

图 4-285

技能拓展　椭圆命令生成的椭圆是以多段线还是以椭圆为实体是由系统变量PELLIPSE决定的，其值为1则绘制的是多段线，反之是椭圆。

4.7.3　椭圆命令实战案例

利用椭圆命令和所学的其他知识绘制如图4-286所示的图形。其步骤如下。

步骤1　输入椭圆命令EL，按Space键确认，如图4-287所示。

步骤2　指定任意一点作为椭圆轴端点，如图4-288所示。

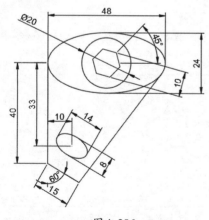

图 4-286

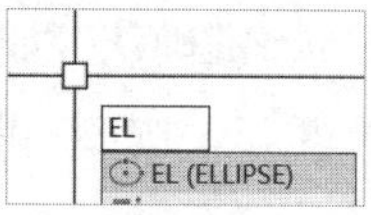

图 4-287

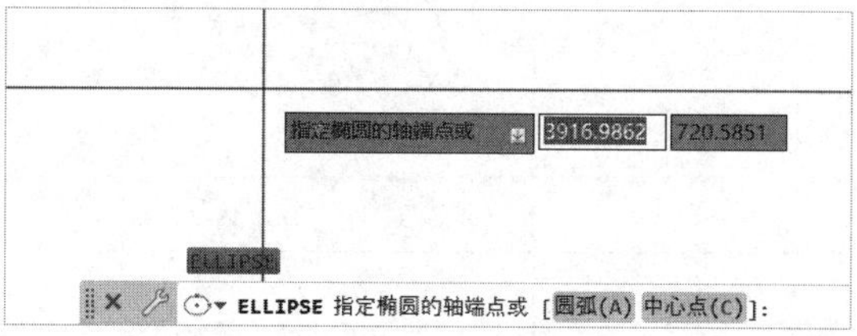

图 4-288

步骤3　光标水平向右至出现虚线，输入48，按Space键确认，确定椭圆轴的另一个端点，如图4-289所示。

步骤4　光标垂直向上至出现虚线，输入12，按Space键确认，确定椭圆另一条半轴长度，如图4-290所示。

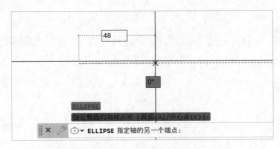

图 4-289

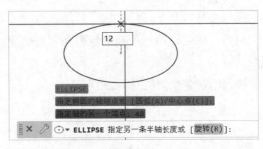

图 4-290

步骤5 输入圆命令C，按Space键确认，捕捉椭圆中心为圆心，输入圆的半径10，按Space键确认，如图4-291所示。

步骤6 输入多边形命令POL，按Space键确认，边数为6，多边形中心为圆心，外切于圆，提示指定半径时输入5<75，按Space键确认，如图4-292所示。

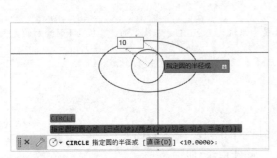

图 4-291

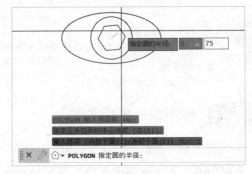

图 4-292

步骤7 输入直线命令L，按Space键确认，捕捉椭圆左象限点为起点，光标垂直向下至出现虚线，输入40，按Space键确认，如图4-293所示。

步骤8 输入长度15，按Tab键切换到角度，输入30，按Enter键确认，如图4-294所示。

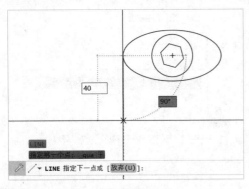

图 4-293

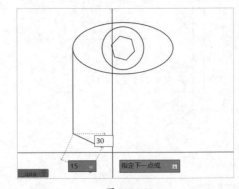

图 4-294

步骤9 捕捉直线端点和椭圆相切，如图4-295所示。

步骤10 输入椭圆命令EL，按Space键确认，如图4-296所示。

步骤11 提示指定椭圆的轴端点，输入c，按Space键确认，切换到中心点，如图4-297所示。

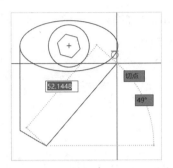
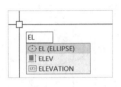
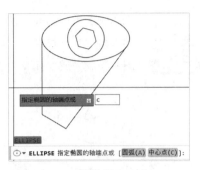

图 4-295　　　　　　图 4-296　　　　　　图 4-297

步骤 12　提示"指定椭圆的中心点"，输入 tt，按 Space 键确认，如图 4-298 所示。

步骤 13　提示"指定临时对象追踪点"，将光标放在椭圆左象限点处，出现捕捉标记后不要单击，水平向右移动至出现虚线，输入 10，按 Space 键确认，指定一个临时对象追踪点，如图 4-299 所示。

步骤 14　再次输入 tt，按 Space 键确认，如图 4-300 所示。

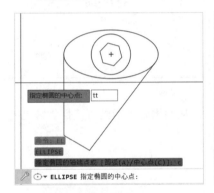
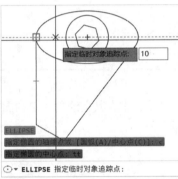
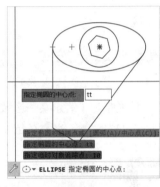

图 4-298　　　　　　图 4-299　　　　　　图 4-300

步骤 15　提示"指定临时对象追踪点"，将光标放在椭圆中心，出现捕捉标记后不要单击，垂直向下移动至出现虚线，输入 33，按 Space 键确认，指定第二个临时对象追踪点，如图 4-301 所示。

步骤 16　捕捉两个临时对象追踪点的追踪交点作为椭圆中心点，如图 4-302 所示。

步骤 17　提示"指定轴的端点"，输入 Par，按 Space 键确认，如图 4-303 所示。

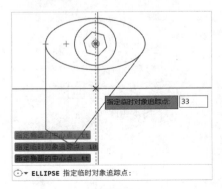
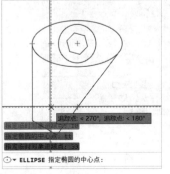

图 4-301　　　　　　图 4-302　　　　　　图 4-303

步骤18 光标碰选下面的线，使之捕捉平行，输入7，按Space键确认，如图4-304所示。

步骤19 输入另一半轴长度4，按Space键确认，如图4-305所示。

步骤20 图形绘制完成，如图4-306所示。

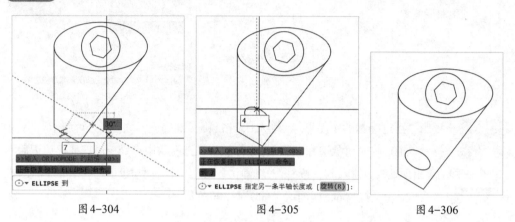

图4-304   图4-305   图4-306

4.8 · 填充命令

填充是为了表示某一区域的材质，常在其上绘制一定的图案，从而增强图形的可读性。常见的填充有图案填充、渐变色填充等。

4.8.1 图案填充

1. 图案填充执行方式

方式1：菜单栏。选择【绘图】→【图案填充】选项即可，如图4-307所示。

方式2：功能区或工具栏。单击【默认】选项卡→【绘图】面板→【图案填充】按钮即可，如图4-308所示；或单击绘图工具栏中的【图案填充】按钮即可，如图4-309所示。

方式3：快捷键。在命令行输入图案填充命令H，按Space键确认即可，如图4-310所示。

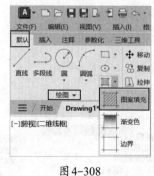

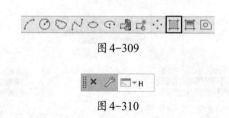

图4-307   图4-308   图4-309

图4-310

2. 图案填充操作步骤

步骤1 在动态输入框输入图案填充命令H，按Space键确认，如图4–311
所示。

步骤2 提示拾取内部点，在功能区弹出【图案填充创建】选项卡，可以
对图案填充的边界、图案、特性、原点、选项等进行设置，如图4–312所示。

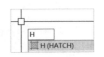

图4–311

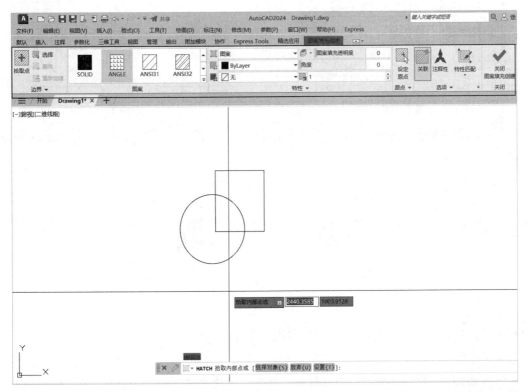

图4–312

【图案填充创建】选项卡中各面板功能说明如下。

（1）【边界】面板，如图4–313所示。

①拾取点 ： 根据围绕指定点构成封闭区域的现有对象确定边界，如
图4–314所示。

②选择对象 选择 ： 根据构成封闭区域的选定对象确定边界，如图4–315
所示。

图4–313

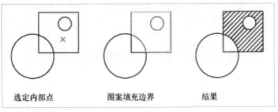

图4–314

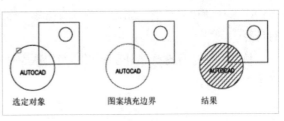

图4–315

③删除边界对象 🖌 删除：删除在当前活动的填充命令执行期间添加的填充图案。该命令仅在从【图案填充和渐变色】对话框中添加图案填充时可用，如图4-316所示。

④重新创建边界 🖼：围绕选定的图案填充或填充对象创建多段线或面域，并使其与图案填充对象相关联（可选），如图4-317所示。

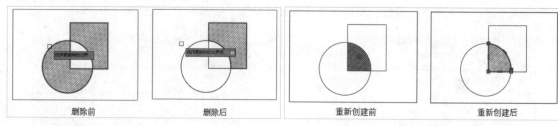

图4-316   图4-317

⑤显示边界对象 🖼：选择构成选定关联图案填充对象的边界的对象。使用显示的夹点可修改图案填充边界，如图4-318所示。

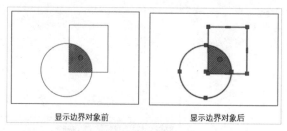

图4-318

⑥保留边界对象 🖼：指定如何处理图案填充边界对象。

选项说明如下。

a. 不保留边界（仅在图案填充创建期间可用）：不创建独立的图案填充边界对象，如图4-319所示。

b. 保留边界 – 多段线（仅在图案填充创建期间可用）：创建封闭图案填充对象的多段线，如图4-320所示。

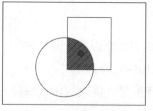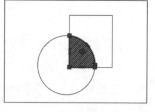

图4-319   图4-320

c. 保留边界 – 面域（仅在图案填充创建期间可用）：创建封闭图案填充对象的面域对象，如图4-321所示。

⑦选择新边界集 🖼：指定对象的有限集（称为边界集），以便通过创建图案填充时的拾取点进行计算。

例如，新边界选择最外层矩形，当拾取点选择矩形内部任意位置时，都会填充整个矩形，如图4-322所示。

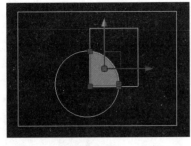

图 4-321

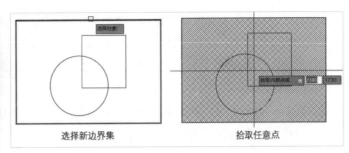

选择新边界集　　　　　　　拾取任意点

图 4-322

（2）【图案】面板，如图 4-323 所示。

【图案】面板显示所有预定义和自定义图案的预览图像。

图 4-323

（3）【特性】面板，如图 4-324 所示。

①图案填充类型：指定图案填充的类型是实体填充、渐变色填充、图案填充还是自定义填充。

②图案填充颜色：使用填充图案和实体填充的指定颜色替代当前颜色。

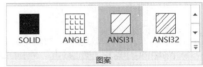

③背景色：为新图案填充对象指定背景色。选择"无"选项，可关闭背景色。

④图案填充透明度：设定新图案填充或填充的透明度，替代当前对象的透明度。

图 4-324

⑤图案填充角度：指定填充图案的角度（相对当前 UCS 坐标系的 X 轴）。

⑥图案填充比例：放大或缩小预定义或自定义图案。只有将【类型】设定为【预定义】或【自定义】时，此选项才可用。

⑦图案填充图层替代：默认情况下，所有新对象都在当前图层上创建。对于新的填充对象，用户可以通过使用图案填充图层替代指定图层来指定与当前图层不同的默认图层。

⑧相对于图纸空间：相对于图纸空间单位缩放填充图案。使用此选项，可以按适合于命名布局的比例显示填充图案。该选项仅适用于命名布局。

⑨交叉线：对于用户定义的图案，绘制与原始直线成90°的另一组直线，从而构成交叉线。只有将【类型】设定为【用户定义】时，此选项才可用。

⑩ISO 笔宽：基于选定笔宽缩放 ISO 预定义图案。只有将【类型】设定为【预定义】，并将【图案】设定为一种可用的 ISO 图案时，此选项才可用。

（4）【原点】面板，如图 4-325 所示。

①设定原点：直接指定新的图案填充原点。

②左下：将图案填充原点设定在图案填充边界矩形范围的左下角。

③右下：将图案填充原点设定在图案填充边界矩形范围的右下角。

图 4-325

④左上：将图案填充原点设定在图案填充边界矩形范围的左上角。

⑤右上：将图案填充原点设定在图案填充边界矩形范围的右上角。

⑥中心：将图案填充原点设定在图案填充边界矩形范围的中心。

⑦使用当前原点：使用存储在 HPORIGIN 系统变量中的图案填充原点。

⑧存储为默认原点：将新图案填充原点的值存储在 HPORIGIN 系统变量中。

（5）【选项】面板，如图 4-326 所示。

①关联：控制当用户更新填充图案边界时是否自动更新图案填充。

②注释性：根据视口比例自动调整填充图案比例。

③特性匹配。

图 4-326

a. 使用当前原点：使用选定图案填充对象（除图案填充原点外）设定图案填充的特性。

b. 用源图案填充的原点：使用选定图案填充对象（包括图案填充原点）设定图案填充的特性。

④允许的间隙：设定将对象用作图案填充边界时可以忽略的最大间隙，此值指定对象必须封闭区域而没有间隙。其默认值为0，范围为0～5000。

⑤创建独立的图案填充：控制当指定了几个单独的闭合边界时，是创建单个图案填充对象还是创建多个图案填充对象。

⑥孤岛检测：位于图案填充边界内的封闭区域或文字对象被视为孤岛。

a. 普通孤岛检测：从外部边界向内填充。如果遇到内部孤岛，填充将关闭，直到遇到孤岛中的另一个孤岛，如图 4-327 所示。

b. 外部孤岛检测：从外部边界向内填充。此选项仅填充指定的区域，不会影响内部孤岛，如图 4-328 所示。

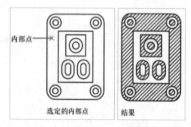

图 4-327

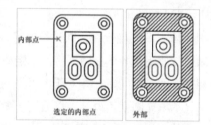

图 4-328

c. 忽略孤岛检测：忽略所有内部对象，填充图案时将通过这些对象，如图 4-329 所示。

d. 无孤岛检测：关闭以使用传统孤岛检测方法，如图 4-330 所示。

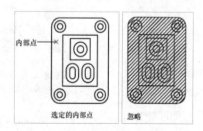

图 4-329

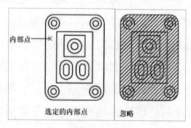

图 4-330

⑦绘图次序：为图案填充或填充指定绘图次序。其选项包括不更改、后置、前置、置于边界之后、置于边界之前。

设置完成之后，根据提示选择需要填充的对象或内部点即可填充，如图4-331所示。

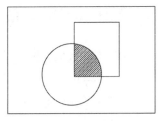

图4-331

3. 图案填充实战案例

使用图案填充命令绘制如图4-332所示的图形。其步骤如下。

步骤1 输入填充图案命令H，按Space键确认，如图4-333所示。

步骤2 将【图案填充类型】改成用户定义、【图案】改成【USER】，【图案填充角度】改成30，【图案填充比例】改成10，勾上交叉线，如图4-334所示。

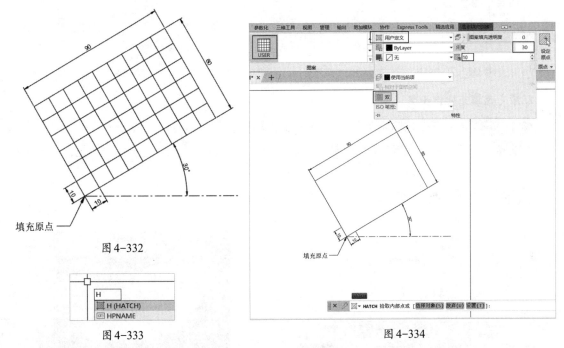

图4-332

图4-333

图4-334

步骤3 单击【设定原点】按钮，将原点设定在矩形左下角，如图4-335所示。

步骤4 拾取矩形内部任意一点填充即可，如图4-336所示。

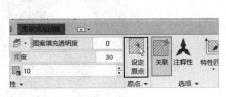

图4-335

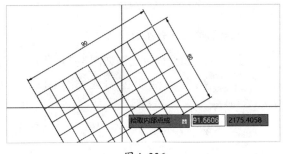

图4-336

4.8.2 渐变色填充

1. 渐变色填充方式

方式1：菜单栏。选择【绘图】→【渐变色】选项即可，如图4-337所示。

方式2：功能区或工具栏。单击【默认】选项卡→【绘图】面板→【渐变色填充】按钮即可，如图4-338所示；或单击绘图工具栏中的【渐变色填充】按钮 ▤，如图4-339所示。

方式3：快捷键。在命令行输入渐变色填充命令GD，按Space键确认，如图4-340所示。

图4-337

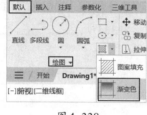

图4-338

图4-339

图4-340

2. 渐变色填充操作步骤

步骤1　输入渐变色填充命令GD，按Space键确认，如图4-341所示。

步骤2　选择渐变填充的颜色和图案，即可进行渐变填充，其他设置同图案填充，如图4-342所示。

最终结果如图4-343所示。

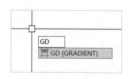

图4-341

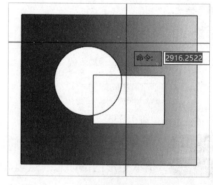

图4-343

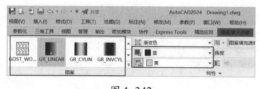

图4-342

3. 渐变色填充实战案例

利用渐变色填充命令绘制如图4-344所示的图形。其步骤如下。

步骤1　输入渐变色填充命令GD，按Space键确认，如图4-345所示。

步骤2　将渐变色关闭，如图4-346所示。

步骤3　选择GR_LINEAR图案，如图4-347所示。

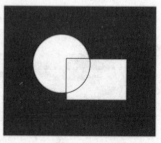

图4-344

图 4-345　　　　　　　　　　　图 4-346　　　　　　　　　　　图 4-347

步骤4 将渐变明暗改成50%，如图4-348所示。

步骤5 拾取封闭区域的点，即可填充完成，如图4-349所示。

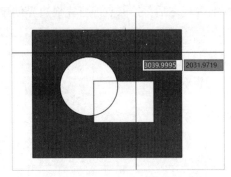

图 4-348　　　　　　　　　　　　　　　图 4-349

4.8.3　创建边界

1. 创建边界执行方式

方式1：菜单栏。选择【绘图】→【边界】选项即可，如图4-350所示。

方式2：功能区。单击【默认】选项卡→【绘图】面板→【边界】按钮即可，如图4-351所示。

方式3：快捷键。在命令行输入边界创建命令BO，按Space键确认，如图4-352所示。

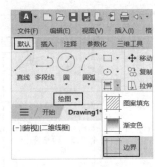

图 4-350　　　　　　　　　图 4-351　　　　　　　　　图 4-352

2. 创建边界操作步骤

输入边界创建命令BO，按Space键确认，如图4-353所示。

弹出【边界创建】对话框，如图4-354所示。

各选项含义如下。

（1）拾取点：根据围绕指定点构成封闭区域的现有对象确定边界。

（2）孤岛检测：控制边界命令是否检测被称为"孤岛"的所有内部闭合边界（除了包围拾取点的对象）。

（3）对象类型：控制新边界对象的类型，包括多段线和面域。

（4）边界集：定义通过指定点定义边界时，边界命令要分析的对象集。

（5）当前视口：根据当前视口范围中的所有对象定义边界集，选择此选项将放弃当前所有边界集。

（6）新建：提示用户选择用来定义边界集的对象。

设置完成之后，拾取点即可完成边界创建，如图4-355所示。

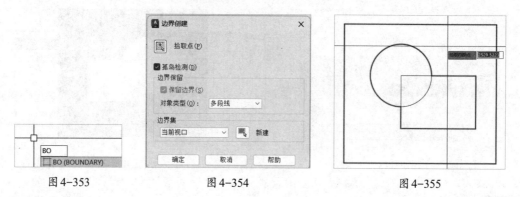

图4-353　　　　　　　　　　　图4-354　　　　　　　　　　　图4-355

3.创建边界实战案例

提取主卧、主卫边界，查看套内面积，如图4-356所示。其步骤如下。

步骤1　利用直线命令将门封闭，如图4-357所示。

步骤2　输入BO，按Space键确认，如图4-358所示。

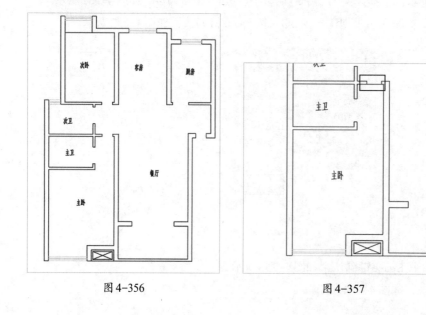

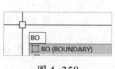

图4-356　　　　　　　　　　　图4-357　　　　　　　　　　　图4-358

步骤3 弹出【边界创建】对话框，按图4-359所示进行设置，然后单击【拾取点】按钮。

步骤4 拾取主卧、主卫内部任意一点，如图4-360所示。

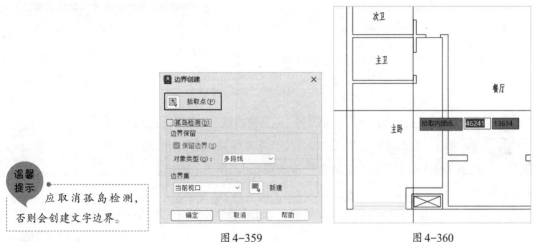

温馨提示
应取消孤岛检测，否则会创建文字边界。

图4-359   图4-360

步骤5 创建的边界如图4-361所示。

步骤6 选中边界，按Ctrl+L组合键，弹出特性对话框，即可查看面积，如图4-362所示。

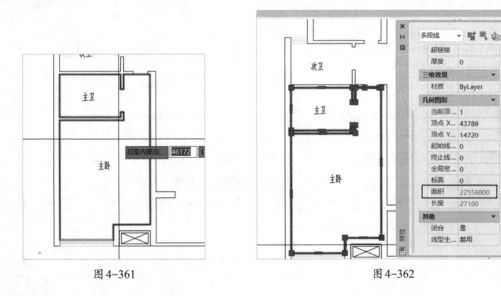

图4-361   图4-362

4.8.4 自定义图案填充

如果AutoCAD自带的填充图案不能够满足用户要求，那么就需要从网上下载一些填充图案。其步骤如下。

步骤1 解压下载的填充图案，如图4-363所示。

步骤2 打开解压后的文件夹，复制地址栏路径，如图4-364所示。

图 4-363   图 4-364

步骤 3 打开 AutoCAD，输入 OP，按 Space 键确认，如图 4-365 所示。

步骤 4 弹出【选项】对话框，选择【文件】选项卡，在【搜索路径、文件名和文件位置】列表框中选择【支持文件搜索路径】，单击【添加】按钮，如图 4-366 所示。

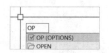

图 4-365

步骤 5 粘贴前面复制的填充图案路径，单击【确定】按钮，如图 4-367 所示。

图 4-366 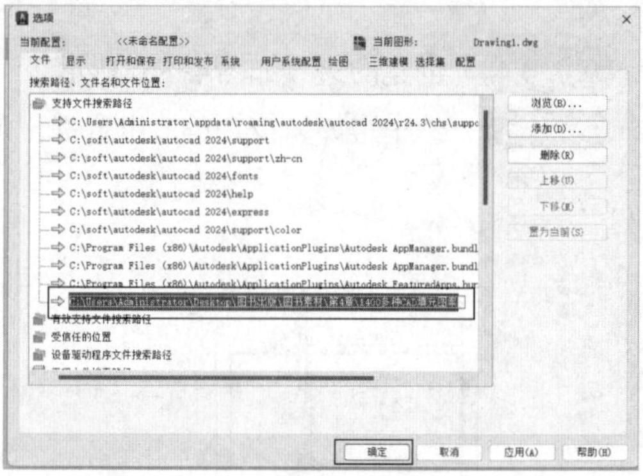   图 4-367

步骤 6 输入填充命令 H，按 Space 键确认，如图 4-368 所示。

步骤 7 提示拾取内部点，输入 t，按 Space 键确认，如图 4-369 所示。

步骤 8 弹出【图案填充和渐变色】对话框，图案填充类型选择【自定义】，单击自定义图案后面的【…】按钮，如图 4-370 所示。

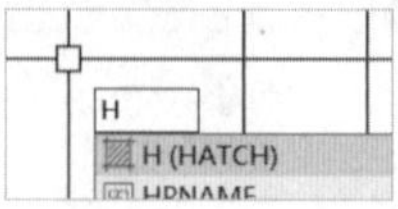

图 4-368

图 4-369

图 4-370

步骤9 弹出【填充图案选项板】对话框，选择【自定义】选项卡，选择需要填充的图案，单击【确定】按钮，如图4-371所示。

步骤10 单击【添加：拾取点】按钮，如图4-372所示。

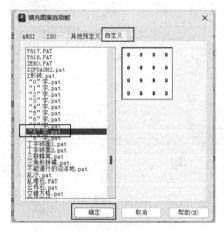

图4-371

图4-372

步骤11 拾取内部点，如图4-373所示。

步骤12 填充完成，如图4-374所示。

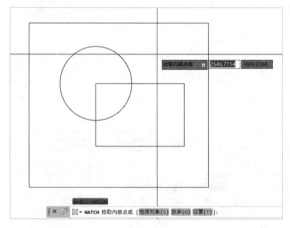

图4-373

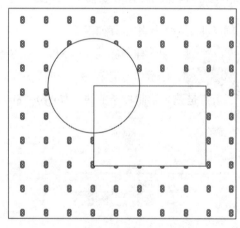

图4-374

4.9 · 样条曲线命令

4.9.1 样条曲线命令执行方式

方式1：菜单栏。选择【绘图】→【样条曲线】选项，在其级联菜单中选择绘制样条曲线的方式即可，如图4-375所示。

方式2：功能区或工具栏。单击【默认】选项卡→【绘图】面板右侧向下箭头，在打开的下拉列表中选择样条曲线的绘制方式即可，如图4-376所示；或单击绘图工具栏中的【样条曲线】按钮即可，如图4-377所示。

方式3：快捷键。在命令行输入样条曲线命令SPL，按Space键确认，如图4-378所示。

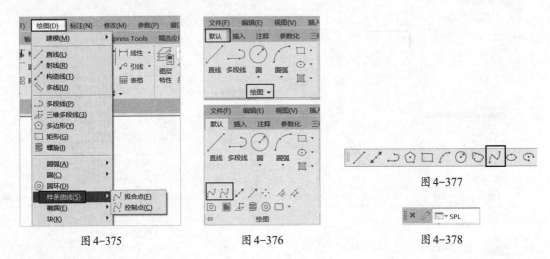

图4-375　　　　　　　图4-376　　　　　　图4-377

图4-378

4.9.2　样条曲线命令操作步骤

样条曲线命令操作步骤如下。

步骤1　输入样条曲线命令SPL，按Space键确认，如图4-379所示。

步骤2　提示"指定第一个点或［方式（M）节点（K）对象（O）］"，可以默认按照方式是拟合、节点是弦来绘制样条曲线，如图4-380所示。

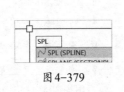

图4-379 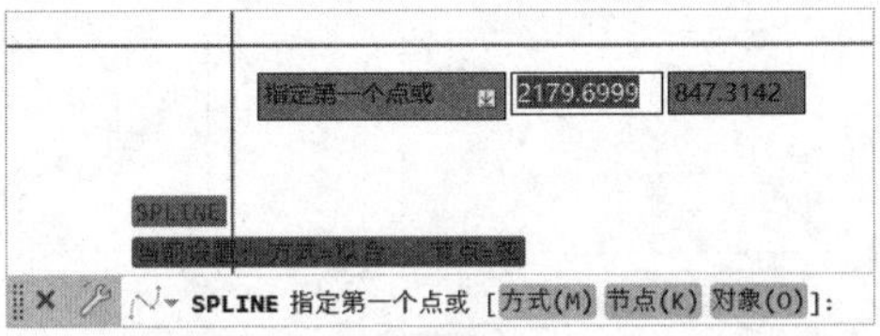　　　　　　　　　　　图4-380

选项说明如下。

（1）方式：控制是使用拟合点还是使用控制点来创建样条曲线。

①拟合点：通过指定样条曲线必须经过的拟合点创建 3 阶（三次）B 样条曲线。在公差值大于0（零）时，样条曲线必须在各个点的指定公差距离内。

②控制点：通过指定控制点创建样条曲线。使用此方法可创建 1 阶（线性）、2 阶（二次）、3 阶（三次）直到最高为 10 阶的样条曲线。通过移动控制点调整样条曲线的形状，通常可以提供比移动拟合点更好的效果。

（2）节点：指定节点参数化，其是一种计算方法，用来确定样条曲线中连续拟合点之间的零部件曲线的过渡。

①弦（弦长方法）：均匀隔开连接每个部件曲线的节点，使每个关联的拟合点对之间的距离成正比。

②平方根（向心方法）：均匀隔开连接每个部件曲线的节点，使每个关联的拟合点对之间的距离的平方根成正比。

③统一（等间距分布方法）：均匀隔开每个零部件曲线的节点，使其相等，而不管拟合点的间距如何。

（3）对象：将二维或三维的二次或三次样条曲线拟合多段线转换成等效的样条曲线。

步骤3 提示"输入下一个点或［起点切向（T）公差（L）］"，这里默认直接指定下一个点，如图4-381所示。

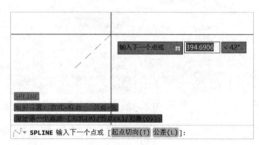
图4-381

选项说明如下。

（1）起点切向：指定在样条曲线起点的相切条件。

（2）公差：指定样条曲线可以偏离指定拟合点的距离。

步骤4 提示"输入下一个点或［端点相切（T）公差（L）放弃（U）］"，这里继续指定一点，如图4-382所示。

选项说明如下。

（1）端点相切：指定在样条曲线终点的相切条件。

（2）放弃：删除最后一个指定点。

步骤5 继续指定下一个点，直到图形绘制完成，如图4-383所示。

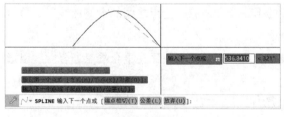
图4-382

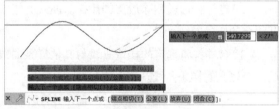
图4-383

4.9.3 样条曲线编辑

样条曲线编辑是指修改样条曲线的参数或将样条拟合多段线转换为样条曲线。

1. 执行样条曲线编辑方式

方式1：菜单栏。选择【修改】→【对象】→【样条曲线】选项即可，如图4-384所示。

方式2：功能区或工具栏。单击【默认】选项卡→【修改】面板→【样条曲线】按钮即可，如图4-385所示；或单击修改Ⅱ工具栏中的【样条曲线】按钮即可，如图4-386所示。

方式3：快捷键。在命令行输入样条曲线命令SPE，按Space键确认，如图4-387所示。

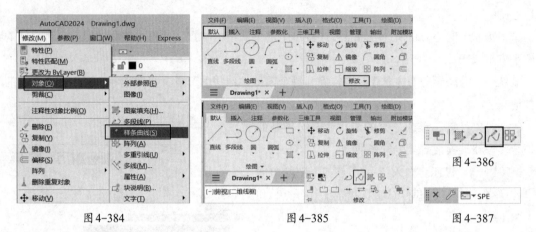

图4-384　　　　　　　图4-385　　　　　　　图4-387

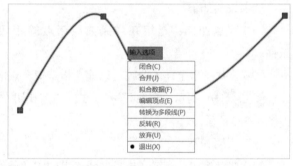

图4-386

方式4：双击样条曲线。双击需要编辑的样条曲线，弹出编辑菜单，即可编辑样条曲线，如图4-388所示。

2. 样条曲线编辑操作步骤

双击需要编辑的样条曲线，弹出编辑菜单，选择需要编辑的选项，即可编辑样条曲线，如图4-389所示。

各选项含义如下。

图4-388

（1）闭合：通过定义与第一个点重合的最后一个点，闭合开放的样条曲线。默认情况下，闭合的样条曲线是周期性的，沿整个曲线保持曲率连续性。

（2）打开：通过删除最初创建样条曲线时指定的第一个和最后一个点之间的最终曲线段，可打开闭合的样条曲线。

（3）合并：将选定的样条曲线与其他样条曲线、直线、多段线和圆弧在重合端点处合并，以形成一个较大的样条曲线。

（4）拟合数据：使用如图4-390所示的选项可以编辑拟合点数据。

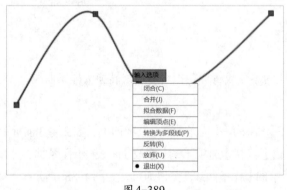

图4-389　　　　　　　　　　　　图4-390

①添加：将拟合点添加到样条曲线，如图4-391所示。

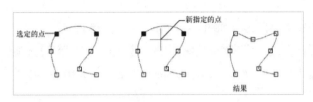

图4-391

选择一个拟合点后，应指定要以下一个拟合点（将自动亮显）方向添加到样条曲线的新拟合点。如果在开放的样条曲线上选择最后一个拟合点，则新拟合点将添加到样条曲线的端点；如果在开放的样条曲线上选择第一个拟合点，则可以选择将新拟合点添加到第一个点之前或之后。

②闭合/打开：显示下列选项之一，具体取决于选定的样条曲线是开放还是闭合的。开放的样条曲线有两个端点，而闭合的样条曲线则形成一个环。

a. 闭合：通过定义与第一个点重合的最后一个点，闭合开放的样条曲线。默认情况下，闭合的样条曲线是周期性的，沿整个曲线保持曲率连续性。

b. 打开：通过删除最初创建样条曲线时指定的第一个和最后一个点之间的最终曲线段，可打开闭合的样条曲线。

③删除：从样条曲线删除选定的拟合点。

④扭折：在样条曲线的指定位置添加节点和拟合点，这不会保持在该点的相切或曲率连续性。

⑤移动：将拟合点移动到新位置。

⑥清理：使用控制点替换样条曲线的拟合数据。

⑦切线：更改样条曲线的开始和结束切线。

⑧公差：使用新的公差值将样条曲线重新拟合至现有的拟合点。

⑨退出：返回到前一个提示。

图4-392

（5）编辑顶点：使用如图4-392所示的选项编辑控制框数据。

①添加：在位于两个现有的控制点之间的指定点处添加一个新控制点。

②删除：删除选定的控制点。

③提高阶数：增大样条曲线的多项式阶数（阶数加1），这将增加整个样条曲线的控制点的数量，其最大值为26。

④移动：重新定位选定的控制点。

⑤权值：更改指定控制点的权值。权值越大，样条曲线越接近控制点。

⑥退出：返回到前一个提示。

（6）转换为多段线：将样条曲线转换为多段线。其精度值决定生成的多段线与样条曲线的接近程度，有效值为0～99的任意整数。

（7）反转：反转样条曲线的方向。

（8）放弃：取消上一操作。

（9）退出：结束该命令。

4.9.4 样条曲线实战案例

将样条曲线转换为圆弧多段线，如图4-393所示。其步骤如下。

步骤1 双击样条曲线，弹出编辑菜单，选择【转换为多段线】选项，如图4-394所示。

步骤2 提示输入精度，默认为10，按Space键确认，如图4-395所示。

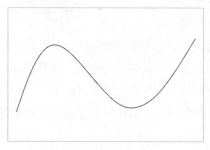

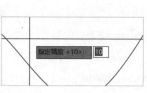

图4-393 　　　　　　　图4-394 　　　　　　　图4-395

步骤3 选中对象，按Ctrl+1组合键，弹出特性对话框，如图4-396所示，可以看到已经将样条曲线转换为多段线，但其还不是圆弧多段线，无法进行半径或弧长的标注。

步骤4 双击转换后的多段线，在弹出的编辑菜单中选择【拟合】选项，如图4-397所示。

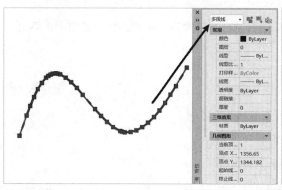

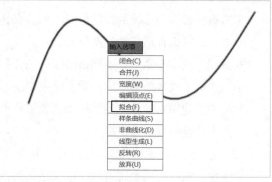

图4-396 　　　　　　　　　　　　图4-397

步骤5 按Space键确认，圆弧多段线即转换完成，如图4-398所示。

步骤6 这时就可以对圆弧多段线进行弧长标注，如图4-399所示。

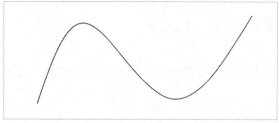

图4-398 　　　　　　　　　　　　图4-399

4.10 构造线命令

4.10.1 构造线命令执行方式

创建无限延长的直线即构造线，其执行方式有以下几种。

方式1：菜单栏。选择【绘图】→【构造线】选项即可，如图4-400所示。

方式2：功能区或工具栏。单击【默认】选项卡→【绘图】面板→【构造线】按钮即可，如图4-401所示；或单击绘图工具栏中的【构造线】按钮即可，如图4-402所示。

图4-400

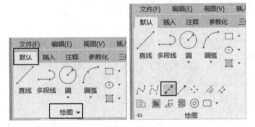

图4-401

方式3：快捷键。在命令行输入构造线命令XL，按Space键确认，如图4-403所示。

图4-402

图4-403

4.10.2 构造线命令操作步骤

构造线命令操作步骤如下。

步骤1 输入构造线命令XL，按Space键确认，如图4-404所示。

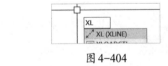

图4-404

步骤2 提示"指定点或［水平(H) 垂直(V) 角度(A) 二等分(B) 偏移(O)］"，可以默认直接指定任一点，如图4-405所示。

各选项含义如下。

（1）水平：创建一条平行于X轴的构造线。

（2）垂直：创建一条平行于Y轴的构造线。

图4-405

（3）角度：以指定的角度创建一条参照线。

（4）二等分：创建一条参照线，其经过选定的角顶点，并且平分选定的两条线之间的夹角。

（5）偏移：创建平行于另一个对象的参照线。

步骤3 指定通过点，如图4-406所示。

这样就可以绘制一条构造线，如图4-407所示。

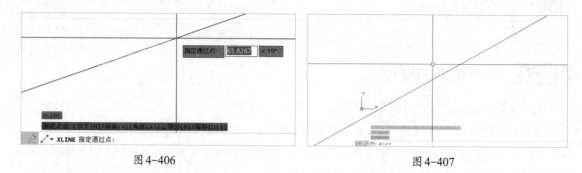

图4-406   图4-407

4.10.3 构造线命令实战案例

利用构造线命令确定两个角度绘制，如图4-408所示。其步骤如下。

步骤1 输入直线命令L，按Space键确认，如图4-409所示。

步骤2 任意指定第一个点，如图4-410所示。

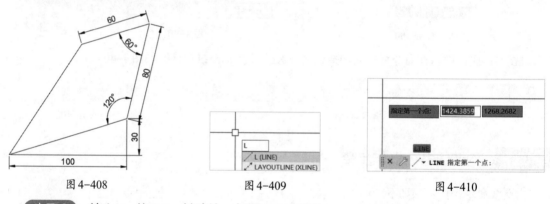

图4-408   图4-409   图4-410

步骤3 输入tt，按Space键确认，如图4-411所示。

步骤4 捕捉水平，输入100，按Space键确认，如图4-412所示。

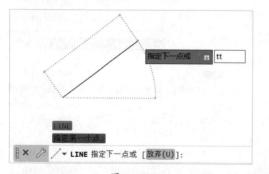

图4-411

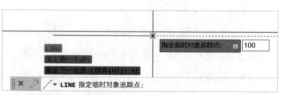

图4-412

步骤5 出现临时对象追踪点，过临时对象追踪点垂直向上捕捉，出现虚线，输入30，按Space键确认，如图4-413所示。

步骤6 按 Space 键确认，取消直线绘制，输入构造线命令 XL，按 Space 键确认，如图 4-414 所示。

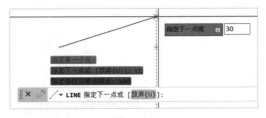

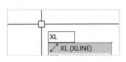

图 4-413   图 4-414

步骤7 输入 a，切换到角度，如图 4-415 所示。

步骤8 输入 r，按 Space 键确认，切换到参照，如图 4-416 所示。

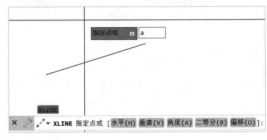

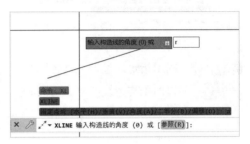

图 4-415   图 4-416

步骤9 选择直线为参照对象，如图 4-417 所示。

步骤10 输入角度 60，按 Space 键确认，如图 4-418 所示。

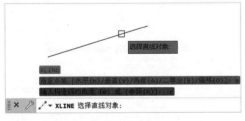

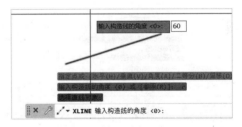

图 4-417   图 4-418

步骤11 通过点，捕捉直线的右端点，如图 4-419 所示。

步骤12 以交点为圆心绘制半径为 80 的圆，如图 4-420 所示。

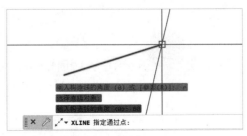

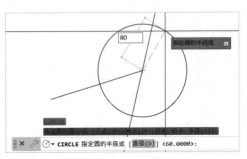

图 4-419   图 4-420

步骤13 再次输入XL，按Space键确认，输入a切换到角度，输入r切换到参照，选择上一个构造线为参照对象，如图4-421所示。

步骤14 输入120，按Space键确认，如图4-422所示。

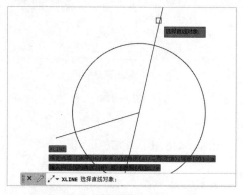
图 4-421

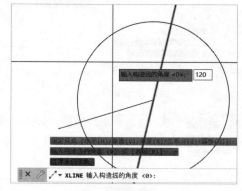
图 4-422

步骤15 提示指定通过点，选择圆和构造线的交点，如图4-423所示。

步骤16 以两条构造线的交点为圆心，绘制半径为60的圆，如图4-424所示。

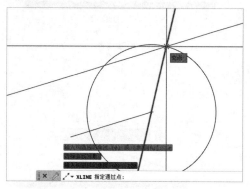
图 4-423

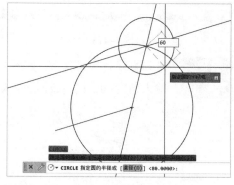
图 4-424

步骤17 用直线命令连接，如图4-425所示。

步骤18 删除辅助圆，修剪构造线，如图4-426所示。

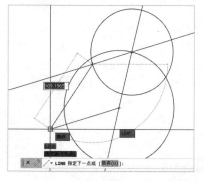
图 4-425

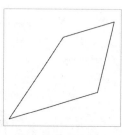
图 4-426

温馨
提示
　本案例也可以使用极轴追踪中相对于上一段和增量角30°来快速绘制完成。

4.11　点命令

4.11.1　点命令执行方式

点是最简单的图形单元，在工程图中，点通常用来表达某个特殊的坐标位置。常见的执行点命令的方式有如下几种。

方式 1：菜单栏。选择【绘图】→【点】选项，在其级联菜单中选择点的绘制方式即可，如图 4-427 所示。

方式 2：功能区或工具栏。单击【默认】选项卡→【绘图】面板→【点】按钮即可，如图 4-428 所示；或单击绘图工具栏中的【点】按钮即可，如图 4-429 所示。

方式 3：快捷键。在命令行输入点命令 PO，按 Space 键确认，如图 4-430 所示。

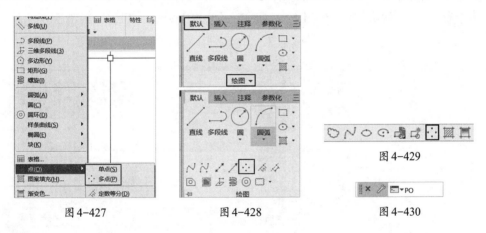

图 4-427　　　　　　　　图 4-428　　　　　　　　图 4-429

图 4-430

4.11.2　点样式设置

默认情况下绘制的点非常小且样式不清晰，可以通过选择【格式】→【点样式】选项，在弹出的【点样式】对话框中进行设置，如图 4-431 所示。

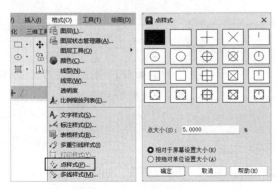

图 4-431

温馨提示　在命令行输入点样式命令 PTYPE，也可以弹出【点样式】对话框。

各选项含义如下。

（1）点样式图标：共20个，直接选择需要的样式图标即可。

（2）点大小：设置点的显示大小。可以相对于屏幕设置点的大小，也可以用绝对单位设置点的大小。

（3）相对于屏幕设置大小：按屏幕尺寸的百分比设置点的显示大小。当进行缩放时，点的显示大小并不改变。

（4）按绝对单位设置大小：按"点大小"下指定的实际单位设置点的显示大小。当进行缩放时，点的显示大小随之改变。

4.11.3 点命令实战案例

利用点命令批量导入多个点，生成图4-432所示的爱心图标。其步骤如下。

步骤1 打开第4章素材4.11.3点坐标excel文件，复制点坐标，如图4-433所示。

步骤2 单击【默认】选项卡→【绘图】面板→【多点】按钮，如图4-434所示。

图4-432

图4-433

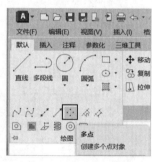

图4-434

步骤3 光标放在命令行，右击，在弹出的快捷菜单中选择【粘贴】命令，如图4-435所示。

图4-435

> **温馨提示**
> 如果【粘贴】命令处于灰色状态，则重新复制坐标点即可。

步骤4 如此即可自动绘制需要的爱心图标，如图4-436所示。

步骤5 如果点样式不适合，可以在【点样式】对话框中进行更改，如图4-437所示。

步骤6 最终结果如图4-438所示。

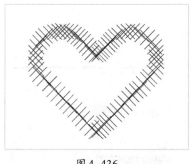

图 4-436 图 4-437 图 4-438

4.12 · 定数等分与定距等分

有时需要把某个线段或曲线按一定数量或按一定距离进行等分，这时就需要用到AutoCAD的定数等分或定距等分。

4.12.1 定数等分

1. 定数等分执行方式

方式1：菜单栏。选择【绘图】→【点】→【定数等分】选项即可，如图4-439所示。

方式2：功能区。单击【默认】选项卡→【绘图】面板→【定数等分】按钮即可，如图4-440所示。

方式3：快捷键。在命令行输入定数等分命令DIV，按Space键确认，如图4-441所示。

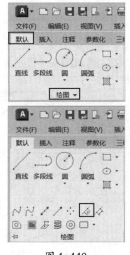

图 4-439 图 4-440 图 4-441

2. 定数等分怎么用

步骤1 输入定数等分命令DIV，按Space键确认，如图4-442所示。

步骤2 提示 "选择要定数等分的对象"，如图4-443所示。

步骤3 提示 "输入线段数目或 [块(B)]"，如图4-444所示。

图 4-442

图 4-443

图 4-444

选项说明如下。

块：沿选定对象等间距放置指定的块。

是否对齐块和对象：

（1）是：根据选定对象的曲率对齐块。插入块的 X 轴方向与选定的对象在等分位置相切或对齐。

（2）否：根据用户坐标系的当前方向对齐块。插入块的 X 轴将平行于等分位置的 UCS 的 X 轴。

定数等分完成，如图4-445所示。

图 4-445

温馨提示

完成定数等分后，只需要修改点样式就可以看清楚，如图4-446所示。

图 4-446

3. 定数等分实战案例

利用定数等分和所学的其他命令绘制如图4-447所示的图形。其步骤如下。

步骤1 绘制一条长70的水平直线，如图4-448所示。

步骤2 输入定数等分命令DIV，按Space键确认，如图4-449所示。

步骤3 选择要定数等分的对象，如图4-450所示。

步骤4 输入线段数目7，按Space键确认，如图4-451所示。

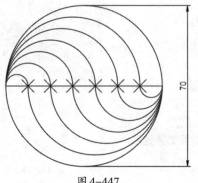

图 4-447

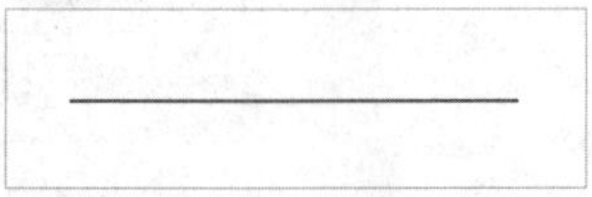

图 4-448

| 图 4-449 | 图 4-450 | 图 4-451 |

步骤5　选择【格式】→【点样式】选项，如图4-452所示。

步骤6　弹出【点样式】对话框，将点改成图4-453所示样式，单击【确定】按钮，如图4-453所示。

步骤7　输入圆弧命令ARC，按Space键确认，如图4-454所示。

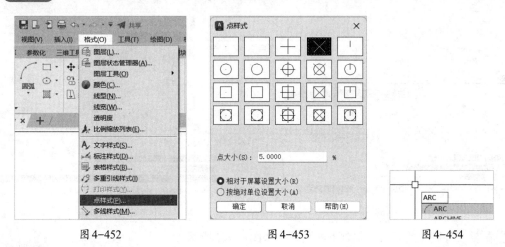

| 图 4-452 | 图 4-453 | 图 4-454 |

步骤8　开启节点捕捉，如图4-455所示。

步骤9　指定圆弧的起点，如图4-456所示。

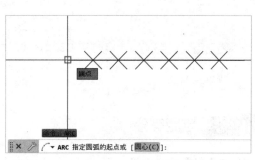

| 图 4-455 | 图 4-456 |

步骤10　输入e，按Space键确认，指定圆弧的端点，如图4-457所示。

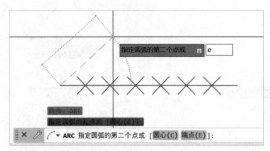 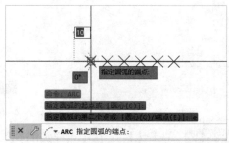

图 4-457

步骤11　输入d，切换到方向，如图4-458所示。

步骤12　竖直向上确认，如图4-459所示，结果如图4-460所示。

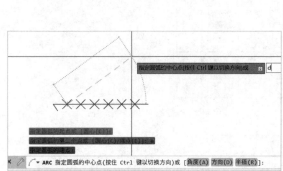

图 4-458　　　　　　　　　　　　　　　图 4-459

步骤13　同样的方法绘制剩下的圆弧，如图4-461所示。

步骤14　同样的方法绘制图形的下半部分，也可以用旋转和复制命令（第5章将介绍）快速绘制，如图4-462所示。

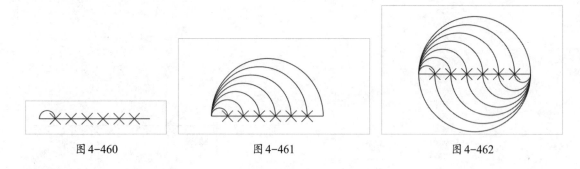

图 4-460　　　　　　　　　　图 4-461　　　　　　　　　　图 4-462

4.12.2　定距等分

1. 定距等分执行方式

方式1：菜单栏。选择【绘图】→【点】→【定距等分】选项即可，如图4-463所示。

方式2：功能区。单击【默认】选项卡→【绘图】面板→【定距等分】按钮即可，如图4-464所示。

方式3：快捷键。在命令行输入定距等分命令ME，按Space键确认，如图4-465所示。

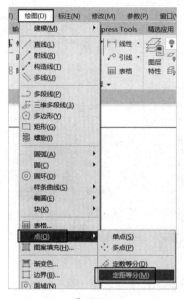

图 4-463

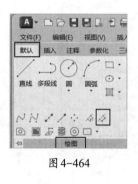

图 4-464

图 4-465

2.定距等分操作步骤

步骤1 输入定距等分命令ME，按Space键确认，如图4-466所示。

步骤2 选择要定距等分的对象，如图4-467所示。

步骤3 提示"指定线段长度或［块（B）］"，输入长度，按Space键确认，如图4-468所示。

图 4-466

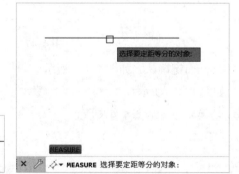

图 4-467

图 4-468

选项说明如下。

块：沿选定对象按指定间隔放置块。

是否对齐块和对象：

（1）是：块将围绕其插入点旋转，其水平线与测量的对象对齐并相切绘制。

（2）否：始终使用0旋转角度插入块。

步骤4 选择【格式】→【点样式】选项，如图4-469所示。

步骤5　弹出【点样式】对话框，更改点样式，单击【确定】按钮，如图4-470所示。

步骤6　最终会把该线段按输入长度进行等分，如图4-471所示。

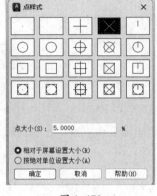

图 4-469　　　　　　　　　　　图 4-470　　　　　　　　　　　图 4-471

3. 定距等分实战案例

将左边的图形按图4-472所示的路径每隔500插入一个点。其步骤如下。

步骤1　将左边图形定义成块，将右边图形合并成一个整体，即多段线，练习时只需要打开4.12.2素材即可。

步骤2　打开素材，如图4-473所示。

图 4-472　　　　　　　　　　　　　　　　图 4-473

步骤3　输入定距等分命令ME，按Space键确认，如图4-474所示。

步骤4　选择要定距等分的对象，如图4-475所示。

步骤5　输入b，按Space键确认，切换到块，如图4-476所示。

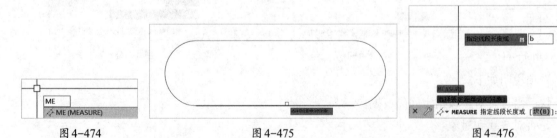

图 4-474　　　　　　　　　　图 4-475　　　　　　　　　　图 4-476

步骤6　输入要插入的块名shu，按Enter键确认，如图4-477所示。

温馨提示 这里的shu是提前定义好的，后面章节会详细讲解块的制作。

步骤7 提示"是否对齐块和对象？"，输入Y，按Space键确认，如图4-478所示。

步骤8 输入定距等分长度500，如图4-479所示。

图4-477

图4-478

图4-479

步骤9 完成定距等分如图4-480所示。

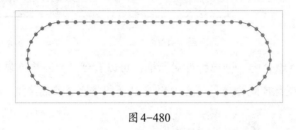

图4-480

4.13 面域命令

4.13.1 面域命令执行方式

可将由某些对象围成的封闭区域转换为面域。这些封闭区域可以是圆、椭圆、封闭的多段线、封闭的样条曲线，或者是由圆弧、直线、多段线、样条曲线等构成的封闭区域。常见的执行面域命令的方式有如下几种。

方式1：菜单栏。选择【绘图】→【面域】选项即可，如图4-481所示。

方式2：功能区或工具栏。单击【默认】选项卡→【绘图】面板→【面域】按钮即可，如图4-482所示；或单击绘图工具栏中的【面域】按钮即可，如图4-483所示。

方式3：快捷键。在命令行输入面域命令REG，按Space键确认，如图4-484所示。

图4-481

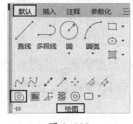

图4-482

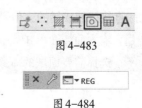

图4-483

图4-484

4.13.2　面域命令操作步骤

面域命令操作步骤如下。

步骤1　输入面域命令REG，按Space键确认，如图4-485所示。

步骤2　选择需要面域的对象，按Space键确认，如图4-486所示。

面域完成之后，在二维线框模式下，有无面域并没有区别，如图4-487所示。

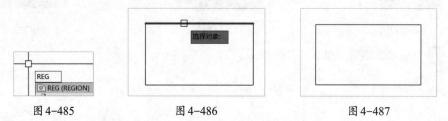

图4-485　　　　　图4-486　　　　　图4-487

选中对象，按Ctrl+1组合键，弹出特性对话框，可以看到其是一个面域对象，如图4-488所示；或在绘图区左上角更改视觉样式为着色，也可以看出其和普通对象的区别，如图4-489所示。

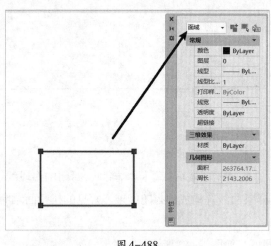

图4-488

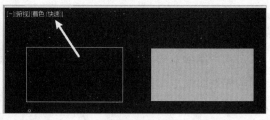

图4-489

4.13.3　面域命令实战案例

案例1：拉伸

面域最常用于三维建模，可以用其截面进行拉伸等操作。如图4-490所示，通过直线绘制的封闭图形是无法直接拉伸成体的，但可以先面域再拉伸。其步骤如下。

步骤1　输入面域命令REG，按Space键确认，如图4-491所示。

步骤2　选择需要面域的对象，按Space键确认，如图4-492所示。

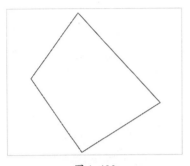

图 4-490

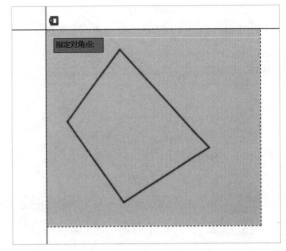

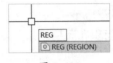

图 4-491

图 4-492

步骤3　将视图切换到西南等轴测，视觉样式改成着色，如图 4-493 所示。

步骤4　单击【三维工具】选项卡→【建模】面板→【拉伸】按钮，如图 4-494 所示。

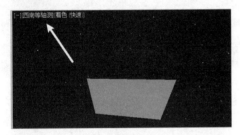

图 4-493

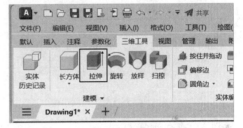

图 4-494

步骤5　选择需要拉伸的对象，如图 4-495 所示。

步骤6　按 Space 键，对对象进行拉伸操作，如图 4-496 所示。

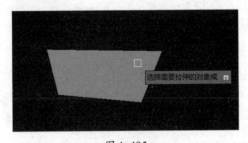

图 4-495

图 4-496

案例 2：计算面积和周长

除了三维建模，还可以通过面域查看图形面积和周长，而对于非多段线封闭的图形，是无法查看面积和周长的，如图 4-497 所示。这时我们可以通过面域命令查看。其步骤如下。

步骤1　输入面域命令 REG，按 Space 键确认，如图 4-498 所示。

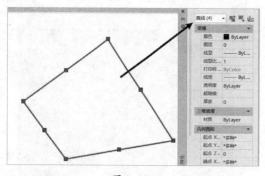

图 4-497

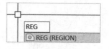

图 4-498

步骤2 选择需要面域的对象，按 Space 键确认，如图 4-499 所示。

步骤3 再次选中对象，按 Ctrl+1 组合键可以得到图形的面积和周长，如图 4-500 所示。

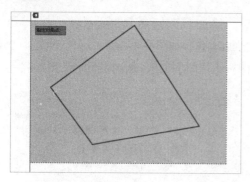

图 4-499

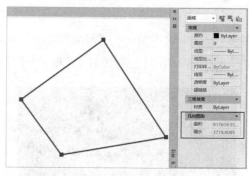

图 4-500

案例 3: 布尔运算

面域后的对象是一个实体，对实体可以进行布尔运算，如并集、差集和交集。我们可以面域后对其进行并集、差集和交集运算，如图 4-501 所示。其步骤如下。

步骤1 输入面域命令 REG，按 Space 键确认，如图 4-502 所示。

步骤2 选择需要面域的对象，按 Space 键确认，如图 4-503 所示。

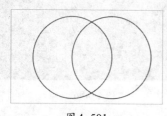

图 4-501

图 4-502

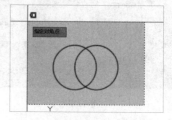

图 4-503

步骤3 选择【修改】→【实体编辑】→【并集】选项，如图 4-504 所示。

步骤4 选择需要并集的对象，按 Space 键确认，如图 4-505 所示。

步骤5 对图形进行并集操作，如图 4-506 所示。

步骤6 选择【修改】→【实体编辑】→【差集】选项，如图 4-507 所示。

图 4-504

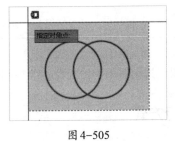

图 4-505

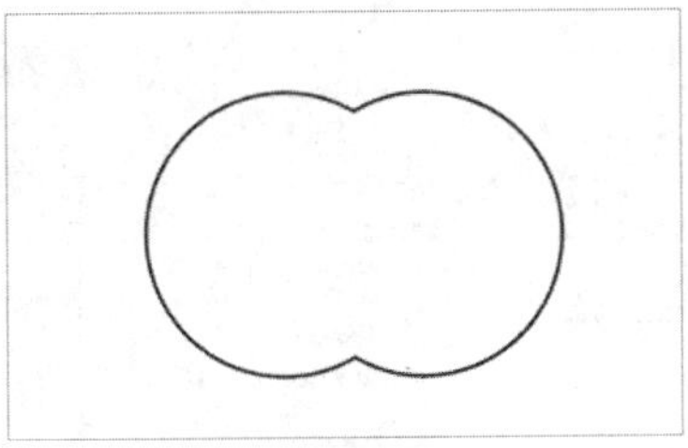

图 4-506

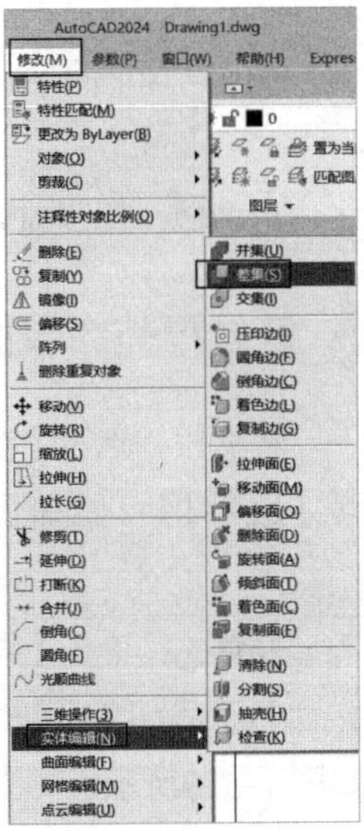

图 4-507

步骤7 选择需要被减去的对象，按Space键确认，如图4-508所示。

步骤8 选择要减去的对象，按Space键确认，如图4-509所示，即可得到差集结果，如图4-510所示。

步骤9 选择【修改】→【实体编辑】→【交集】选项，如图4-511所示。

步骤10 框选对象，按Space键确认，如图4-512所示，即可得到交集部分，如图4-513所示。

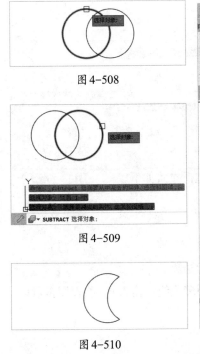

图 4-508

图 4-509

图 4-510

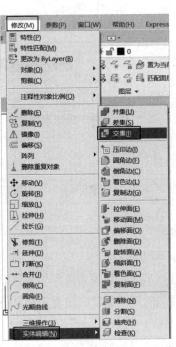

图 4-511

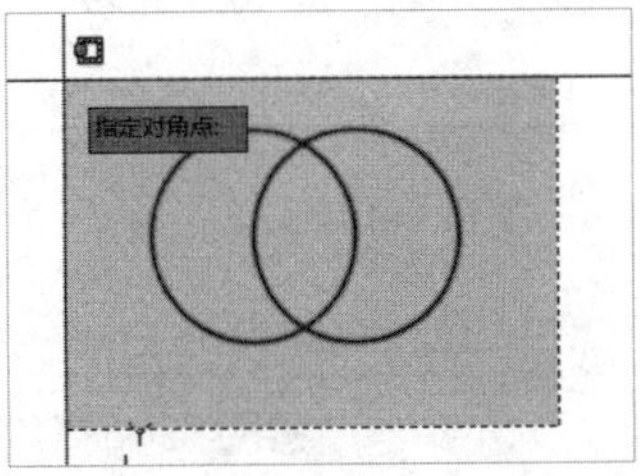

图 4-512

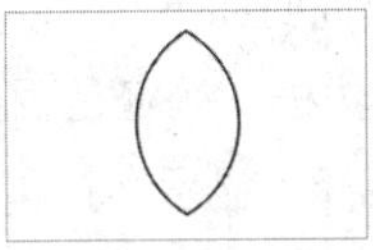

图 4-513

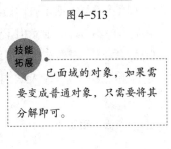

技能拓展

已面域的对象，如果需要变成普通对象，只需要将其分解即可。

4.14 · 区域覆盖命令

创建多边形区域，用当前背景色屏蔽其下面的对象，并控制是否将区域覆盖框架显示在图形中。

4.14.1 区域覆盖命令执行方式

方式1：菜单栏。选择【绘图】→【区域覆盖】选项即可，如图4-514所示。

方式2：功能区。单击【默认】选项卡→【绘图】面板→【区域覆盖】按钮即可，如图4-515所示。

方式3：快捷键。在命令行输入区域覆盖命令WI（全称WIPEOUT），按Space键确认，如图4-516所示。

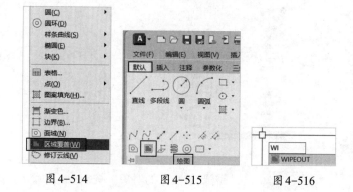

图4-514　　　　图4-515　　　　图4-516

4.14.2 区域覆盖命令操作步骤

区域覆盖命令操作步骤如下。

步骤1　输入区域覆盖命令WI，按Space键确认，如图4-517所示。

步骤2　提示指定第一个点，如图4-518所示。

图4-517

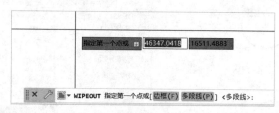

图4-518

选项说明如下。

（1）边框：确定是否显示所有区域覆盖对象的边，可用的边框模式如下。

①打开：显示和打印边框。

②关闭：不显示或不打印边框。

③显示但不打印：显示但不打印边框。

（2）多段线：根据选定的多段线确定区域覆盖对象的多边形边界。

是否删除多段线：输入y，将删除用于创建区域覆盖对象的多段线；输入n，将保留多段线。

步骤3　任意指定一点，如图4-519所示。

步骤4　指定下一个点，如图4-520所示。

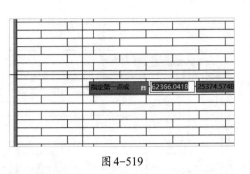

图 4-519

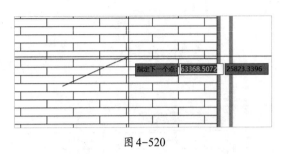

图 4-520

步骤5 指定下一个点，直到结束，如图4-521所示。

最终效果如图4-522所示。

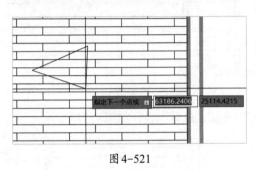

图 4-521

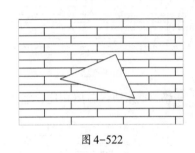

图 4-522

4.14.3 区域覆盖命令实战案例

使用区域覆盖命令将左图的中床做成右图中的效果，如图4-523所示。

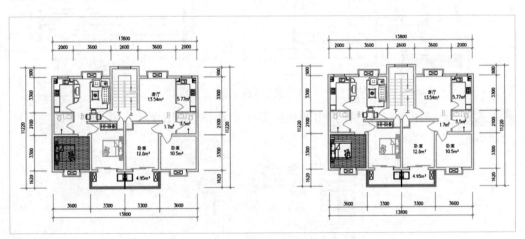

图 4-523

其步骤如下。

步骤1 输入区域覆盖命令WI，按Space键确认，如图4-524所示。

步骤2 选择区域覆盖第一个点，如图4-525所示。

步骤3 选择区域覆盖第二个点，如图4-526所示。

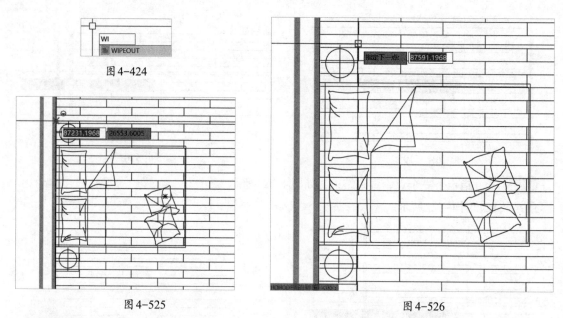

图 4-424

图 4-525

图 4-526

步骤4 把床边缘首尾相连，输入 c，按 Space 键确认，进行闭合，如图 4-527 所示。

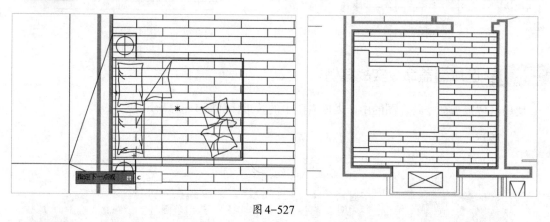

图 4-527

步骤5 选择床并右击，在弹出的快捷菜单中选择【绘图次序】→【前置】选项即可，如图 4-528 所示。

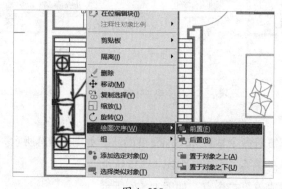

图 4-528

4.15 修订云线命令

修订云线是闭合的多段线，可形成由圆弧段组成的云形对象。在审核或标记图形时，使用修订云线功能可引起用户对每个图形各部分的注意。

4.15.1 修订云线命令执行方式

方式1：菜单栏。选择【绘图】→【修订云线】选项即可，如图4-529所示。

方式2：功能区或工具栏。单击【默认】选项卡→【绘图】面板→【修订云线】下拉按钮，在打开的下拉列表中选择云线的形式即可，这里提供了3种：矩形、多边形和徒手画，如图4-530所示；或单击绘图工具栏中【修订云线】按钮即可，如图4-531所示。

方式3：快捷键。输入修订云线命令REVC，按Space键确认即可，如图4-532所示。

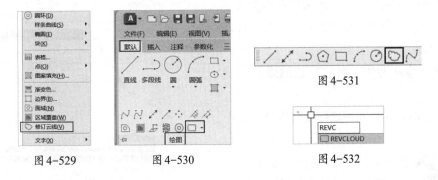

图4-529　　　　　图4-530　　　　　图4-531

图4-532

4.15.2 修订云线命令操作步骤

修订云线命令操作步骤如下。

步骤1　输入修订云线命令REVC，按Space键确认，如图4-533所示。

步骤2　提示"指定起点或［弧长(A) 对象(O) 矩形(R) 多边形(P) 徒手画(F) 样式(S) 修改(M)］"，这里指定一点作为起点，如图4-534所示。

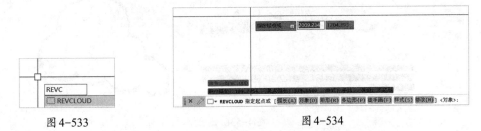

图4-533　　　　　　　　　　　图4-534

选项说明如下。

（1）弧长：指定每个圆弧的弦长的近似值。圆弧的弦长是圆弧端点之间的距离。首次在图形中创建修订云线时，将自动确定弧弦长的默认值。

（2）对象：指定要转换为云线的对象。

（3）矩形：使用指定的点作为对角点，创建矩形修订云线。

（4）多边形：创建由3个或更多点定义的修订云线，以用作生成修订云线的多边形顶点。

（5）徒手画：创建徒手画修订云线。

（6）样式：指定修订云线的样式。

①普通：使用默认字体创建修订云线。

②手绘：创建外观类似于手绘的修订云线。

（7）修改：可以使用【修改】选项并指定一个或多个新点重新定义现有修订云线。当提示选择要删除的一边时，将删除所选的修订云线部分。此选项会将现有修订云线的指定部分替换为输入点定义的新部分。

①选择多段线：指定要修改的修订云线。与选择修订云线的位置最近的顶点确定要替换截面的起点。

②下一点：指定下一点以定义替换截面的多边形形状。此提示会反复显示，直到单击修订云线中的现有顶点。

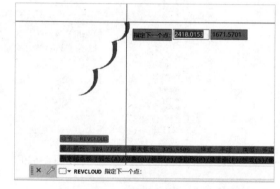

③拾取要删除的边：删除所选的修订云线部分。

④反转方向：在凸和凹之间反转修订云线中的圆弧。

步骤3　指定下一个点，如图4-535所示。

步骤4　指定下一个点，直到绘制完成，按Space键确认，如图4-536所示。

图4-535

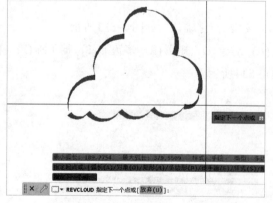

图4-536

4.15.3　修订云线命令实战案例

利用修订云线对卫生间进行标记，要求使用矩形云线，弧长300，样式为普通，如图4-537

所示。

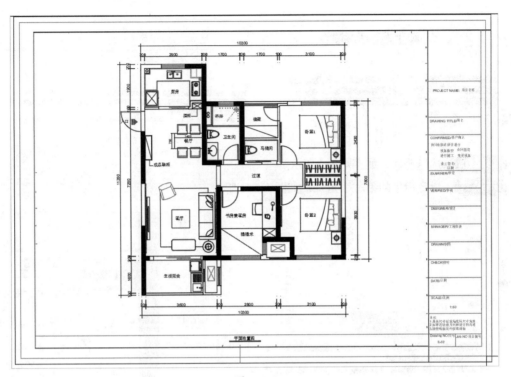

图 4-537

其步骤如下。

步骤1 输入修订云线命令REVC，按Space键确认，如图4-538所示。

步骤2 输入r，按Space键确认，切换到矩形云线，如图4-539所示。

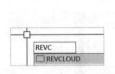

图 4-538

图 4-539

步骤3 输入a，按Space键确认，切换成弧长输入，如图4-540所示。

图 4-540

步骤4 输入弧长300，按Space键确认，如图4-541所示。

步骤5 输入s，按Space键确认，切换到样式，如图4-542所示。

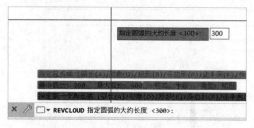

图4-541

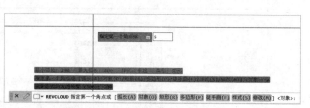

图4-542

步骤6 选择普通，如图4-543所示。

步骤7 指定矩形的第一个角点，如图4-544所示。

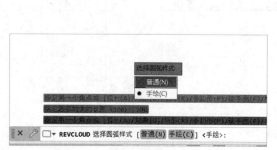

图4-543

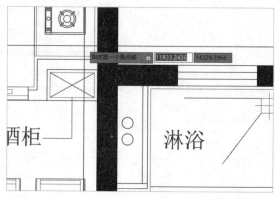

图4-544

步骤8 指定矩形的对角点，如图4-545所示。

步骤9 云线绘制完成，后续还可以标注说明文字，如图4-546所示。

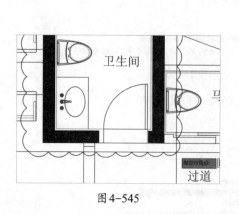

图4-545

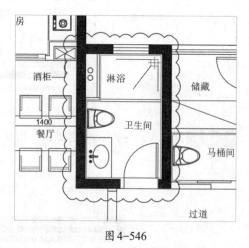

图4-546

第5章

随意精修：修改命令使用详解

本章主要介绍 AutoCAD 绘图过程中的一些常用修改命令，包括移动、旋转、修剪、延伸、删除、复制、镜像、圆角、倒角、分解、拉伸、缩放、阵列、偏移、拉长、对齐、打断、合并和复制嵌套对象。

5.1 · 移动命令

5.1.1 移动命令执行方式

使用移动命令，可以在指定方向按指定距离移动对象。移动命令常见的执行方式有如下几种。

方式1：菜单栏。选择【修改】→【移动】选项即可，如图5-1所示。

方式2：功能区或工具栏。单击【默认】选项卡→【修改】面板→【移动】按钮即可，如图5-2所示；或单击修改工具栏中的【移动】按钮即可，如图5-3所示。

方式3：快捷键。输入移动命令 M，按 Space 键确认即可，如图5-4所示。

图 5-1

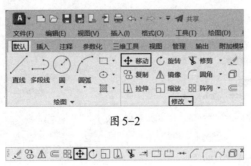

图 5-2

图 5-3

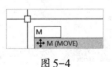

图 5-4

5.1.2　移动命令操作步骤

移动命令操作步骤如下。

步骤1 　输入移动命令M，按Space键确认，如图5-5所示。

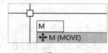

图 5-5

步骤2 　指定移动对象的基点或位移，如图5-6所示。

选项说明如下。

位移：指定相对距离和方向，从而确定复制对象的放置离原位置有多远以及以哪个方向放置。

步骤3 　指定基点后输入第二个点即可，如图5-7所示。

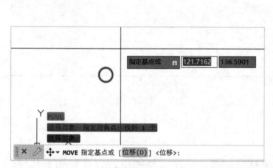

图 5-6

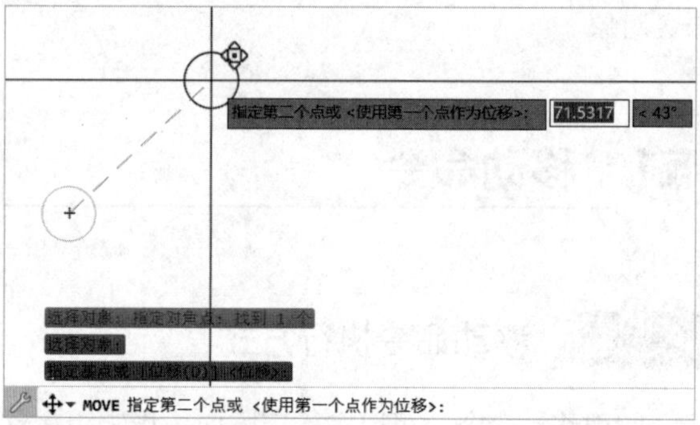

图 5-7

例如，在动态输入框输入（100,100），就会相对原位置偏移（100,100），如图5-8所示。

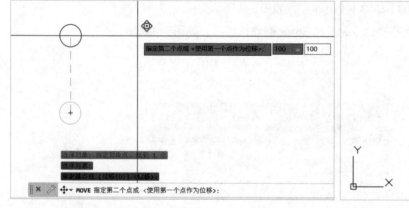

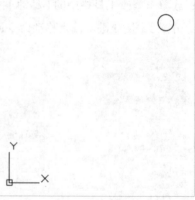

图 5-8

5.1.3　移动命令实战案例

将如图5-9所示的马桶移动至卫生间洗漱台和淋浴中间。其步骤如下。

步骤 1 打开 5.1.3 素材。

步骤 2 输入 M，按 Space 键确认，如图 5-10 所示。

步骤 3 选择马桶，按 Space 键确认，如图 5-11 所示。

步骤 4 指定基点为马桶左边的中点，如图 5-12 所示。

步骤 5 提示指定第二个点，输入 m2p，按 Space 键确认，如图 5-13 所示。

图 5-9

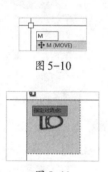

图 5-10

图 5-11

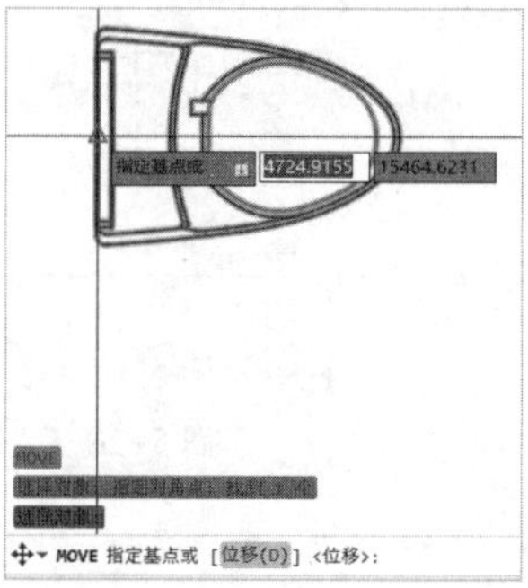

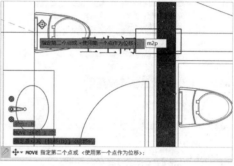

图 5-12 图 5-13

步骤 6 指定中点的第一个点，如图 5-14 所示。

步骤 7 指定中点的第二个点，如图 5-15 所示。

步骤 8 定位马桶位置，如图 5-16 所示。

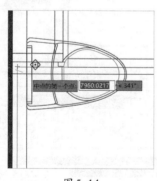

图 5-14

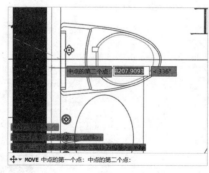

图 5-15

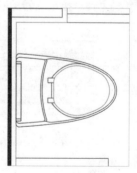

图 5-16

5.2 · 旋转命令

5.2.1 旋转命令执行方式

我们通常使用旋转命令，在保持原图形不变的情况下，以一定点为中心，以一定角度为旋转角度进行旋转,从而得到一个新的图形位置。旋转命令有以下几种执行方式。

方式1:菜单栏。选择【修改】→【旋转】选项即可,如图5-17所示。

方式2:功能区或工具栏。单击【默认】选项卡→【修改】面板→【旋转】按钮即可,如图5-18所示;或单击修改工具栏中的【旋转】按钮即可,如图5-19所示。

方式3:快捷键。输入旋转命令RO,按Space键确认即可,如图5-20所示。

图 5-17

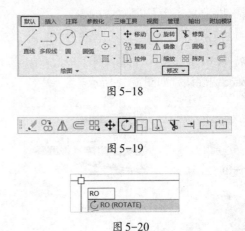

图 5-18

图 5-19

图 5-20

5.2.2 旋转命令操作步骤

旋转命令操作步骤如下。

步骤1 输入旋转命令RO,按Space键确认,如图5-21所示。

步骤2 选择需要旋转的对象,按Space键确认,如图5-22所示。

步骤3 指定旋转的基点,如图5-23所示。

图 5-21

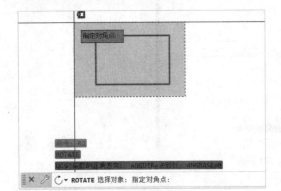

图 5-22

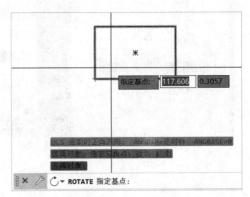

图 5-23

步骤4 指定旋转角度,即可旋转对象,如图5-24所示。

选项说明如下。

(1)复制:创建要旋转的选定对象的副本。

(2)参照:将对象从指定的角度旋转到新的绝对角度。旋转视口对象时,视口的边框仍然保持与绘图区域的边界平行。

最终结果如图5-25所示。

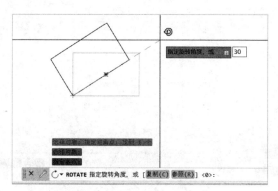 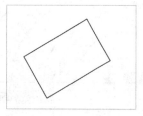

图5-24　　　　　　　　　　　　　　　　图5-25

5.2.3　旋转命令实战案例

利用旋转命令绘制如图5-26所示的图形的下半部分。最终结果如图5-27所示。

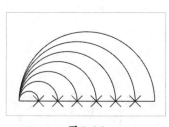 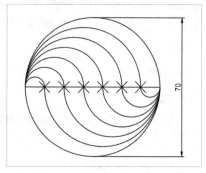

图5-26　　　　　　　　　　　　　　　　图5-27

其步骤如下。

步骤1　输入旋转命令RO，按Space键确认，如图5-28所示。

步骤2　选择要旋转的对象，按Space键确认，如图5-29所示。

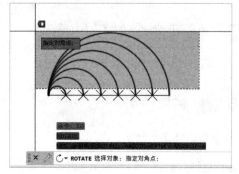

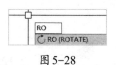

图5-28　　　　　　　　　　　　　　　　图5-29

步骤3 提示指定基点，这里指定中点为基点，如图5-30所示。

步骤4 提示指定旋转角度，输入c，按Space键确认，切换到复制，如图5-31所示。

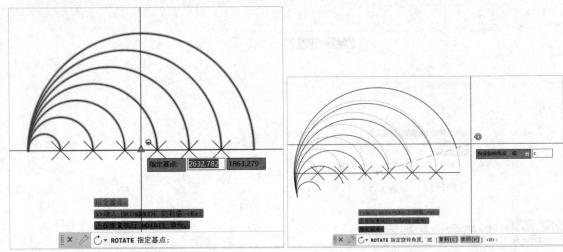

图 5-30   图 5-31

步骤5 输入旋转角度180，按Space键确认，如图5-32所示。

步骤6 图形绘制完成，如图5-33所示。

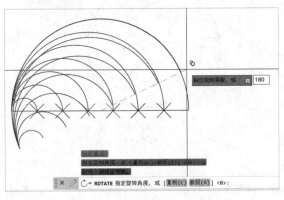   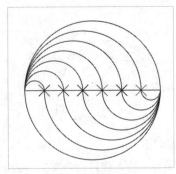

图 5-32   图 5-33

5.3 · 修剪命令与延伸命令

5.3.1 修剪命令

1.修剪命令执行方式

使用修剪命令，可以将超出边界的多余部分删除，可以修剪直线、多段线、圆、圆弧、样条曲线、射线、构造线和填充图案等。常用的修剪命令执行方式有如下几种。

方式1：菜单栏。选择【修改】→【修剪】选项即可，如图5-34所示。

方式2：功能区或工具栏。单击【默认】选项卡→【修改】面板→【修剪】按钮即可，如图5-35所示；或单击修改工具栏中的【修剪】按钮即可，如图5-36所示。

方式3：菜单栏。输入修剪命令TR，按Space键确认即可，如图5-37所示。

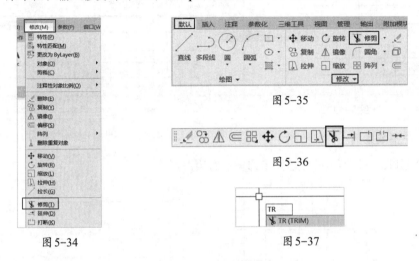

图5-34　　　　图5-35　　　　图5-36　　　　图5-37

2. 修剪命令操作步骤

步骤1　输入修剪命令TR，按Space键确认，如图5-38所示。

步骤2　提示选择要修剪的对象，如图5-39所示。

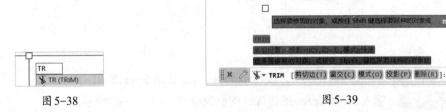

图5-38　　　　图5-39

选项说明如下。

（1）剪切边：使用其他选定对象来定义对象修剪到的边界。

（2）窗交：选择矩形区域（由两点确定）内部或与之相交的对象。

（3）模式：将默认剪剪模式设置为【快速】，该模式使用所有对象作为潜在剪切边；或设置为【标准】，该模式将提示用户选择剪切边。

（4）投影：指定修剪对象时使用的投影方式。

（5）删除：删除选定的对象。

步骤3　选择要修剪的对象，即可进行修剪，如图5-40所示。

步骤4　按住Shift，可切换至延伸，以延伸对象，如图5-41所示。

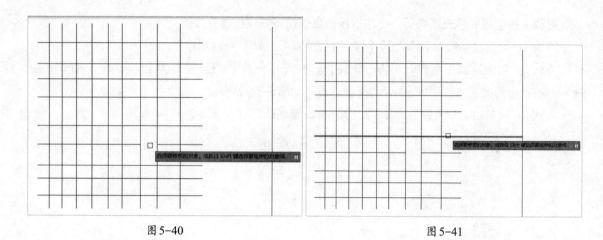

图 5-40   图 5-41

3. 修剪命令实战案例

案例1：将如图5-42所示的左边图形修剪成右边图形。

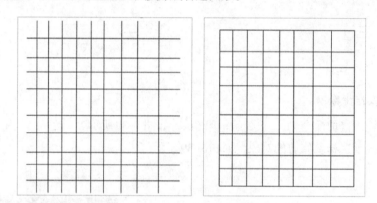

图 5-42

其步骤如下。

步骤1　输入修剪命令TR，按Space键确认，如图5-43所示。

步骤2　输入c，按Space键确认，切换到窗交，如图5-44所示。

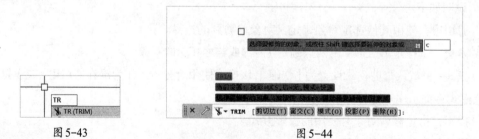

图 5-43   图 5-44

步骤3　指定第一个角点，单击，如图5-45所示。

步骤4　拖动光标至左上角点，单击，如图5-46所示。

步骤5　修剪完成，结果如图5-47所示。

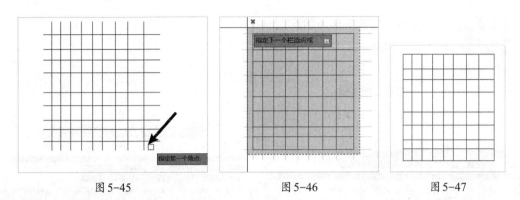

图 5-45   图 5-46   图 5-47

案例 2：将如图 5-48 所示的中间水平线作为修剪边，修剪右边的垂直线，将垂直线上半部分修剪，最终结果如图 5-49 所示。

图 5-48   图 5-49

其步骤如下。

步骤 1   输入修剪命令 TR，按 Space 键确认，如图 5-50 所示。

步骤 2   输入 o，按 Space 键确认，切换到模式，如图 5-51 所示。

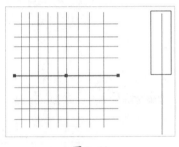
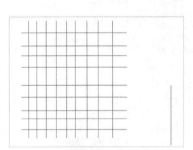

图 5-50   图 5-51

步骤 3   选择标准模式，如图 5-52 所示。

步骤 4   输入 e，按 Space 键确认，切换到边，如图 5-53 所示。

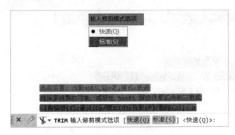
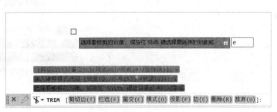

图 5-52   图 5-53

步骤5 选择延伸，如图5-54所示。

步骤6 输入t，按Space键确认，切换到剪切边，如图5-55所示。

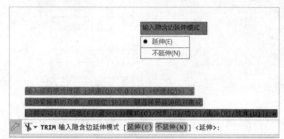

图5-54   图5-55

步骤7 选择剪切边，按Space键确认，如图5-56所示。

步骤8 选择要修剪的对象，如图5-57所示。

步骤9 最终结果如图5-58所示。

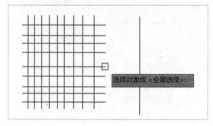 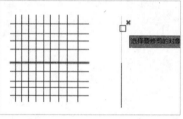 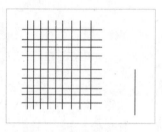

图5-56   图5-57   图5-58

案例3：快速延伸如图5-59所示的左边图形至右边图形效果。其步骤如下。

步骤1 输入修剪命令TR，按Space键确认，如图5-60所示。

步骤2 提示选择要修剪的对象或按住Shift键选择要延伸的对象，如图5-61所示。

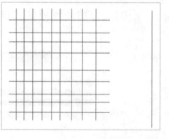 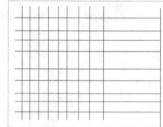

图5-59

图5-60

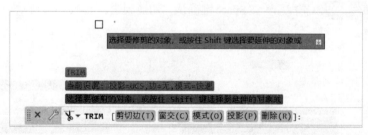

图5-61

步骤3 按住Shift键，拖动光标经过右边图形需要延伸的线即可实现快速延伸，如图5-62所示。

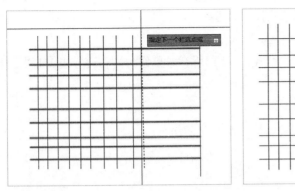
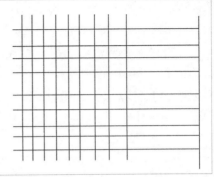

图 5-62

5.3.2 延伸命令

使用延伸命令，可以延伸一个对象至另一个对象的边界线。

1. 延伸命令执行方式

方式1：菜单栏。选择【修改】→【延伸】选项即可，如图 5-63 所示。

方式2：功能区或工具栏。单击【默认】选项卡→【修改】面板→【延伸】按钮即可，如图 5-64 所示；或单击修改工具栏中的【延伸】按钮即可，如图 5-65 所示。

方式3：快捷键。输入延伸命令 EX，按 Space 键确认即可，如图 5-66 所示。

图 5-63

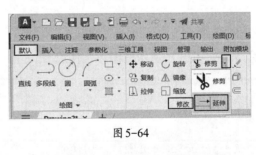

图 5-64

图 5-65

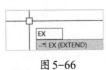

图 5-66

2. 延伸命令操作步骤

步骤1 输入延伸命令 EX，按 Space 键确认，如图 5-67 所示。

步骤2 提示选择要延伸的对象，如图 5-68 所示。

选项说明如下。

图 5-67

（1）边界边：使用选定对象定义对象延伸到的边界。

（2）窗交：选择矩形区域（由两点确定）内部或与之相交的对象。

（3）模式：将默认延伸模式设置为"快速"（使用所有对象作为潜在边界边）或"标准"（提示用户选择边界边）。

（4）投影：指定延伸对象时使用的投影方法。

步骤3 选择对象，即可进行快速延伸，如图5-69所示。

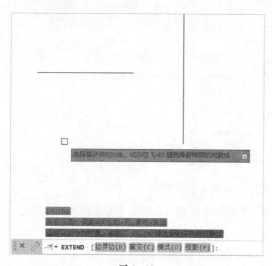

图 5-68

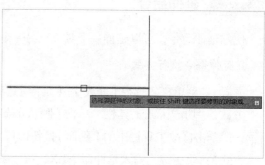

图 5-69

3. 延伸命令实战案例

利用延伸命令将如图5-70所示的图形延伸成如图5-71所示的图形。其步骤如下。

步骤1 输入延伸命令EX，按Space键确认，如图5-72所示。

步骤2 输入b，按Space键确认，切换到边界边，如图5-73所示。

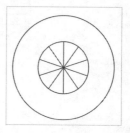

图 5-70

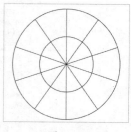

图 5-71

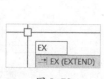

图 5-72

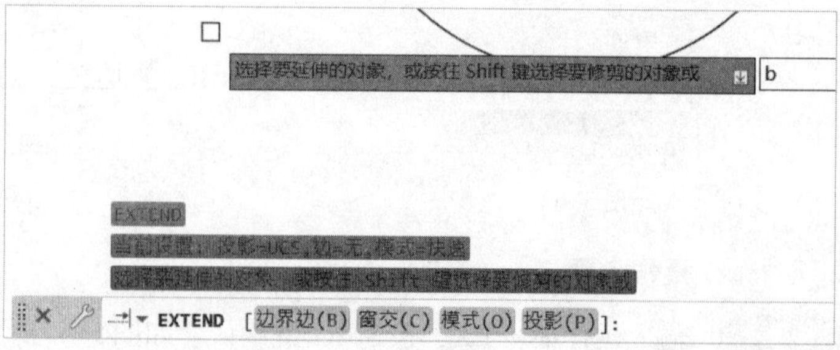

图 5-73

步骤3 选择边界边对象，按Space键确认，如图5-74所示。

步骤4　提示要延伸的对象，输入 c，按 Space 键确认，切换到窗交，如图5-75所示。

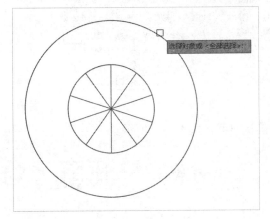

图 5-74　　　　　　　　　　　　　　　　　　图 5-75

步骤5　框选需要延伸的对象，如图5-76所示。

步骤6　最终结果如图5-77所示。

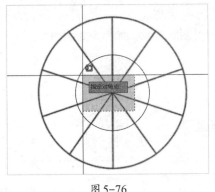

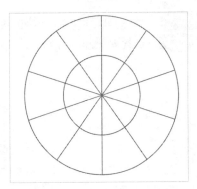

图 5-76　　　　　　　　　　　　　　　　　　图 5-77

5.4 · 删除命令

在绘图过程中，所有绘制错误的对象都可以使用删除命令删除。可以先执行删除命令再选择对象，也可以先选择对象再执行删除命令。

5.4.1　删除命令执行方式

方式1：菜单栏。选择【修改】→【删除】选项即可，如图5-78所示。

方式2：功能区或工具栏。单击【默认】选项卡→【修改】面板→【删除】按钮即可，如图5-79所示；或单击修改工具栏中的【删除】按钮即可，如图5-80所示。

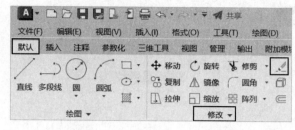

图 5-78   图 5-79

方式3：快捷键。输入删除命令E，按Space键确认即可，如图5-81所示。

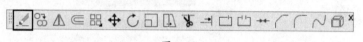

图 5-80   图 5-81

5.4.2 删除命令操作步骤

删除命令操作步骤如下。

步骤1 输入删除命令E，按Space键确认，如图5-82所示。

步骤2 选择要删除的对象，按Space键确认，即可删除对象，如图5-83所示。

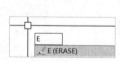

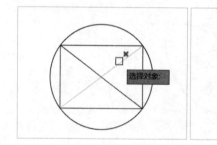

图 5-82   图 5-83

 温馨
提示   这里可以单选，也可以框选，还可以先选择对象，再执行删除命令。

5.4.3 删除命令和Delete的区别及注意事项

1. 删除命令和 Delete 的区别

使用删除命令时，可以先执行命令，再选择对象；但使用Delete时只能先选择对象，再执行Delete。

Delete操作步骤如下。

步骤1 选择对象，如图5-84所示。

步骤2 按Delete键，如图5-85所示。

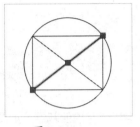

图 5-84

图 5-85

2.注意事项

遇到上述问题，只需要输入op，弹出【选项】对话框，选择【选择集】选项卡，在【选择集模式】中选中【先选择后执行】复选框即可，单击【确定】按钮，如图5-86所示。

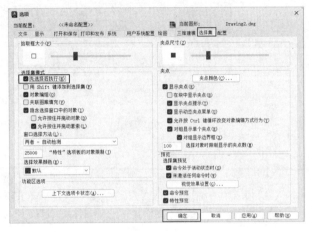

图 5-86

5.5 · 复制命令

使用复制命令，可以将源对象按指定角度和方向创建副本对象。

5.5.1 复制命令执行方式

常见的复制命令执行方式如下。

方式1：菜单栏。选择【修改】→【复制】选项即可，如图5-87所示。

方式2：功能区或工具栏。单击【默认】选项卡→【修改】面板→【复制】按钮即可，如图5-88所示；或单击修改工具栏中的【复制】按钮即可，如图5-89所示。

方式3：快捷键。输入复制命令CO，按Space键确认即可，如图5-90所示。

图 5-87

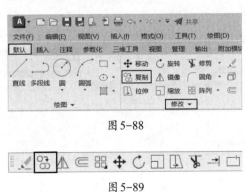

图 5-88

图 5-90

图 5-89

5.5.2　复制命令操作步骤

复制命令操作步骤如下。

步骤1　输入复制命令CO，按Space键确认，如图5-91所示。

步骤2　选择要复制的对象，按Space键确认，如图5-92所示。

步骤3　提示"指定基点或［位移（D）模式（O）］"，这里指定复制对象的基点，如图5-93所示。

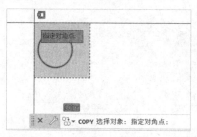

图 5-92

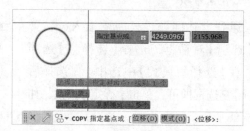

图 5-93

选项说明如下。

（1）位移：使用坐标指定相对距离和方向。

（2）模式：控制命令是否自动重复（COPYMODE 系统变量）。

步骤4　指定基点后，提示"指定第二个点或［阵列（A）］"，这里指定第二个点，即可将该对象进行复制，如图5-94所示。

选项说明如下。

阵列：指定在线性阵列中排列的副本数量。

步骤5　继续指定基点复制对象，直到结束，如图5-95所示。

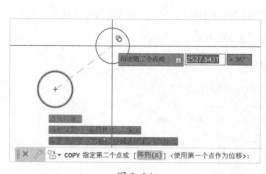

图 5-94

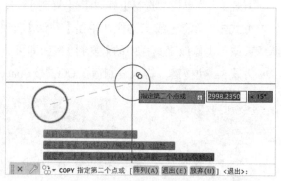

图 5-95

5.5.3　复制命令实战案例

利用复制命令绘制如图5-96所示的图形。其步骤如下。

步骤1　绘制任意半径的圆，这里绘制半径为10的圆，如图5-97所示。

步骤2 输入复制命令CO，按Space键确认，如图5-98所示。

步骤3 选择需要复制的对象，按Space键确认，如图5-99所示。

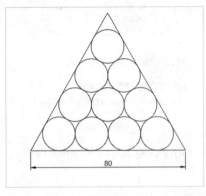

图 5-96

图 5-97

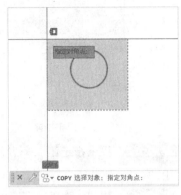

图 5-99

步骤4 指定复制的基点为圆心，如图5-100所示。

步骤5 输入a，按Space键确认，切换到阵列复制，如图5-101所示。

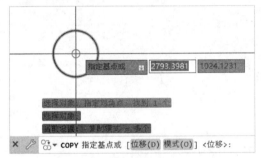

图 5-100

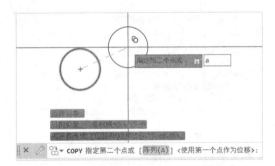

图 5-101

步骤6 输入要进行阵列的项目数4，按Space键确认，如图5-102所示。

步骤7 光标捕捉水平向右，输入距离20，按Space键确认，如图5-103所示。

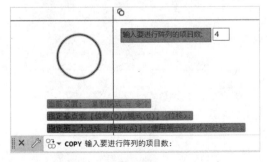

图 5-102

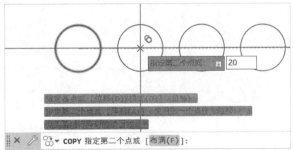

图 5-103

步骤8 再次输入复制命令CO，按Space键确认。提示选择对象，这里选择左边3个圆，按Space键确认，如图5-104所示。

步骤9 指定复制基点为左边第一个圆圆心，如图5-105所示。

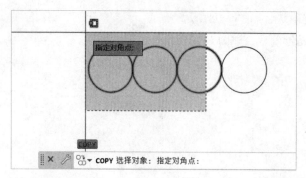

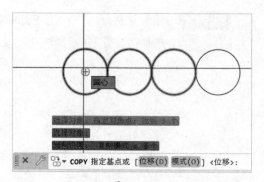

图 5-104   图 5-105

步骤10　提示指定第二个点，输入20，按Tab键切换到角度，输入60，按Enter键确认，如图 5-106所示。

步骤11　同理，再复制上面2个圆和1个圆，最终结果如图5-107所示。

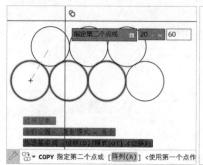

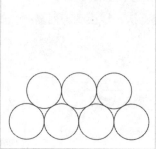

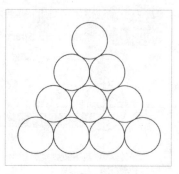

图 5-106   图 5-107

步骤12　用多段线命令连接3个角点圆心，如图5-108所示。

步骤13　把里面的三角形向外偏移10并删除里面的三角形，如图5-109所示。

步骤14　将三角形边长通过参照缩放至80，如图5-110所示。

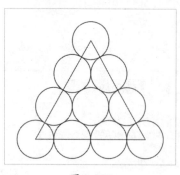

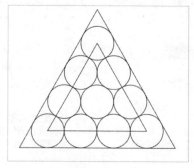

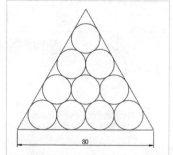

图 5-108   图 5-109   图 5-110

温馨提示

参照缩放和偏移会在5.10节和5.12节详细讲解。

5.6 · 镜像命令

选择镜像命令，可以对选择的对象以一条镜像线为镜像轴进行镜像。镜像完成后可以保留源对象，也可以删除源对象。

5.6.1 镜像命令执行方式

常见的镜像命令执行方式如下。

方式1：菜单栏。选择【修改】→【镜像】选项即可，如图5-111所示。

方式2：功能区或工具栏。单击【默认】选项卡→【修改】面板→【镜像】按钮即可，如图5-112所示。或单击修改工具栏中的【镜像】按钮即可，如图5-113所示。

方式3：快捷键。输入镜像命令MI，按Space键确认即可，如图5-114所示。

图 5-111

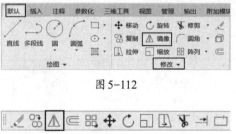

图 5-112

图 5-113

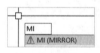

图 5-114

5.6.2 镜像命令操作步骤

镜像命令操作步骤如下。

步骤1 输入镜像命令MI，按Space键确认，如图5-115所示。

步骤2 选择镜像的对象，按Space键确认，如图5-116所示。

步骤3 指定镜像线的第一点，如图5-117所示。

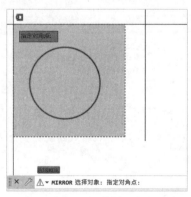

图 5-115　　　　图 5-116

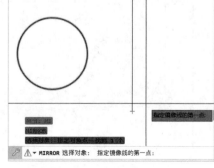

图 5-117

步骤4　指定镜像线的第二点，如图5-118所示。

步骤5　选择是否删除源对象，如图5-119所示。

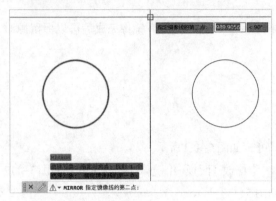

图 5-118　　　　　　　　　　　　　图 5-119

步骤6　最终结果如图5-120所示。

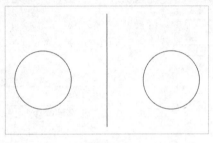

图 5-120

> **温馨提示**
> 如果文字在镜像后反了，只需要在命令行输入mirrtext命令，按Space键确认，将值改成0即可。

5.6.3　镜像命令实战案例

利用镜像命令和所学的其他知识绘制如图5-121所示的图形。其步骤如下。

步骤1　利用椭圆命令绘制如图5-122所示的两个椭圆。

步骤2　利用圆命令绘制半径为9和20的两个圆，如图5-123所示。

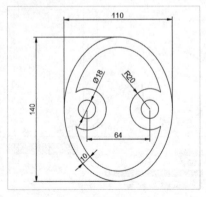

图 5-121

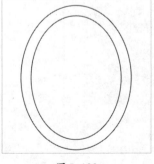

图 5-122

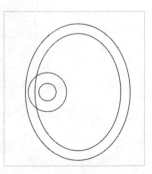

图 5-123

步骤3 输入镜像命令MI，按Space键确认，如图5-124所示。

步骤4 选择要镜像的两个圆，按Space键确认，如图5-125所示。

步骤5 指定镜像线的第一个点，捕捉椭圆的象限点，如图5-126所示。

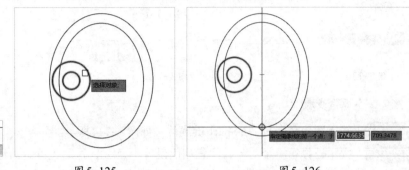

图 5-124   图 5-125   图 5-126

步骤6 指定镜像线的第二个点，再次捕捉椭圆的另一个象限点，如图5-127所示。

步骤7 提示是否删除源对象，这里选择否，按Space键确认，如图5-128所示。

步骤8 修剪图形，结果如图5-129所示。

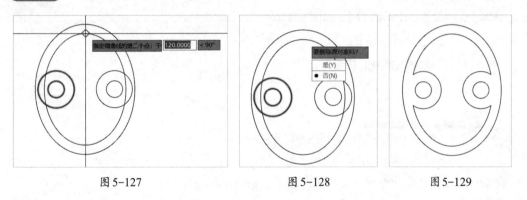

图 5-127   图 5-128   图 5-129

5.7 · 圆角命令与倒角命令

5.7.1 圆角命令

1. 圆角命令执行方式

常见的圆角命令执行方式如下。

方式1：菜单栏。选择【修改】→【圆角】选项即可，如图5-130所示。

方式2：功能区或工具栏。单击【默认】选项卡→【修改】面板→【圆角】按钮即可，如图5-131所示；或单击修改工具栏中的【圆角】按钮即可，如图5-132所示。

方式3：快捷键。输入圆角命令F，按Space键确认即可，如图5-133所示。

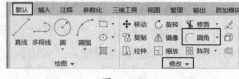

图 5-131

图 5-130

图 5-132

图 5-133

2. 圆角命令操作步骤

步骤1　输入圆角命令F，按Space键确认，如图5-134所示。

步骤2　提示选择第一个对象，注意当前设置半径=0，这时先确定圆角
半径，输入r，按Space键确认，如图5-135所示。

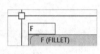

图 5-134

选项说明如下。

（1）放弃：恢复在命令中执行的上一个操作。

（2）多段线：在二维多段线中两条直线段相交的每个顶点处插入圆角，圆角成为多段线的新线段，
除非【修剪】选项设置为【不修剪】，如图5-136所示。

图 5-135

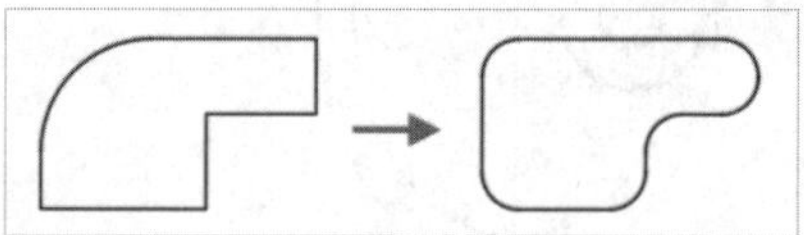

图 5-136

（3）半径：设置后续圆角半径，更改此值不会影响现有圆角。

（4）修剪：控制是否修剪选定对象，从而与圆角端点相接。

①修剪：将修剪选定对象或线段，以与圆角端点相接。

②不修剪：在添加圆角之前，不修剪选定对象或线段。

（5）多个：允许为多组对象创建外圆角。

步骤3　输入圆角半径10，按Space键确认，如图5-137所示。

步骤4　选择第一个对象，如图5-138所示。

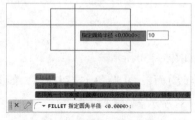

图 5-137

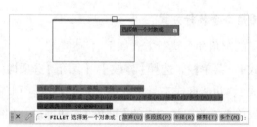

图 5-138

步骤5　选择第二个对象，如图5-139所示。

至此完成半径为10的倒圆，如图5-140所示。

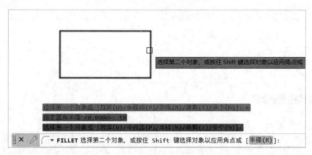

图 5-139

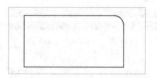

图 5-140

> **温馨提示**　如果圆角半径为0，则选定对象或线段将被延伸或修剪，以使其相交，如图5-141所示。

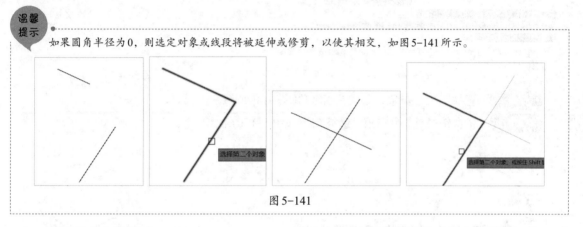

图 5-141

3. 圆角命令实战案例

打开5.6.3源文件，对其进行倒圆角，圆角半径为8，如图5-142所示。其步骤如下。

步骤1　打开5.7.1素材。

步骤2　输入圆角命令F，按Space键确认，如图5-143所示。

步骤3　输入r，按Space键确认，切换到半径，如图5-144所示。

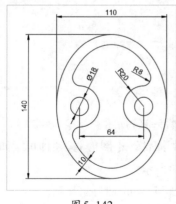

图 5-142

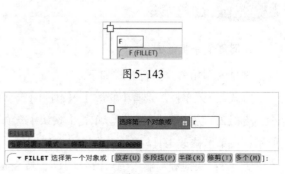

图 5-143

图 5-144

步骤4 输入半径8，按Space键确认，如图5-145所示。

步骤5 输入m，按Space键确认，切换到多个，如图5-146所示。

步骤6 选择第一个对象，如图5-147所示。

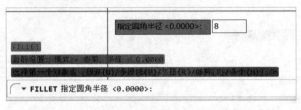

图 5-145

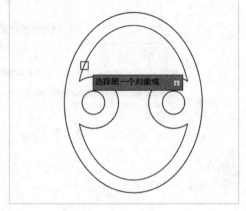

图 5-147

图 5-146

步骤7 选择第二个对象，如图5-148和图5-149所示。

步骤8 依次倒另外3个圆角，最终结果如图5-150所示。

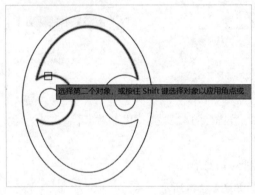

图 5-148

图 5-149

图 5-150

5.7.2 倒角命令

1. 倒角命令执行方式

常见的倒角命令执行方式如下。

方式1：菜单栏。选择【修改】→【倒角】选项即可，如图5-151所示。

方式2：功能区或工具栏。单击【默认】选项卡→【修改】面板→【倒角】按钮即可，如图5-152所示；或单击修改工具栏中的【倒角】按钮即可，如图5-153所示。

方式3：快捷键。输入倒角命令CHA，按Space键确认即可，如图5-154所示。

图 5-151

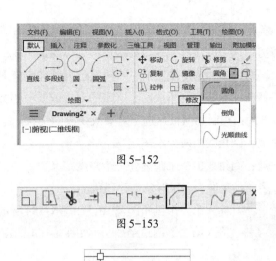

图 5-152

图 5-153

图 5-154

2. 倒角命令操作步骤

步骤1 输入倒角命令CHA，按Space键确认，如图5-155所示。

步骤2 提示选择第一条直线，默认情况下倒角两条边距离都是0，这里输入d，按Space键确认，切换到距离，如图5-156所示。

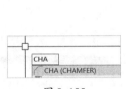

图 5-155

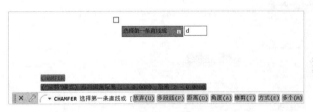

图 5-156

选项说明如下。

（1）放弃：恢复在命令中执行的上一个操作。

（2）多段线：在二维多段线中两条直线段相交的每个顶点处插入倒角线，倒角线将成为多段线的新线段，除非【修剪】选项设置为【不修剪】，如图5-157所示。

（3）距离：设置距第一个对象和第二个对象的交点的倒角距离。如果这两个距离值均设置为0，则选定对象或线段将被延伸或被修剪，以使其相交。

（4）角度：设置距选定对象的交点的倒角距离，以及与第一个对象或线段所成的 XY 角度，如图5-158所示。

图 5-157

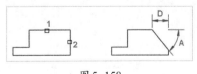

图 5-158

（5）修剪：控制是否修剪选定对象，以与倒角线的端点相交。

①修剪：选定的对象或线段将被修剪，以与倒角线的端点相交。如果选定的对象或线段不与倒角线相交，则在添加倒角线之前，将对其进行延伸或修剪。

②不修剪：在添加倒角线前，选定的对象或线段不会被修剪。

（6）方式：控制如何根据选定对象或线段的交点计算倒角线。

①距离：倒角线由两个距离定义。

②角度：倒角线由一个距离和一个角度定义。

（7）多个：允许为多组对象创建斜角。

步骤3 输入第一个倒角距离10，如图5-159所示。

步骤4 输入第二个倒角距离5，如图5-160所示。

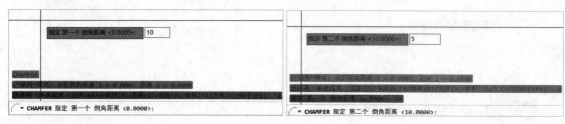

图 5-159   图 5-160

步骤5 选择第一条直线，如图5-161所示。

步骤6 选择第二条直线，如图5-162所示。

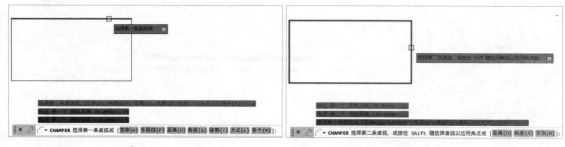

图 5-161   图 5-162

倒角完成，如图5-163所示。

3. 倒角命令实战案例

对如图5-164所示的左图进行倒角，倒角的一边长度是10，角度是30°。

图 5-163   图 5-164

其步骤如下。

步骤1 输入倒角命令CHA，按Space键确认，如图5-165所示。

步骤2 输入a，按Space键确认，切换到角度，如图5-166所示。

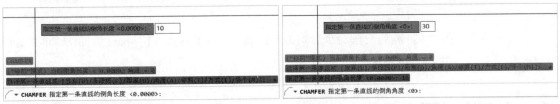

图5-165

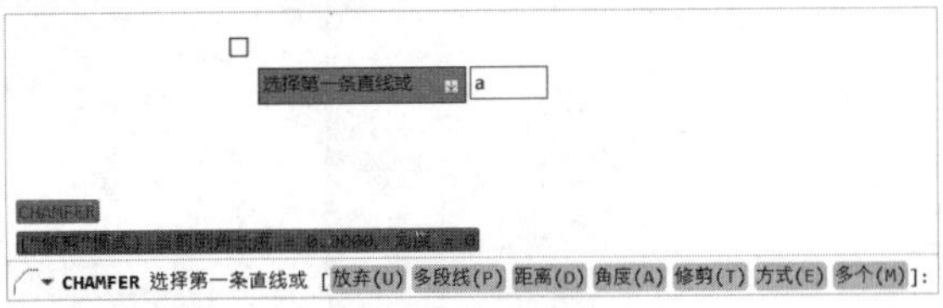

图5-166

步骤3 输入第一条直线的倒角长度10，按Space键确认，如图5-167所示。

步骤4 输入第一条直线的倒角角度30，按Space键确认，如图5-168所示。

图5-167

图5-168

步骤5 输入p，按Space键确认，切换到多段线，如图5-169所示。

步骤6 选择多段线，即可快速倒角，如图5-170所示。

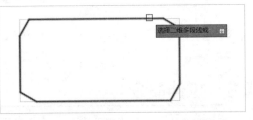

图5-169

图5-170

5.8 分解命令

使用分解命令，可将复合对象分解为其组件对象，可以分解多段线、阵列对象、块、多行文字、面域等。可以通过如下3种常用方式执行分解命令。

方式1：菜单栏。选择【修改】→【分解】选项即可，如图5-171所示。

方式2：功能区或工具栏。单击【默认】选项卡→【修改】面板→【分解】按钮即可，如图5-172所示；或单击修改工具栏中的【分解】按钮即可，如图5-173所示。

方式3：快捷键。输入分解命令X，按Space键确认即可，如图5-174所示。

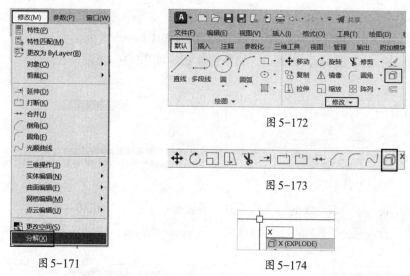

图 5-171

图 5-172

图 5-173

图 5-174

不管使用哪一种方式,执行分解命令后均提示选择要分解的对象,按Space键确认,即可分解对象,如图5-175和图5-176所示。

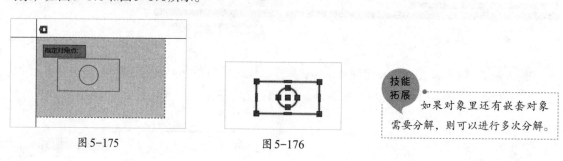

图 5-175

图 5-176

> **技能拓展**
> 如果对象里还有嵌套对象需要分解,则可以进行多次分解。

5.9 拉伸命令

使用拉伸命令,可以拉伸窗交窗口部分包围的对象,将移动(而不是拉伸)完全包含在窗交窗口中的对象或单独选定的对象。常用的拉伸命令有以下几种执行方式。

方式1:菜单栏。选择【修改】→【拉伸】选项即可,如图5-177所示。

方式2:功能区或工具栏。单击【默认】选项卡→【修改】面板→【拉伸】按钮即可,如图5-178所示;或单击修改工具栏中的【拉伸】按钮即可,如图5-179所示。

方式3:快捷键。输入拉伸命令S,按Space键确认即可,如图5-180所示。

图 5-177

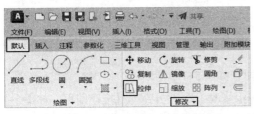

图 5-178

图 5-179

图 5-180

执行拉伸命令后，提示选择对象，选择需要拉伸的对象后按Space键确认，如图5-181所示。指定拉伸的基点，如图5-182所示。

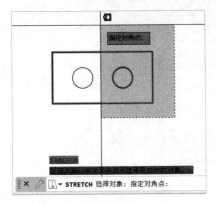

图 5-181

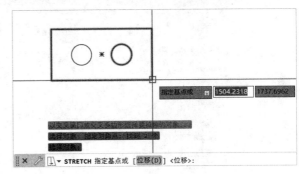

图 5-182

选项说明如下。

位移：指定拉伸的相对距离和方向。

输入拉伸的距离100，即可拉伸，如图5-183所示。

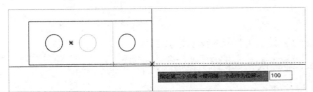

图 5-183

如果全选对象，则拉伸就会变成移动对象。

5.10 缩放命令

使用缩放命令，可将已有图形按照指定基点进行等比例放大和缩小。当比例因子大于1时将放大对象，比例因子介于0～1时将缩小对象。

5.10.1　缩放命令执行方式

常见的缩放命令执行方式如下。

方式1：菜单栏。选择【修改】→【缩放】选项即可，如图5-184所示。

方式2：功能区或工具栏。单击【默认】选项卡→【修改】面板→【缩放】按钮即可，如图5-185所示；或单击绘图工具栏中的【缩放】按钮即可，如图5-186所示。

方式3：快捷键。输入缩放命令SC，按Space键确认即可，如图5-187所示。

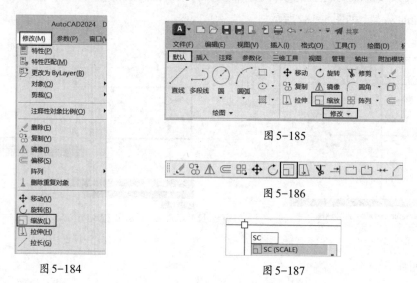

图 5-184

图 5-185

图 5-186

图 5-187

5.10.2　缩放命令操作步骤

缩放命令操作步骤如下。

步骤1　输入缩放命令SC，按Space键确认，如图5-188所示。

步骤2　选择要缩放的对象，按Space键确认，如图5-189所示。

步骤3　指定缩放的基点，如图5-190所示。

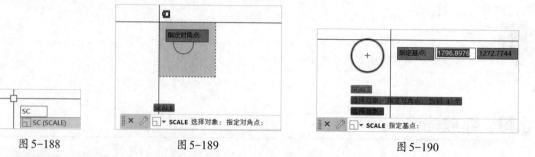

图 5-188　　　　　图 5-189　　　　　图 5-190

步骤4　输入缩放比例，即可对图形进行缩放，如图5-191所示。

选项说明如下。

（1）复制：创建要缩放的选定对象的副本。

（2）参照：按参照长度和指定的新长度缩放所选对象。

步骤5 缩放完成，结果如图5-192所示。

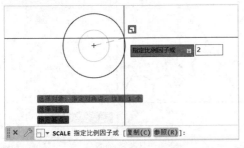

图 5-191

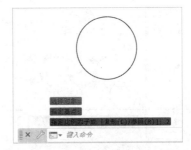

图 5-192

5.10.3 缩放命令实战案例

将整图进行缩放，使三角形边长为80，如图5-193所示。其步骤如下。

步骤1 打开5.10.3素材，输入缩放命令SC，按Space键确认，如图5-194所示。

步骤2 选择缩放的对象，按Space键确认，如图5-195所示。

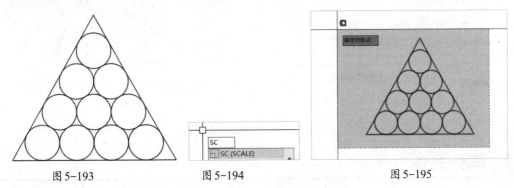

图 5-193　　　　　　图 5-194　　　　　　　　图 5-195

步骤3 指定缩放的基点，如图5-196所示。

步骤4 提示指定缩放比例因子，输入r，按Space键确认，切换到参照，如图5-197所示。

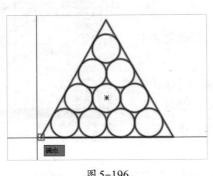

图 5-196

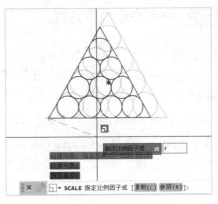

图 5-197

步骤5 指定现有边长的两点为参照长度，如图5-198所示。

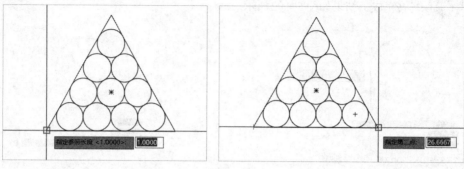

图 5-198

步骤6 输入新的长度80，按Space键确认，如图5-199所示。

步骤7 最终结果如图5-200所示。

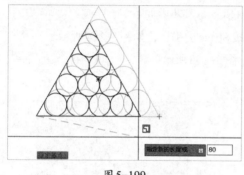

图 5-199

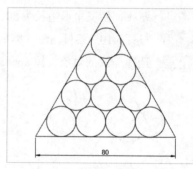

图 5-200

5.11 · 阵列命令

使用阵列命令，可以按指定方式将源对象进行排列，从而形成指定方式排列的副本。

5.11.1 阵列命令执行方式

常见的阵列命令执行方式如下。

方式1：菜单栏。选择【修改】→【阵列】选项，在其级联菜单中
选择阵列的方式即可，如图5-201所示。

方式2：功能区或工具栏。单击【默认】选项卡→【修改】面板→
【阵列】下拉按钮，在打开的下拉列表中选择阵列的方式即可，如
图5-202所示；或单击修改工具栏中的【阵列】下拉按钮，在打开的
下拉列表中选择阵列的方式即可，如图5-203所示。

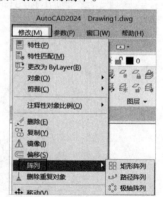

图 5-201

方式3：快捷键。输入阵列命令AR，按Space键确认即可，如图5-204所示。

图 5-202

图 5-203

图 5-204

5.11.2 矩形阵列操作步骤

矩形阵列命令操作步骤如下。

步骤 1 输入阵列命令 AR，按 Space 键确认，如图 5-205 所示。

步骤 2 选择需要阵列的对象，按 Space 键确认，如图 5-206 所示。

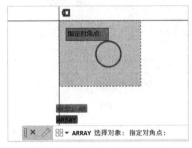

图 5-206

图 5-205

步骤 3 选择矩形阵列，如图 5-207 所示。

步骤 4 设置阵列的参数，即可完成阵列，如图 5-208 所示。

图 5-207

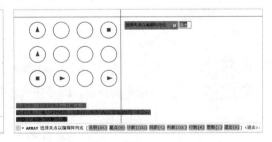

图 5-208

选项说明如下。

（1）关联：指定阵列中的对象是关联的还是独立的。

①是：包含单个阵列对象中的阵列项目，类似于块。使用关联阵列，可以通过编辑特性和源对象在整个阵列中快速传递更改。

②否：创建阵列项目作为独立对象。更改一个项目不影响其他项目。

（2）基点：定义阵列基点和基点夹点的位置。

（3）计数：指定行数和列数，并使用户在移动光标时可以动态观察结果。

（4）间距：指定行间距和列间距，并使用户在移动光标时可以动态观察结果。

（5）列数：编辑列数和列间距。

（6）行数：指定阵列中的行数、它们之间的距离及行之间的增量标高。

（7）层数：指定三维阵列的层数和层间距。

（8）退出：退出命令。

步骤5 最终结果如图 5-209 所示。

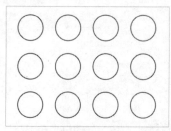

图 5-209

5.11.3 路径阵列操作步骤

路径阵列操作步骤如下。

步骤1 输入阵列命令 AR，按 Space 键确认，如图 5-210 所示。

步骤2 选择要阵列的对象，按 Space 键确认，如图 5-211 所示。

步骤3 选择路径阵列，如图 5-212 所示。

图 5-210

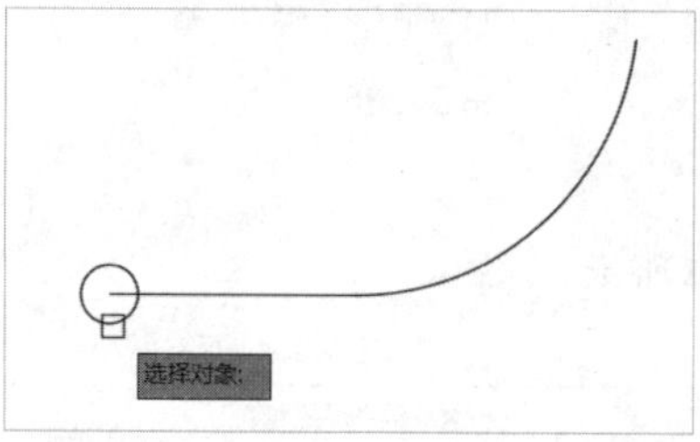

图 5-211

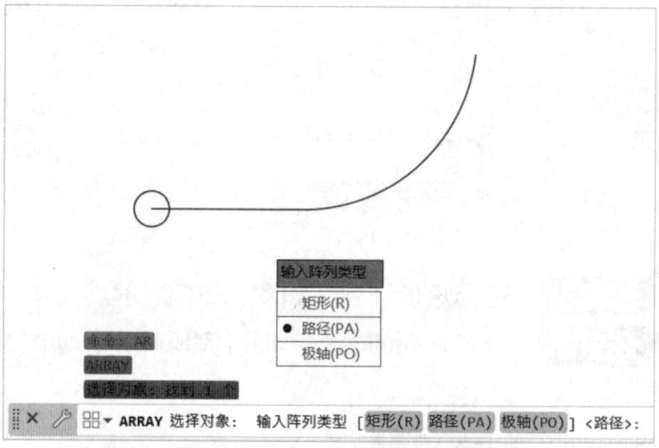

图 5-212

步骤4 选择路径曲线，如图 5-213 所示。

步骤5 设置路径阵列参数，即可完成阵列，如图 5-214 所示。

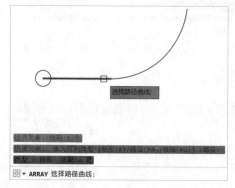

图 5-213

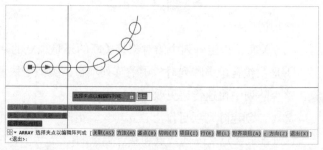

图 5-214

选项说明如下。

（1）关联：指定是否创建阵列对象，或者是否创建选定对象的非关联副本。

①是：创建单个阵列对象中的阵列项目，类似于块。使用关联阵列，可以通过编辑特性和源对象在整个阵列中快速传递更改。

②否：创建阵列项目作为独立对象。更改一个项目不影响其他项目。

（2）方法：控制如何沿路径分布项目。

（3）基点：定义阵列的基点。路径阵列中的项目相对于基点放置。

（4）切向：指定阵列中的项目如何相对于路径的起始方向对齐。

（5）项目：根据【方法】设置，指定项目数或项目之间的距离。

（6）行：指定阵列中的行数、它们之间的距离及行之间的增量标高。

（7）层：阵列中的标高指示沿 Z 轴方向拉伸阵列的行样式和列样式。

（8）对齐项目：指定是否对齐每个项目，以与路径的方向相切。对齐相对于第一个项目的方向。

（9）Z方向：控制是否保持项目的原始 Z 方向或沿三维路径自然倾斜项目。

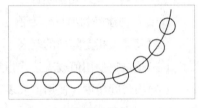

图 5-215

（10）退出：结束该命令。

步骤6　最终结果如图5-215所示。

5.11.4　极轴阵列操作步骤

极轴阵列操作步骤如下。

步骤1　输入阵列命令AR，按Space键确认，如图5-216所示。

步骤2　选择要阵列的对象，按Space键确认，如图5-217所示。

步骤3　选择极轴阵列，如图5-218所示。

图 5-216

图 5-217

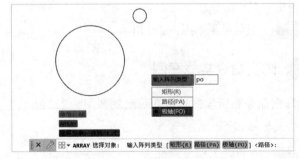

图 5-218

步骤4　指定阵列的中心点，如图5-219所示。

选项说明如下。

（1）基点：指定阵列的基点。

（2）旋转轴：指定由两个指定点定义的自定义旋转轴。

步骤5　设置极轴阵列参数，即可完成阵列，如图5-220所示。

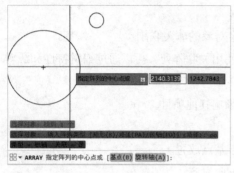

图 5-219

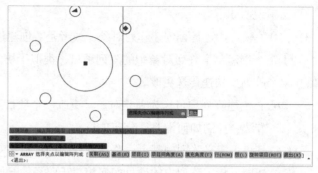

图 5-220

选项说明如下。

（1）关联：指定阵列中的对象是关联的还是独立的。

①是：包含单个阵列对象中的阵列项目，类似于块。使用关联阵列，可以通过编辑特性和源对象在整个阵列中快速传递更改。

②否：创建阵列项目作为独立对象。更改一个项目不影响其他项目。

（2）基点：指定阵列的基点。

（3）项目：使用值或表达式指定阵列中的项目数。

（4）项目间角度：使用值或表达式指定项目之间的角度。

（5）填充角度：使用值或表达式指定阵列中第一个和最后一个项目之间的角度。

（6）行：指定阵列中的行数、它们之间的距离及行之间的增量标高。

（7）层：指定三维阵列的层数和层间距。

（8）旋转项目：控制在排列项目时是否旋转项目。

（9）退出：退出命令。

步骤6 最终结果如图5-221所示。

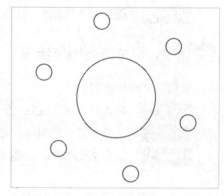

图 5-221

5.11.5 阵列命令实战案例

利用阵列命令和所学的其他知识绘制如图5-222所示的图形。其步骤如下。

步骤1 绘制3个同心圆，直径分别是50、80、100，如图5-223所示。

步骤2 利用直线命令捕捉直径为80和100圆的左象限点，绘制直线，如图5-224所示。

步骤3 利用圆命令绘制直径为10，圆心为直径50圆上象限点，如图5-225所示。

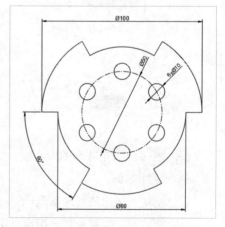

图 5-222

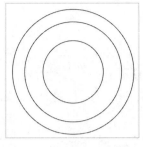

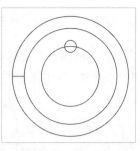

图 5-223   图 5-224   图 5-225

步骤 4 输入阵列命令 AR，按 Space 键确认，如图 5-226 所示。
步骤 5 选择需要阵列的两个对象，如图 5-227 所示。
步骤 6 选择极轴阵列，如图 5-228 所示。

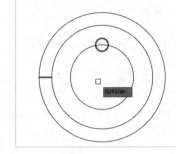
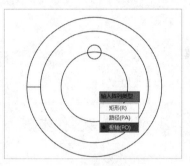

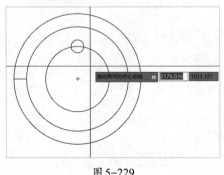

图 5-226   图 5-227   图 5-228

步骤 7 指定直径为 50 的圆的圆心为阵列中心，如图 5-229 所示。
步骤 8 阵列数目设置 6 个，默认就是 6 个，直接按 Space 键确认，如图 5-230 所示。
步骤 9 修剪不需要的对象，如图 5-231 所示。

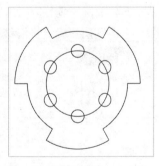

图 5-229   图 5-230   图 5-231

5.12· 偏移命令

使用偏移命令，可以通过指定距离或指定点在选定对象的某一侧生成新的图形。

5.12.1 偏移命令执行方式

偏移命令常用的执行方式有以下几种。

方式1：菜单栏。选择【修改】→【偏移】选项即可，如图5-232所示。

方式2：功能区或工具栏。单击【默认】选项卡→【修改】面板→【偏移】按钮即可，如图5-233所示；或单击修改工具栏中的【偏移】按钮即可，如图5-234所示。

方式3：快捷键。输入偏移命令O，按Space键确认即可，如图5-235所示。

图 5-232

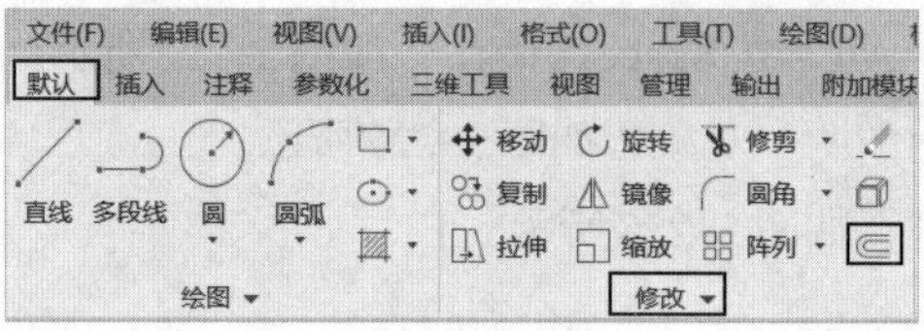

图 5-233

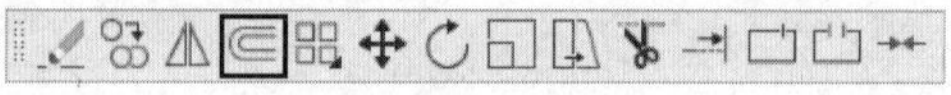

图 5-234

图 5-235

5.12.2 偏移命令操作步骤

偏移命令操作步骤如下。

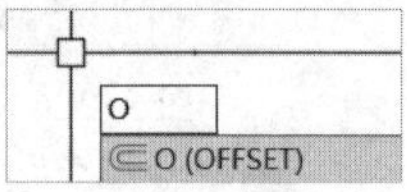

步骤1 输入偏移命令O，按Space键确认，如图5-236所示。

步骤2 输入偏移距离20，按Space键确认，如图5-237所示。

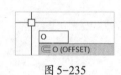

图 5-236

选项说明如下。

（1）通过：创建通过指定点的对象。

（2）删除：偏移源对象后将其删除。

（3）图层：确定将偏移对象创建在当前图层上还是源对象所在图层上。

步骤3 选择要偏移的对象，如图5-238所示。

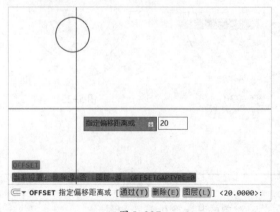

图 5-237

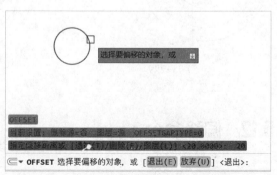

图 5-238

选项说明如下。

（1）退出：退出偏移命令。

（2）放弃：恢复前一个偏移。

步骤4 指定要偏移的那一侧上的点，如图5-239所示。

选项说明如下。

多个：输入【多个】偏移模式，这将使用当前偏移距离重复进行偏移操作。

步骤5 偏移完成，结果如图5-240所示。

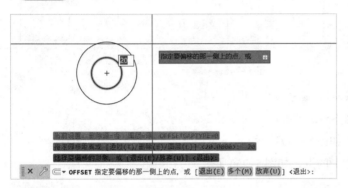
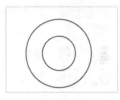

图 5-239　　　　　　　　　　　　　图 5-240

5.12.3　偏移命令实战案例

利用偏移命令和所学的其他知识绘制如图5-241所示的图形。其步骤如下。

步骤1 使用矩形命令绘制一个80×80的矩形，如图5-242所示。

步骤2 在任意位置绘制一个16×16的矩形，如图5-243所示。

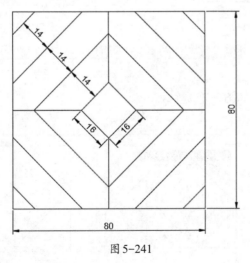

图 5-241　　　　　　　　　图 5-243

图 5-242

步骤3 捕捉边长为16的矩形几何中心，将其移动至边长为80的矩形几何中心，如图5-244所示。

步骤4   以边长为16的矩形几何中心为基点旋转45°，如图5-245所示。

步骤5   使用直线命令，将边长为16的矩形的4个角点分别和边长为80的矩形边中心连接，如图5-246所示。

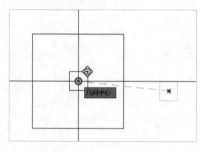

图 5-244

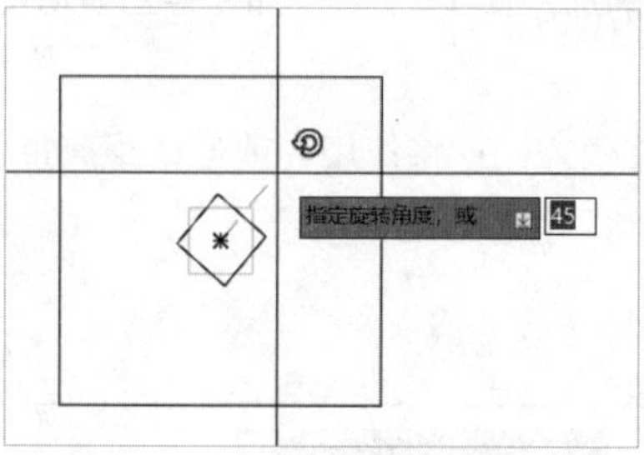

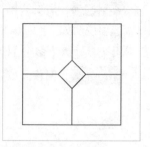

图 5-245

图 5-246

步骤6   输入偏移命令O，按Space键确认，如图5-247所示。

步骤7   输入偏移距离14，按Space键确认，如图5-248所示。

步骤8   选择要偏移的对象，如图5-249所示。

步骤9   指定要偏移的那一侧上的点，如图5-250所示。

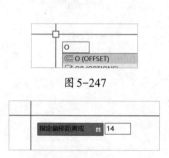

图 5-247

图 5-248

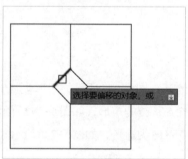

图 5-249

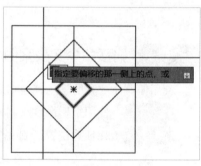

图 5-250

步骤10   选择偏移后的对象，继续往外侧偏移，如图5-251所示。

步骤11   再次偏移，如图5-252所示。

步骤12   修剪不要的对象，最终结果如图5-253所示。

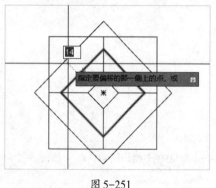

图 5-251

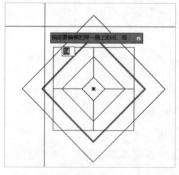

图 5-252

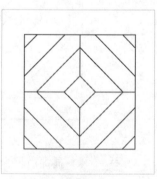

图 5-253

5.13 · 拉长命令

使用拉长命令，可以更改对象的长度和圆弧的包含角。

5.13.1 拉长命令执行方式

拉长命令的几种常见执行方式如下。

方式1：菜单栏。选择【修改】→【拉长】选项即可，如图5-254所示。

方式2：功能区。单击【默认】选项卡→【修改】面板→【拉长】按钮即可，如图5-255所示。

方式3：快捷键。输入拉长命令LEN，按Space键确认即可，如图5-256所示。

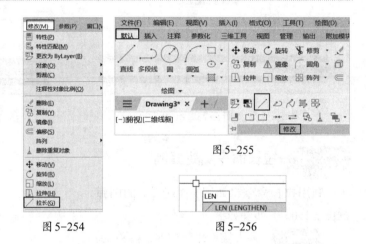

图 5-255

图 5-254

图 5-256

5.13.2 拉长命令操作步骤

拉长命令操作步骤如下。

步骤1　输入拉长命令LEN，按Space键确认，如图5-257所示。

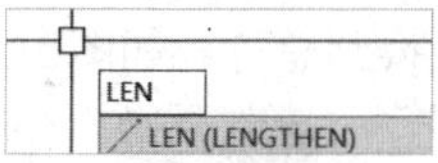

步骤2　提示选择要测量的对象，选择要测量的对象后，即可显示对象长度，如图5-258所示。

图 5-257

图 5-258

选项说明如下。

（1）增量：以指定的增量修改对象的长度，该增量从距离选择点最近的端点处开始测量。差值还可以指定的增量来修改圆弧的角度，该增量从距离选择点最近的端点处开始测量。正值扩展对象，负值修剪对象。

（2）百分比：通过指定对象总长度的百分比设定对象长度。

（3）总计：将对象从离选择点最近的端点拉长到指定值。

（4）动态：打开动态拖动模式。通过拖动选定对象的端点之一更改其长度，其他端点保持不变。

步骤3 再次按Space键，显示指定总长度，输入总长度，按Space键确认，如图5-259所示。选项说明如下。

角度：设定选定圆弧的包含角。

步骤4 选择需要修改的对象，即可拉长至设置的总长度，如图5-260所示。

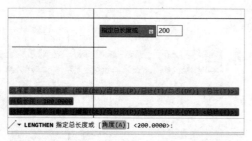

图5-259

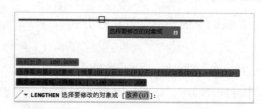

图5-260

5.13.3 拉长命令实战案例

利用拉长命令将如图5-261所示的圆弧拉长至150。其步骤如下。

步骤1 输入拉长命令LEN，按Space键确认，如图5-262所示。

步骤2 输入t，按Space键确认，切换到总计，如图5-263所示。

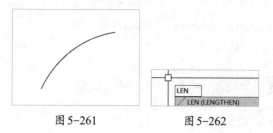

图5-261   图5-262

步骤3 输入150，按Space键确认，如图5-264所示。

图5-263

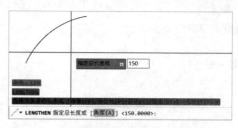

图5-264

步骤4 选择要修改的对象，即可将其拉长至150，如图5-265所示。最终结果如图5-266所示。

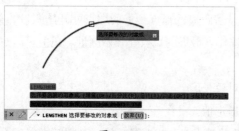

图5-265

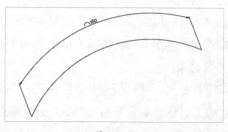

图5-266

5.14 对齐命令

使用对齐命令，可在二维和三维空间中将对象与其他对象对齐。

1. 对齐命令执行方式

常用的对齐命令执行方式有如下几种。

方式1：菜单栏。选择【修改】→【三维操作】→【对齐】选项即可，如图5-267所示。

方式2：功能区。单击【默认】选项卡→【修改】面板→【对齐】按钮即可，如图5-268所示。

方式3：快捷键。输入对齐命令AL，按Space键确认即可，如图5-269所示。

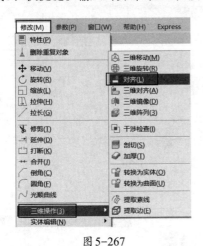

图 5-267

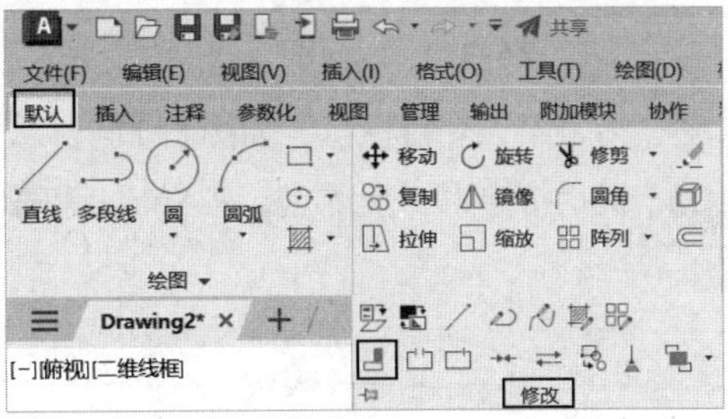

图 5-268

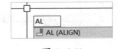

图 5-269

2. 对齐命令操作步骤

步骤1　执行对齐命令后提示选择对象，选择需要对齐的对象，按Space键确认，如图5-270所示。

步骤2　指定第一个源点，即需要对齐对象上的第一个点，如图5-271所示。

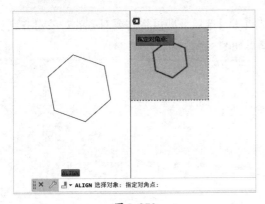

图 5-270

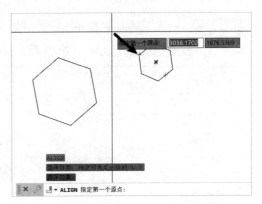

图 5-271

步骤3　指定第一个目标点，即对齐到对象上的第一点，如图5-272所示。

步骤4　指定第二个源点，如图5-273所示。

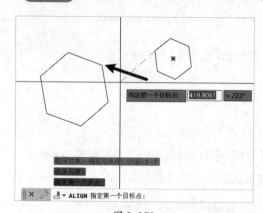

图 5-272　　　　　　　　　　　　　　　　图 5-273

步骤5　指定第二个目标点，如图5-274所示。

步骤6　提示指定第三个源点，按Space键确认，如图5-275所示。

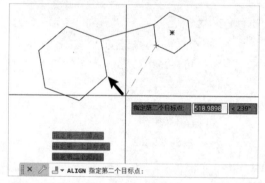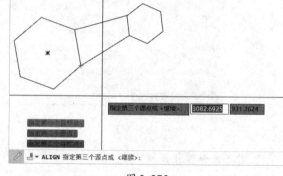

图 5-274　　　　　　　　　　　　　　　　图 5-275

温馨
提示
　　因为是平面图形两点即可对齐。

步骤7　提示是否基于对齐点缩放对象，选择【是】选项，即可将需要对齐的对象对齐到目标对象上，而且进行缩放，如图5-276所示。最终结果如图5-277所示。

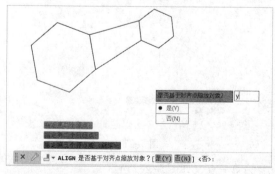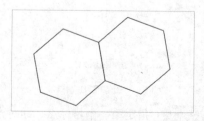

图 5-276　　　　　　　　　　　　　　　　图 5-277

5.15 打断命令

使用打断命令，可在两点之间打断对象。这两点可以是同一点，如果是同一点即为打断于点。

1. 打断命令执行方式

常见的打断命令执行方式有如下几种。

方式 1：菜单栏。选择【修改】→【打断】选项即可，如图 5-278 所示。

方式 2：功能区或工具栏。单击【默认】选项卡→【修改】面板→【打断】按钮即可，如图 5-279 所示；或单击修改工具栏中的【打断】按钮即可，如图 5-280 所示。

方式 3：快捷键。输入打断命令 BR，按 Space 键确认即可，如图 5-281 所示。

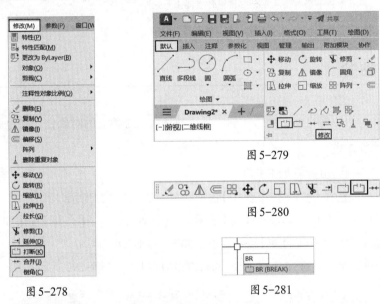

图 5-279

图 5-280

图 5-281

图 5-278

2. 打断命令操作步骤

步骤 1　执行打断命令后，提示选择对象，选择需要打断的对象，如图 5-282 所示。

步骤 2　提示指定第二个打断点，这时默认上一步选择的是第一个打断点。由于步骤 1 无法精确定位，因此这里输入 f，按 Space 键确认，切换到第一个点，如图 5-283 所示。

步骤 3　指定第一个打断点，如在从左往右 30 处，如图 5-284 所示。

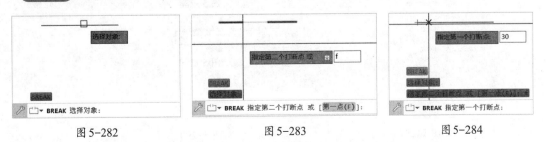

图 5-282　　　　　　图 5-283　　　　　　图 5-284

步骤4 指定第二个打断点，如在从左往右60处，如图5-285所示。

步骤5 最终结果如图5-286所示。

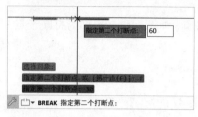

图5-285

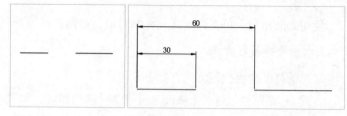

图5-286

温馨提示：如果第二个打断点和第一个打断点重合，该操作实际上等同于"打断于点"命令。

5.16 合并命令

使用合并命令，可以将直线、圆弧、椭圆弧、样条曲线等独立的对象合并成为一个对象。

1. 合并命令执行方式

常见的合并命令执行方式有如下几种。

方式1：菜单栏。选择【修改】→【合并】选项即可，如图5-287所示。

方式2：功能区或工具栏。单击【默认】选项卡→【修改】面板→【合并】按钮即可，如图5-288所示；或单击修改工具栏中的【合并】按钮即可，如图5-289所示。

方式3：快捷键。输入合并命令J，按Space键确认即可，如图5-290所示。

图5-287

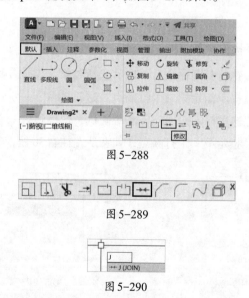

图5-288

图5-289

图5-290

2. 合并命令操作步骤

步骤1 执行合并命令后，选择需要合并的对象，按Space键确认，如图5-291所示。

步骤2 合并完成，结果如图5-292所示。

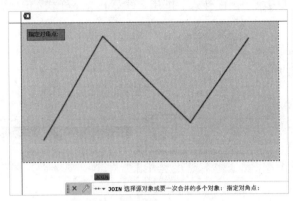

图 5-291　　　　　　　　　　　　　　图 5-292

5.17 · 复制嵌套对象命令

使用复制嵌套对象命令，可以复制包含在外部参照、块或DGN参考底图中的对象。

1. 复制嵌套对象命令执行方式

常见执行复制嵌套对象命令的方式有如下几种。

方式1：功能区。单击【默认】选项卡→【修改】面板→【复制嵌套对象】按钮即可，如图5-293所示。

方式2：快捷键。输入复制嵌套对象命令NC，按Space键确认即可，如图5-294所示。

2. 复制嵌套对象命令操作步骤

步骤1 执行复制嵌套对象命令后，提示选择要复制的嵌套对象，如图5-295所示。

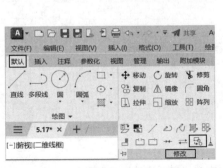

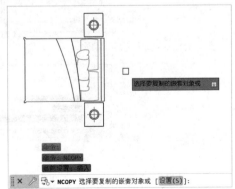

图 5-293　　　　　　图 5-294　　　　　　图 5-295

选项说明如下。

设置：控制与选定对象关联的命名对象是否会添加到图形中。

①插入：将选定对象复制到当前图层，而不考虑命名对象。此选项与 COPY 命令类似。

②绑定：将命名对象（如与复制的对象关联的块、标注样式、图层、线型和文字样式）包括到图形中。

步骤 2　选择要复制的对象，按 Space 键确认，如图 5-296 所示。

步骤 3　指定复制对象的基点，如图 5-297 所示。

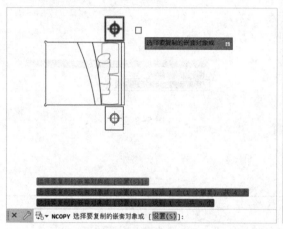

图 5-296　　　　　　　　　　　　图 5-297

选项说明如下。

（1）位移：指定从基点位置移动的相对距离和方向。

（2）多个：控制在指定其他位置时是否自动创建多个副本。

步骤 4　指定第二个点，即可将嵌套的对象复制出来，如图 5-298 所示。

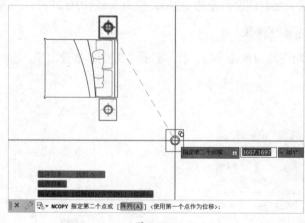

图 5-298

选项说明如下。

阵列：使用第一个和第二个副本作为间距，在线性阵列中排列指定数量的副本。

第**6**章

图纸更清楚：文本与表格使用详解

6.1 · 初识AutoCAD字体

文字注释是图纸中非常重要的一部分内容，AutoCAD不仅可以使用系统字体（.ttf字体），而且可以使用其专用字体（.shx字体），这些字体通常也称形文件。形文件通常分为两种：字体文件和符号形（Shapes）文件。字体文件又分为两种：常规字体（Unifont）文件和大字体（Bigfont）文件。

1. 常规字体文件

常规字体文件中包含了一些单字节的数字、字母和符号。如图6-1所示，在【文字样式】对话框中【字体名】处列出来的.shx格式的字体都是常规字体。如果要使用AutoCAD专用字体，必须先选择一种常规字体。

2. 大字体文件

大字体文件是针对中文、韩文、日文等双字节的文字而定制的字体文件。在【文字样式】对话框中必须在选择常规字体后选中【使用大字体】复选框，才能选择大字体文件，如图6-2所示。

图 6-1   图 6-2

3. 符号形文件

符号形文件中保存的是线型中使用的或是可以直接插入图形中的一些符号，这些字体无法在文字样式中使用。例如，ltypeshp.shx为线型用的形文件，gdt.shx为符号形，如图6-3所示。

图 6-3

6.2 · AutoCAD字体的安装

6.2.1 系统字体的安装

弹出AutoCAD【文字样式】对话框，【字体名】下拉列表中前面带有TT符号的就是Windows操作系统自带的TrueType字体，如图6-4所示。

如果【字体名】下拉列表中没有需要的系统字体，可以在C:\Windows\Fonts路径下，将tff字体拖入即可安装，如图6-5所示。

图 6-4

图 6-5

6.2.2 CAD字体的安装

由于汉字比较特殊，中文字体的设置和使用相较于其他字符系统更为复杂，加之国内对AutoCAD字体没有统一的规范，因此很多CAD二次开发商根据需求制作了很多字体，并且部分用户还可能修改了字体的名称，这导致了CAD字体数量不断增加，因此，在我们打开CAD图纸时，经常出现文字不显示或出现问号的情况。如果出现缺失字体，如何安装呢？

1. 方法 1

（1）解压下载的字体安装包，如图6-6所示。

（2）打开解压后的文件夹，按Ctrl+A组合键，选中所有扩展名为.shx的字体，执行复制操作，如图6-7所示。

图 6-6

图 6-7

（3）右击桌面AutoCAD 2024快捷方式，在弹出的快捷菜单中选择【打开文件所在的位置】选项，在弹出的对话框中找到Fonts文件夹并打开，如图6-8和图6-9所示。

图 6-8

图 6-9

（4）在空白处右击，粘贴之前复制的字体，如图6-10所示。

（5）如出现重复，则在打开的【替换或跳过文件】窗口中选择【替换目标中的文件】即可，字体安装完成，重启AutoCAD即可，如图6-11所示。

图 6-10

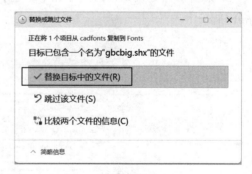

图 6-11

2. 方法2

（1）将解压后的字体文件夹放在固定位置，复制字体文件夹路径，如图6-12所示。

（2）打开AutoCAD，输入OP，按Space键确认，如图6-13所示。

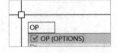

图 6-12 图 6-13

（3）弹出【选项】对话框，单击【搜索路径、文件名和文件位置】列表框中【支持文件搜索路径】前的+号，单击【添加】按钮，如图 6-14 所示。

（4）粘贴前面复制的解压后的字体文件夹路径，如图 6-15 所示。

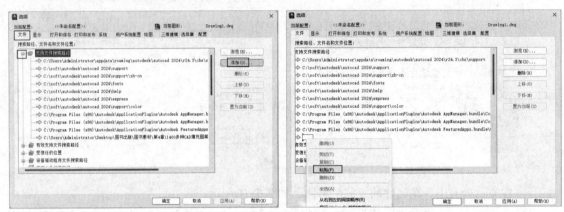

图 6-14 图 6-15

（5）单击空白处确认，然后单击【确定】按钮，字体即安装完成，重启 AutoCAD 即可，如图 6-16 所示。

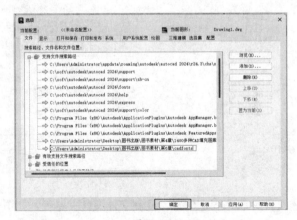

图 6-16

6.3 · 文字样式

所有AutoCAD图形中的文字都有对应的文字样式，在输入文字前，都需要先设置文字样式，再在该样式下输入文字。

执行文字样式命令的方式有如下几种。

方式1：菜单栏。选择【格式】→【文字样式】选项即可，如图6-17所示。

方式2：功能区或工具栏。单击【默认】选项卡→【注释】面板→【文字样式】按钮即可，如图6-18所示；或单击注释工具栏中的【文字样式】按钮即可，如图6-19所示。

图 6-17 　　　　　　　　　　　　　　图 6-18

方式3：快捷键。输入文字样式命令ST，按Space键确认即可，如图6-20所示。

执行文字样式命令后，弹出【文字样式】对话框，如图6-21所示。

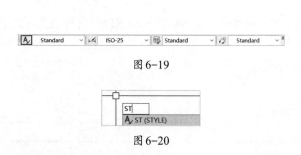

图 6-19

图 6-20 　　　　　　　　　　　　　　图 6-21

选项说明如下。

（1）当前文字样式：显示当前正在使用的文字样式。

（2）样式：显示图形中的样式列表。样式名前的 ▉ 图标指示样式为注释性。

（3）样式列表过滤器：指定所有样式还是仅使用中的样式显示在样式列表中。

（4）预览：显示随着字体和效果的修改而动态更改的样例文字。

（5）字体：更改样式的字体。

①字体名：列出所有系统已安装的tff字体和AutoCAD已安装的shx字体。

②字体样式：指定字体格式，如斜体、粗体或常规字体。选中【使用大字体】复选框后，该选项将变为【大字体】，用于选择大字体文件。

③使用大字体：指定亚洲语言的大字体文件。只有shx文件可以创建"大字体"。

（6）大小：更改文字的大小。

①注释性：指定文字为注释性。注释性对象和样式用于控制注释对象在模型空间或布局中显示的尺寸和比例。

②使文字方向与布局匹配：指定图纸空间视口中的文字方向与布局方向匹配。如果未选中【注释性】复选框，则该复选框不可用。

③高度：根据输入的值设置文字高度。输入大于 0.0 的高度将自动为此样式设置文字高度；如果输入 0.0，则文字高度将默认为上次使用的文字高度，或使用存储在图形样板文件中的值。

在相同的高度设置下，TrueType 字体显示的高度可能会小于 shx 字体显示的高度。

如果选中了【注释性】复选框，则输入的值将设置为图纸空间中的文字高度。

（7）效果：修改字体的特性，如宽度因子、倾斜角度、颠倒、反向或垂直。

①颠倒：颠倒显示字符。

②反向：反向显示字符。

③垂直：显示垂直对齐的字符。只有在选定字体支持双向时【垂直】复选框才可用。TrueType 字体的垂直定位不可用。

④宽度因子：设置字符间距。输入小于 1.0 的值将压缩文字，输入大于 1.0 的值则扩大文字。

⑤倾斜角度：设置文字的倾斜角。输入 −85°～ +85° 的值将使文字倾斜。

（8）置为当前：将在【样式】列表框中选择的样式设定为当前。

（9）新建：弹出【新建文字样式】对话框并自动提供默认名称。

（10）删除：删除未使用文字样式。

（11）应用：将【文字样式】对话框中所做的样式更改应用到当前样式和图形中具有当前样式的文字。

设置完成之后，即可在输入文字时使用该样式。

6.4 · 文字标注

AutoCAD 中通常可以创建两种不同类型的字体，即单行文字和多行文字，其中单行文字通常用来输入一些不需要多种字体的短内容；多行文字通常用来输入一些复杂的内容，如说明性文字。

6.4.1 单行文字标注

使用单行文字命令可以创建一行或多行文字，其中每行文字都是独立的对象，可对其进行移动、格式设置或其他修改。常见的执行单行文字命令的方式有以下几种。

方式1：菜单栏。选择【绘图】→【文字】→【单行文字】选项即可，如图6-22所示。

方式2：功能区或工具栏。单击【默认】选项卡→【注释】面板→【文字】下拉按钮，在打开的下拉列表中选择【单行文字】选项即可，如图6-23所示；或单击文字工具栏中的【单行文字】按钮即可，如图 6-24 所示。

图 6-22　　　　　　　　　　　　　　　　　　图 6-23

方式 3：快捷键。输入单行文字命令 DT，按 Space 键确认即可，如图 6-25 所示。

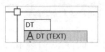

图 6-24　　　　　　　　　　　　　　　图 6-25

执行单行文字命令后，提示指定文字的起点，如图 6-26 所示。

选项说明如下。

（1）对正：控制文字的对正方式，选项包括 [左 (L)/ 居中 (C)/ 右 (R)/ 对齐 (A)/ 中间 (M)/ 布满 (F)/ 左上 (TL)/ 中上 (TC)/ 右上 (TR)/ 左中 (ML)/ 正中 (MC)/ 右中 (MR)/ 左下 (BL)/ 中下 (BC)/ 右下 (BR)]。

当文字水平排列时，各种对齐方式如图 6-27 所示，图中大写字母对应上述各命令。

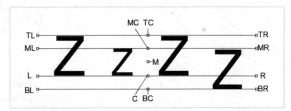

图 6-26　　　　　　　　　　　　　　　图 6-27

（2）样式：指定文字样式。创建文字时默认使用当前文字样式。

指定一点为起点，提示指定高度，默认为 2.5，可以自己输入，也可以在【文字样式】对话框中提前设置好，如图 6-28 所示。

提示指定文字的旋转角度，默认为 0，直接按 Space 键确认，如图 6-29 所示。

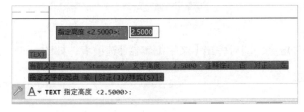

图 6-28　　　　　　　　　　　　　　　图 6-29

输入文字，如图 6-30 所示。

按Enter键可换行，如图6-31所示。

单击任意位置，可重新输入，如图6-32所示。

双击Enter键，可退出输入状态，如图6-33所示。

AutoCAD2024	 AutoCAD2024 周站长	AutoCAD2024 周站长 教程	 AutoCAD2024 周站长 教程
图6-30	图6-31	图6-32	图6-33

6.4.2　多行文字标注

使用多行文字命令，可以将若干文字段落创建为单个多行文字对象。使用内置编辑器，可以格式化文字外观、列和边界。常用的执行多行文字命令的方式有如下几种。

方式1：菜单栏。选择【绘图】→【文字】→【多行文字】选项即可，如图6-34所示。

方式2：功能区或工具栏。单击【默认】选项卡→【注释】面板→【文字】下拉按钮，在打开的下拉列表中选择【多行文字】选项即可，如图6-35所示；或单击文字工具栏中的【多行文字】按钮即可，如图6-36所示。

方式3：快捷键。输入多行文字命令T，按Space键确认即可，如图6-37所示。

图6-34

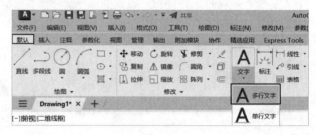

图6-35

图6-36

图6-37

执行文字命令后，指定输入文字的第一点和对角点，即可弹出【文字编辑器】选项卡，如图6-38所示。

温馨提示　在【文字编辑器】选项卡中，可以从文字样式、格式、段落、插入、拼写检查、工具、选项等几个方面对文字进行设置。

输入文字，对文字样式、格式等进行设置即可，如图6-39所示。

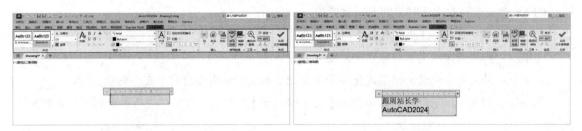

图6-38   图6-39

温馨
提示   如果没有弹出【文字编辑器】选项卡，则显示【文字格式】工具栏，与【文字编辑器】选项卡效果等同，如
图6-40所示。

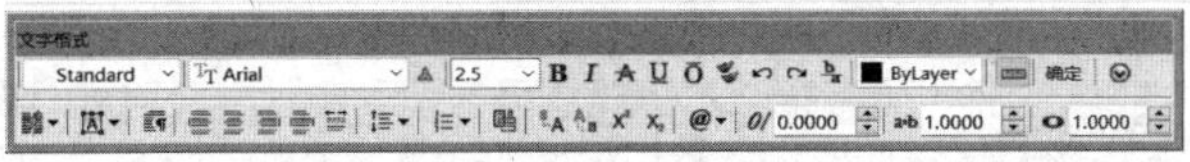

图6-40

6.5 · 文本编辑

在AutoCAD 2024中，文字创建后就可以对文字进行编辑。可以通过以下方式打开【文字编辑器】选项卡。

方式1：菜单栏。选择【修改】→【对象】→【文字】→【编辑】选项即可，如图6-41所示。

方式2：工具栏。单击文字工具栏中的【文字编辑】按钮即可，如图6-42所示。

方式3：快捷键。输入文字编辑命令ED，按Space键确认即可，如图6-43所示。

双击需要编辑的文字，如图6-44所示。

通过以上任何一种方式执行文字编辑后，提示选择注释对象，如图6-45所示。

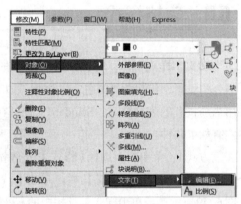

图6-41

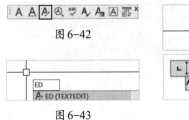

图6-42

图6-43

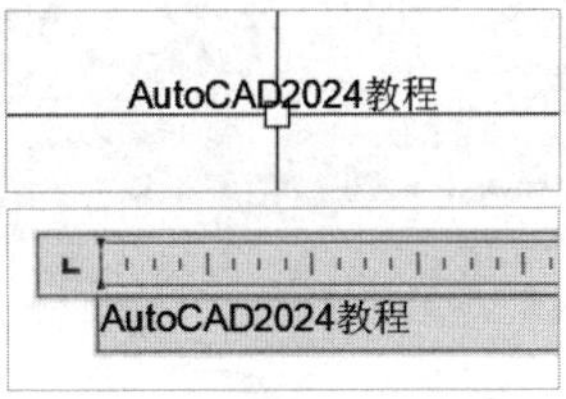

图6-44

图6-45

选项说明如下。

（1）放弃：放弃对文字对象的上一个更改。

（2）模式：控制是否自动重复命令。

①单一：修改选定的文字对象一次，结束命令。

②多个：进入多个模式，该模式允许用户在命令持续时间内编辑多个文字对象。

如果是多行文字，选择之后即可进入【文字编辑器】选项卡，对文字进行编辑即可，如图6-46所示。

图6-46

如果是单行文字，则系统会深选该文本，可对其进行修改，如图6-47所示。

图6-47

6.6 · 表格样式

和文字样式一样，所有AutoCAD中的表格都有与其对应的表格样式。表格样式用来进行表格的一些设置，包括背景颜色、页边距、边界、文字和其他表格特征等。当插入表格时，系统默认使用当前设置的表格样式：Standard，也可在新建表格时创建新的表格样式。常用的表格样式创建方式有如下几种。

方式1：菜单栏。选择【格式】→【表格样式】选项即可，如图6-48所示。

方式2：功能区或工具栏。单击【默认】选项卡→【注释】面板→【表格样式】按钮即可，如图6-49所示；或单击样式工具栏中的【表格样式】按钮即可，如图6-50所示。

图6-48

图6-49

方式3：快捷键。输入创建表格样式命令TS，按Space键确认即可，如图6-51所示。

图 6-50　　　　　　　　　　　　　　　　　图 6-51

执行任一种表格样式创建方式之后，弹出【表格样式】对话框，如图6-52所示。在该对话框中可对所选样式进行修改或新建样式，单击【新建】按钮，如图6-53所示。

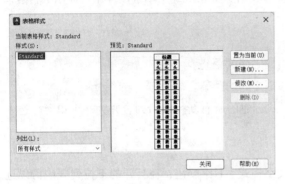
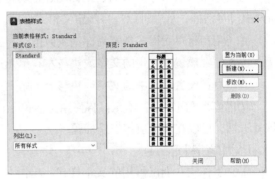

图 6-52　　　　　　　　　　　　　　　　　图 6-53

弹出【创建新的表格样式】对话框，输入新样式名，单击【继续】按钮，如图6-54所示。

选项说明如下。

基础样式：指定新表格样式要采用其设置作为新表格样式的默认设置。

弹出【新建表格样式：表格样式1】对话框，如图6-55所示。

选项说明如下。

（1）起始表格：用户可以在图形中指定一个表格用作样例，以设置此表格的样式。选择表格后，可以指定要从该表格复制到表格样式的结构和内容。单击【删除表格】按钮，可以将表格从当前指定的表格样式中删除。

（2）表格方向：设置表格方向。其中【向下】表示将创建由上而下读取的表格；【向上】表示将创建由下而上读取的表格。

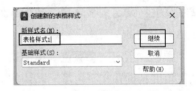

图 6-54

图 6-55

①向下：标题行和列标题行位于表格的顶部。单击【插入行】并单击【下】时，将在当前行的下面插入新行。

②向上：标题行和列标题行位于表格的底部。单击【插入行】并单击【上】时，将在当前行的上面插入新行。

（3）预览：显示当前表格样式设置效果的样例。

（4）单元样式：定义新的单元样式或修改现有单元样式。

（5）【常规】选项卡。

①填充颜色：指定单元的背景色，默认值为【无】。

②对齐：设置表格单元中文字的对正和对齐方式。文字相对于单元的顶部边框和底部边框可以进行居中对齐、上对齐或下对齐，文字相对于单元的左边框和右边框进行居中对正、左对正或右对正。

③格式：为表格中的数据、列标题、标题行设置数据类型和格式。单击该按钮将显示【表格单元格式】对话框，从中可以进一步定义格式选项。

④类型：将单元样式指定为标签或数据。

⑤水平：设置单元中的文字或块与左右单元边框之间的距离。

⑥垂直：设置单元中的文字或块与上下单元边框之间的距离。

⑦创建行/列时合并单元：将使用当前单元样式创建的所有新行或新列合并为一个单元。选中该复选框，可以在表格顶部创建标题行。

（6）【文字】选项卡。

①文字样式：列出可用的文本样式。单击【文字样式】下拉按钮，在打开的下拉列表中可以选择创建或修改文字样式。

②文字高度：设定文字高度。数据和列标题单元的默认文字高度为0.1800，表标题的默认文字高度为0.25。

③文字颜色：指定文字颜色。单击列表底部的【选择颜色】按钮，可弹出【选择颜色】对话框。

④文字角度：设置文字角度。默认的文字角度为0°。可以输入−359°～+359°的任意角度。

（7）【边框】选项卡。

①线宽：单击【边界】按钮，可以设置将要应用于指定边界的线宽。如果使用粗线宽，则必须增加单元边距。

②线型：设定要应用于用户所指定的边框的线型。选择【其他】选项，可加载自定义线型。

③颜色：单击【边界】按钮，可设置将要应用于指定边界的颜色。单击【选择颜色】按钮，可弹出【选择颜色】对话框。

④双线：将表格边界显示为双线。

⑤间距：确定双线边界的间距，默认间距为0.1800。

⑥边框按钮：控制单元边框的外观。边框特性包括栅格线的线宽和颜色。

⑦所有边界：将边框特性设置应用于所有边框。

⑧外部边界：将边框特性设置应用于外边框。

⑨内部边界：将边框特性设置应用于内边框。

⑩底部边界：将边框特性设置应用于底部边框。

⑪左边界：将边框特性设置应用于左边框。

⑫上边界：将边框特性设置应用于上边框。

⑬右边界：将边框特性设置应用于右边框。

⑭无边界：隐藏边框。

（8）单元样式预览：显示当前表格样式设置效果的样例。

对其进行设置之后，单击【确定】按钮，如图6-56所示。

至此表格样式新建完成，之后创建表格时即可调用该样式。单击【关闭】按钮，如图6-57所示。

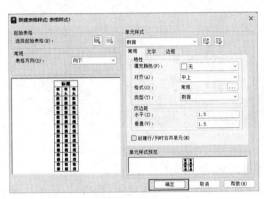

图 6-56

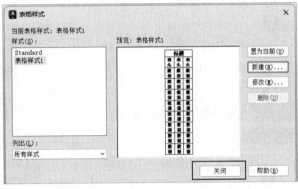

图 6-57

6.7 · 表格创建

设置好表格样式之后，就可以通过设置好的表格样式创建表格。常用的创建表格方式有如下
几种。

方式1：菜单栏。选择【绘图】→【表格】选项即可，如图6-58所示。

方式2：功能区或工具栏。单击【默认】选项卡→【注释】面板→【表格】按钮即可，如图6-59
所示；或单击绘图工具栏中的【表格】按钮即可，如图6-60所示。

方式3：快捷键。输入创建表格命令TB，按Space键确认即可，如图6-61所示。

图 6-58

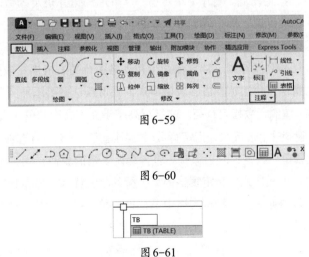

图 6-59

图 6-60

图 6-61

执行以上任一种表格创建方式后，弹出【插入表格】对话框，如图6-62所示。

选项说明如下。

（1）表格样式：用户可以从当前图形中可用的表格样式列表中选择表格样式。通过单击【表格样式】右侧按钮，用户可以创建新的表格样式。

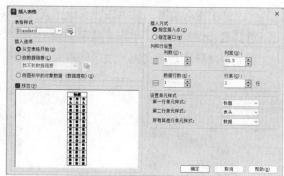

图6-62

（2）插入选项：指定插入表格的方式。

①从空表格开始：创建可以手动填充数据的空表格。

②自数据链接：从外部电子表格中的数据创建表格。

③自图形中的对象数据（数据提取）：启动【数据提取】向导。

（3）预览：控制是否显示预览。如果从空表格开始，则预览将显示表格样式的样例；如果创建表格链接，则预览将显示结果表格。当处理大型表格时，应取消选中【预览】复选框，以提高性能。

（4）插入方式：指定表格位置。

①指定插入点：指定表格左上角的位置。可以使用定点设备，也可以在命令提示下输入坐标值。如果表格样式将表格的方向设定为由下而上读取，则插入点位于表格的左下角。

②指定窗口：指定表格的大小和位置。可以使用定点设备，也可以在命令提示下输入坐标值。选中此单选按钮时，行数、列数、列宽和行高取决于窗口的大小及列和行的设置。

（5）列和行设置：设置列和行的数目及大小。

①列数：指定列数。选中【指定窗口】单选按钮并指定列宽时，则选定了【自动】选项，且列数由表格的宽度控制。如果已指定包含起始表格的表格样式，则可以选择要添加到此起始表格的其他列的数量。

②列宽：指定列宽。选中【指定窗口】单选按钮并指定列数时，则选定了【自动】选项，且列宽由表格的宽度控制。最小列宽为一个字符。

③数据行数：指定数据行数。选中【指定窗口】单选按钮并指定行高时，则选定了【自动】选项，且行数由表格的高度控制。带有标题行和表格头行的表格样式最少应有3行，最小行高为一个文字行。如果已指定包含起始表格的表格样式，则可以选择要添加到此起始表格的其他数据行的数量。

④行高：按照行数指定行高。文字行高基于文字高度和单元边距，这两项均在表格样式中设置。选中【指定窗口】单选按钮并指定行数时，则选定了【自动】选项，且行高由表格的高度控制。

（6）设置单元样式：对于那些不包含起始表格的表格样式，应指定新表格中行的单元格式。

①第一行单元样式：指定表格中第一行的单元样式。默认情况下，使用标题单元样式。

②第二行单元样式：指定表格中第二行的单元样式。默认情况下，使用表头单元样式。

③所有其他行单元样式：指定表格中所有其他行的单元样式。默认情况下，使用数据单元样式。

设置好后单击【确定】按钮，指定表格插入点，如图6-63所示。

插入后会默认激活第一个单元格并弹出【文字编辑器】选项卡，输入内容后，按Enter键确认，进入下一个单元格，也可以按上下左右键切换进行单元格输入，如图6-64所示。

图 6-63

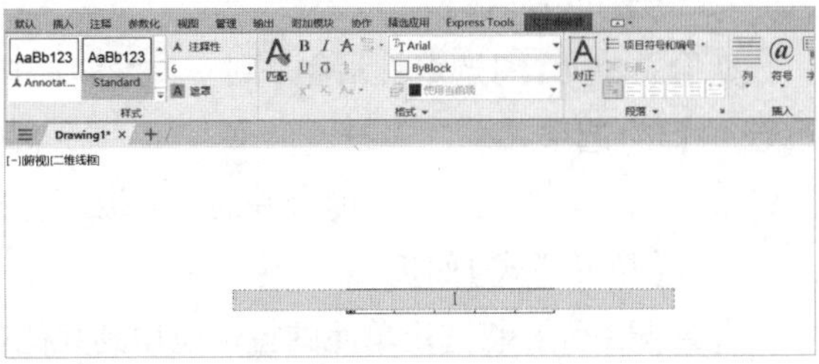

图 6-64

如果不需要输入内容，则按两次Esc键退出或单击表格外空白处退出，如图6-65所示。

退出后，如果需要再次在单个单元格内输入内容，则单击单元格后按Space键，即可进入输入状态，或双击单元格进入输入状态，如图6-66所示。

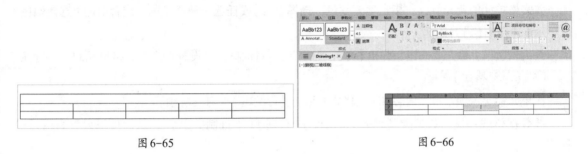

图 6-65

图 6-66

6.8 · 表格编辑

表格创建之后，可以对表格的行、列进行操作，如插入、删除等；也可对表格的单元格进行设置，如单元格的合并、单元格样式和格式的设置等。

如果需要编辑表格，则单击表格中的单元格，即可弹出【表格单元】选项卡，如图6-67所示。选项说明如下。

（1）【行】面板。

①从上方插入：在当前选定单元或行的上方插入行。

②从下方插入：在当前选定单元或行的下方插入行。

③删除行：删除当前选定行。

（2）【列】面板。

①从左侧插入：在当前选定单元或行的左侧插入列。

图 6-67

②从右侧插入：在当前选定单元或行的右侧插入列。

③删除列：删除当前选定列。

（3）【合并】面板。

①合并单元：将选定单元合并到一个大单元中。其下拉列表中包含【合并全部】【按行合并】【按列合并】3个选项。

②取消合并单元：对之前合并的单元取消合并。

（4）【单元样式】面板。

①匹配单元：将选定单元的特性应用到其他单元。

②对齐：对单元内的内容指定对齐。内容相对于单元的顶部边框和底部边框进行居中对齐、上对齐或下对齐，内容相对于单元的左侧边框和右侧边框居中对齐、左对齐或右对齐。

③表格单元样式：列出包含在当前表格样式中的所有单元样式。单元样式标题、表头和数据通常包含在任意表格样式中且无法删除或重命名。

④表格单元的背景颜色：指定填充颜色。选择【无】或任选一种背景色，或者单击【选择颜色】以显示【选择颜色】对话框。

⑤编辑边框：单击此按钮，弹出【单元边框特性】对话框，可设置选定的表格单元的边界特性。

（5）【单元格式】面板。

①单元锁定：锁定单元内容和/或格式（无法进行编辑）或对其解锁。

②数据格式：显示数据类型列表（【角度】【日期】【十进制数】等），从而可以设置表格行的格式。

（6）【插入】面板。

①块：单击此按钮，弹出【插入】对话框，从中可将块插入当前选定的表格单元中。

②字段：单击此按钮，弹出【字段】对话框，从中可将字段插入当前选定的表格单元中。

③公式：将公式插入当前选定的表格单元中。公式必须以等号(＝)开始。用于求和、求平均值和计数的公式将忽略空单元及未解析为数值的单元。如果在算术表达式中的任何单元为空，或者包含非数字数据，则其他公式将显示错误(#)。

④管理单元内容：显示选定单元的内容。可以更改单元内容的次序及单元内容的显示方向。

（7）【数据】面板。

①链接单元：单击此按钮，弹出【新建和修改 Excel 链接】对话框，从中可将数据从在 Microsoft Excel 中创建的电子表格链接至图形中的表格。

②从源下载：更新由已建立的数据链接中的已更改数据参照的表格单元中的数据。

6.9 · 特殊符号输入

在文本标注过程中，有时需要输入一些特殊符号或标记，如直径符号、上下标等。常用的特色符号和标记输入方法如下。

1. 输入上下标

例如，输入平方米，需要在多行文字中输入"m2"，选中"2"，单击【文件编辑器】选项卡→【格式】面板→【上标】按钮即可，如图6-68所示。

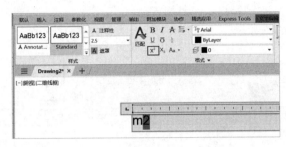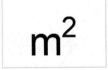

图6-68

如果输入下标，则需要选中下标，单击【文件编辑器】选项卡→【格式】面板→【下标】按钮即可，如图6-69所示。

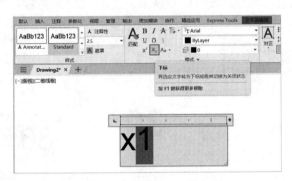

图6-69

2. 输入分数

例如，输入 $\frac{1}{2}$，只需要在文本框中输入"1/2"并选中，单击【文字编辑器】选项卡→【格式】面板→【堆叠】按钮即可，如图6-70所示。

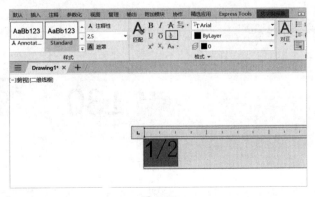

图6-70

如果输入 $\frac{1}{2}$ ，只需要在文本框中输入"1#2"并选中，单击【文字编辑器】选项卡→【格式】面板→【堆叠】按钮即可，如图6-71所示。

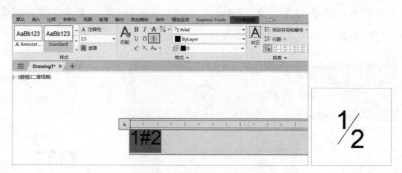

图 6-71

3. 输入度数

例如，输入30°，只需要在文本框中输入"30"，单击【文字编辑器】选项卡→【符号】下拉按钮，在打开的下拉列表中选择【度数】选项即可，如图6-72所示；或在"30"后面输入"%%d"，也可以自动输入度数符号，如图6-73所示。

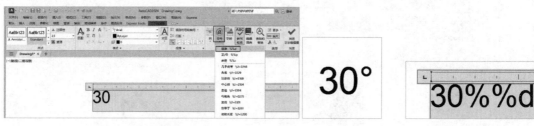

图 6-72　　　　　　　　　　　　　　　　　　　　图 6-73

4. 输入正负号

例如，输入 ±30，只需要将光标放在"30"前面，单击【文字编辑器】选项卡→【符号】→【正/负】选项即可，如图6-74所示；或在"30"前面输入"%%p"，也可以自动输入正负号，如图6-75所示。

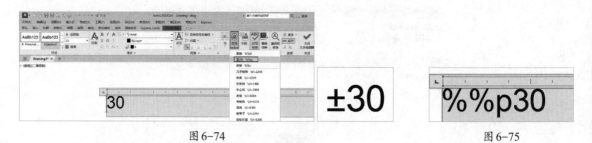

图 6-74　　　　　　　　　　　　　　　　　　　　图 6-75

5. 输入直径符号

有时需要在某个尺寸前面加上直径符号，如图6-76所示，则可双击尺寸，进入【文字编辑器】

选项卡，单击【符号】下拉按钮，在打开的下拉列表中选择【直径】选项，如图6-77所示；或在尺寸前面输入"%%c"，如图6-78所示。

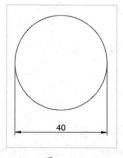
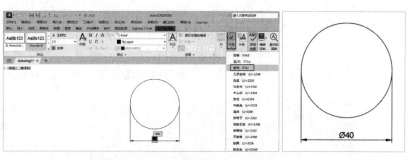

图 6-76　　　　　　　　　　　　　　　　　　　　　图 6-77

6. 输入公差

例如，为直径40的圆加上正公差0.02，负公差0.01，如图6-79所示。

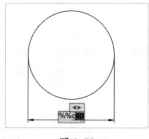
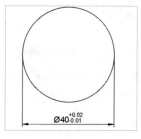

图 6-78　　　　　　　　　　　　　　　　　　　　　图 6-79

双击标注进入编辑状态，在"40"后面输入"+0.02^-0.01"，选中"+0.02^-0.01"，单击【堆叠】按钮即可，如图6-80所示。

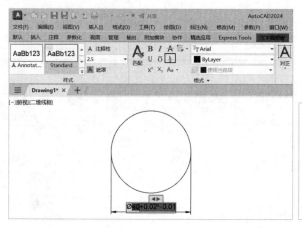
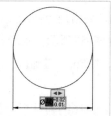
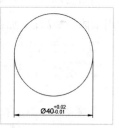

图 6-80

7. 输入钢筋符号

首先安装tssdeng.shx字体，完成后打开AutoCAD，输入文字样式命令ST，按Space键确认，如

图6-81所示。

图6-81

弹出【文字样式】对话框，将字体名改成tssdeng.shx字体，单击【应用】按钮，如图6-82所示。

如果使用的是单行文字，则输入DT，按Space键确认，如图6-83所示。

输入"%%130"，代表一级钢筋符号；输入"%%131"，代表二级钢筋符号；输入"%%132"代表三级钢筋符号；输入"%%133"，代表四级钢筋符号，如图6-84所示。

图6-82

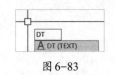

图6-83

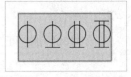

图6-84

如果使用的是多行文字，则输入T，按Space键确认，如图6-85所示。输入"\u+0082"，代表一级钢筋符号；输入"\u+0083"，代表二级钢筋符号；输入"\u+0084"，代表三级钢筋符号；输入"\u+0085"，代表四级钢筋符号，如图6-86所示。

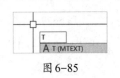

图6-85

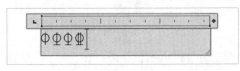

图6-86

6.10 文字与表格实战案例

利用表格和文字命令绘制表格，要求表格标题使用宋体、字高6、加粗，表格内容使用宋体、字高4.5，所有文字居中，如图6-87所示。其步骤如下。

步骤1 输入TB，按Space键确认，如图6-88所示。

步骤2 弹出【插入表格】对话框，设置列数为6，数据行数为7，单元样式全部为数据，单击【确定】按钮，如图6-89所示。

步骤3 指定表格插入点，如图6-90所示。

图层分类	图层名称	颜色	线型	打印线宽	备注
系统图层	0	255	CON	0.18	
	Defpoints	001	CON	不打印	视口或不需要打印的线
其他图层	尺寸标注	232	CON	0.18	通常仅用于布局空间的尺寸标注或模型空间不需要根据图纸分类显示的尺寸标注
	基础引线	040	CON	0.18	所有基础引线
	图框	135	CON	0.25	与图框有关的内容
	文字	040	CON	0.18	文字标注、说明、主材索引、物料索引、标高等
	区域文字	040	CON	0.18	总区及功能文字标注
	索引符号	044	CON	0.18	立面、剖面、大样、门、区域索引符号等、剖面线、墙体转折符号等

图6-87

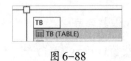

图6-88

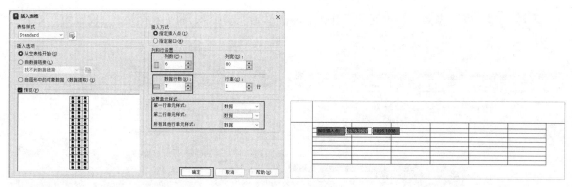

图 6-89　　　　　　　　　　　　　　　　　　图 6-90

步骤4　框选左边第2、3个单元格，弹出【表格单元】选项卡，单击【合并】面板→【合并单元】下拉按钮，在打开的下拉列表中选择【合并全部】选项，如图6-91所示。

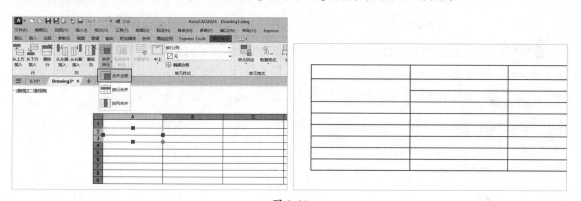

图 6-91

步骤5　同理，合并左边第4～9个单元格，如图6-92所示。

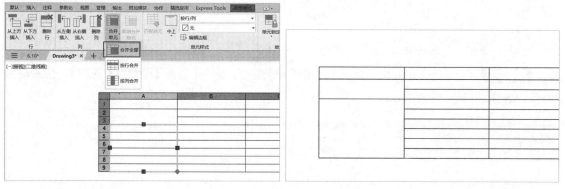

图 6-92

步骤6　双击单元格进入编辑状态，在弹出的【文字编辑器】选项卡中，设置字高为6、加粗、宋体，输入文字"图层分类"，如图6-93所示。

步骤7　同理，通过上下左右键切换至其他单元格，输入其他标题文字，最终结果如图6-94所示。

步骤8　框选表格内容单元格，弹出【表格单元】选项卡，将【数据格式】设置为【文字】，如图6–95所示。

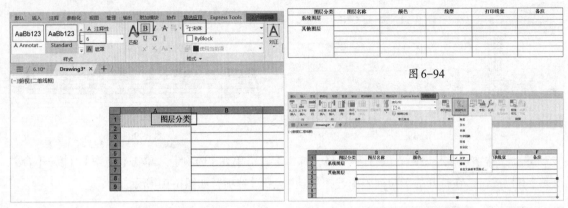

图6–93

图层分类	图层名称	颜色	线型	打印线宽	备注
系统图层					
其他图层					

图6–94

图6–95

步骤9　双击需要输入表格内容的单元格，在弹出的【文字编辑器】选项卡中设置字高为4.5，字体为宋体，输入文字，如图6–96所示。

步骤10　通过上下左右键在其他单元格输入文字，最终结果如图6–97所示。

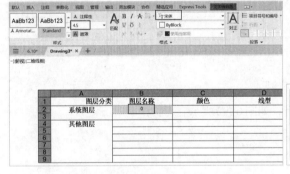

图6–96

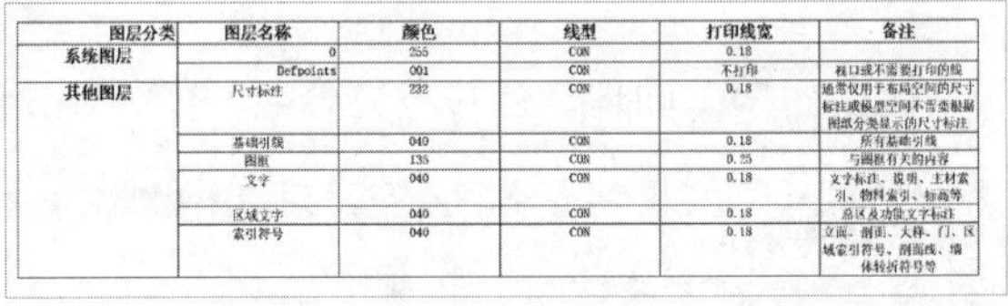

图6–97

步骤11　框选所有单元格，弹出【表格单元】选项卡，将【对齐】设置为【正中】，如图6–98所示，最终结果如图6–99所示。

图6–98

图层分类	图层名称	颜色	线型	打印线宽	备注
系统图层	0	255	CON	0.18	
	Defpoints	001	CON	不打印	视口或不需要打印的线
其他图层	尺寸标注	232	CON	0.18	通常仅用于布局空间的尺寸标注或模型空间不需要根据图纸分类显示的尺寸标注
	基础引线	040	CON	0.18	所有基础引线
	图框	135	CON	0.25	与图框有关的内容
	文字	040	CON	0.18	文字标注、说明、主材索引、物料索引、标高等
	区域文字	040	CON	0.18	总区及功能文字标注
	索引符号	040	CON	0.18	立面、剖面、大样、门、区域索引符号、剖面线、墙体转折符号等

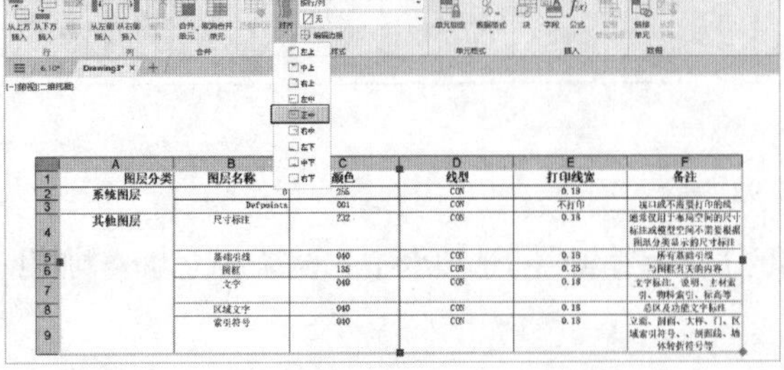

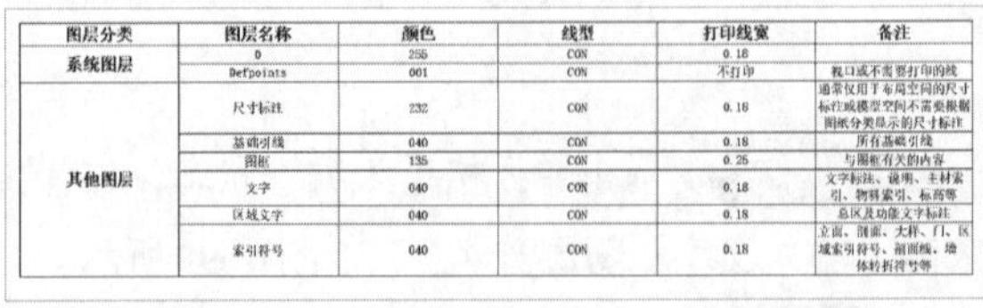

图6–99

第7章

图纸好坏的关键：尺寸与标注使用详解

7.1 · 尺寸标注简介

图纸中的尺寸标注是加工或施工的重要依据，标注不全、不清楚、乱标的图纸就是一张废纸。

以机械图纸为例，好的标注一定是根据加工要求、加工工艺和实际情况等决定的。注意，并不是尺寸精度越高越好，精度越高相对应的成本越高，甚至可能加工不出来，总之适合最好。

尺寸标注由尺寸线、尺寸界线、尺寸文本和尺寸箭头组成（图7-1），不同的标注设置呈现不同的形态。尺寸标注以什么形态呈现取决于所采用的尺寸标注样式。所以，在标注之前，一般会先设置好标注样式，然后用设置好的标注样式进行标注。

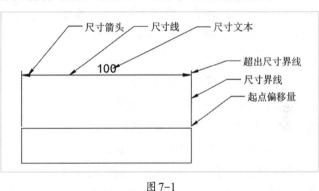

图 7-1

7.2 · 标注样式

在进行尺寸标注前，首先需要创建标注样式，使用标注样式可以让标注清晰、直观地展现。常用的执行标注样式命令的方式有如下几种。

方式1：菜单栏。选择【格式】→【标注样式】选项即可，如图7-2所示。

方式2：功能区或工具栏。单击【默认】选项卡→【注释】面板→【标注样式】按钮即可，如图7-3所示；或单击标注工具栏中的【标注样式】按钮即可，如图7-4所示。

方式3：快捷键。输入标注样式命令D，按Space键确认即可，如图7-5所示。

图 7-2

图 7-3

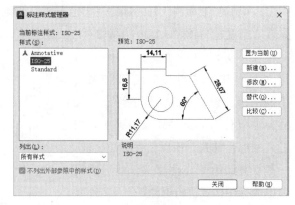

图 7-4

图 7-5

执行以上任意一种方式后，弹出【标注样式管理器】对话框，在该对话框中可以查看标注样式、新建标注样式、修改标注样式、重命名与删除标注样式等，如图 7-6 所示。

选项说明如下。

（1）当前标注样式：显示当前标注样式的名称。选择 cadiso.dwt 模板，新建默认标注样式为 ISO-25。当前样式将应用于所创建的标注。

（2）样式：列出图形中的标注样式，当前样式被亮显。在列表框中右击，在弹出的快捷

图 7-6

菜单中选择相应选项，可设置当前标注样式、重命名样式和删除样式。不能删除当前样式或当前图形使用的样式。样式名前的 ▦ 图标指示样式为注释性。

（3）列出：控制【样式】列表框中样式的显示。如果要查看图形中所有的标注样式，则应选择【所有样式】选项；如果只希望查看图形中标注当前使用的标注样式，则应选择【正在使用的样式】选项。

（4）不列出外部参照中的样式：如果选中此复选框，则在【样式】列表框中将不显示外部参照图形的标注样式。

（5）预览：显示【样式】列表框中选定样式的图示。

（6）说明：说明【样式】列表框中与当前样式相关的选定样式。如果说明超出给定的空间，可以单击窗格并使用箭头键向下滚动。

（7）置为当前：将在【样式】列表框中选定的标注样式设定为当前标注样式。当前样式将应用于所创建的标注。

（8）新建：弹出【创建新标注样式】对话框，从中可以定义新的标注样式。

（9）修改：弹出【修改标注样式】对话框，从中可以修改标注样式。该对话框中的选项与【新建标注样式】对话框中的选项相同。

（10）替代：弹出【替代当前样式】对话框，从中可以设定标注样式的临时替代值。该对话框中的选项与【新建标注样式】对话框中的选项相同。替代将作为未保存的更改结果，显示在【样式】列表中的标注样式下。

（11）比较：弹出【比较标注样式】对话框，从中可以比较两个标注样式或列出一个标注样式的所有特性。

单击【标注样式管理器】对话框中的【新建】按钮，如图7-7所示。

弹出【创建新标注样式】对话框，给新建的标注样式命名，如图7-8所示。

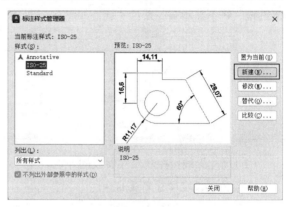

图 7-7

单击【继续】按钮，弹出【新建标注样式：副本 ISO-25】对话框，可以从线、符号和箭头、文字、调整、主单位、换算单位、公差几个方面对标注样式进行设置，如图7-9所示。

图 7-8

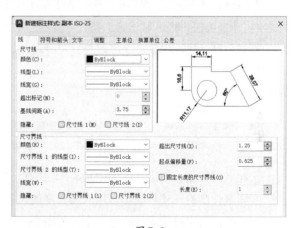

图 7-9

1. 线

设定尺寸线和尺寸界线的特性，如图7-10所示。

选项说明如下。

（1）尺寸线：设定尺寸线的特性。

①颜色：设定尺寸线的颜色。

②线型：设定尺寸线的线型。

③线宽：设定尺寸线的线宽。

④超出标记：指定当箭头使用倾斜、建筑

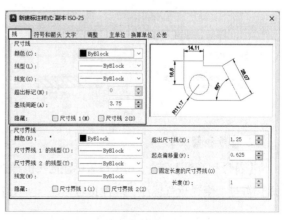

图 7-10

标记、积分和无标记时尺寸线超过尺寸界线的距离，如图7-11所示。

⑤基线间距：设定基线标注的尺寸线之间的距离，如图7-12所示。

⑥隐藏：不显示尺寸线。选中【尺寸线1】复选框，将不显示第一条尺寸线；选中【尺寸线2】复选框，将不显示第二条尺寸线，如图7-13所示。

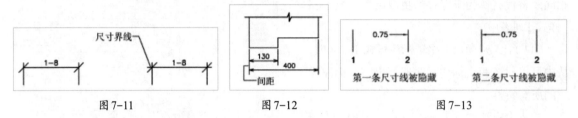

图7-11　　　　　　图7-12　　　　　　图7-13

（2）尺寸界线：控制尺寸界线的外观。

①颜色：设定尺寸界线的颜色。

②尺寸界线1的线型：设定第一条尺寸界线的线型。

③尺寸界线2的线型：设定第二条尺寸界线的线型。

④线宽：设定尺寸界线的线宽。

⑤隐藏：不显示尺寸界线。选中【尺寸界线1】复选框，将不显示第一条尺寸界线；选中【尺寸界线2】复选框，将不显示第二条尺寸界线，如图7-14所示。

⑥超出尺寸线：指定尺寸界线超过尺寸线的距离，如图7-15所示。

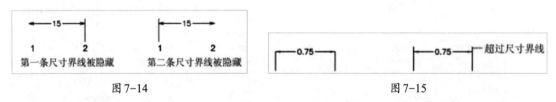

图7-14　　　　　　　　　　　　　　图7-15

⑦起点偏移量：设定自图形中定义标注的点到尺寸界线的偏移距离，如图7-16所示。

⑧固定长度的尺寸界线：启用固定长度的尺寸界线

⑨长度：设定尺寸界线的总长度，如图7-17所示。

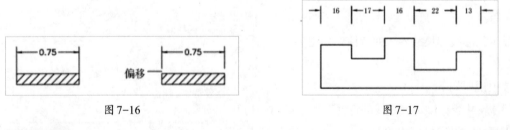

图7-16　　　　　　　　　　　　图7-17

2. 符号和箭头

【符号和箭头】选项卡用于设置标注箭头的样式、大小及其他一些标注，如圆心标记、折断标注、弧长符号、半径折弯标注、线性折弯标注，如图7-18所示。

选项说明如下。

（1）箭头：用于控制标注和引线中的箭头，包括其类型、尺寸及可见性。

①第一个：设定第一条尺寸线的箭头。当改变第一个箭头的类型时，第二个箭头将自动改变以同第一个箭头相匹配。

②第二个：设定第二条尺寸线的箭头。

③引线：设定引线箭头。

④箭头大小：显示和设定箭头的大小。

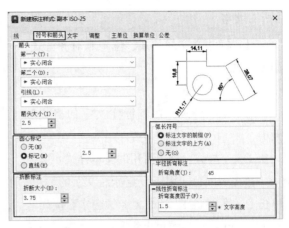

图 7-18

温馨提示

（1）要指定用户定义的箭头块，请选择【用户箭头】。显示【选择自定义箭头块】对话框。选择用户定义的箭头块的名称。（该块必须在图形中。）

（2）注释性块不能用作标注或引线的自定义箭头。

（2）圆心标记：控制直径标注和半径标注的圆心标记和中心线的外观。

①无：不创建圆心标记或中心线。

②标记：创建圆心标记。

③直线：创建中心线。

④大小：显示和设定圆心标记或中心线的大小。

（3）折断标注：控制折断标注的间隙宽度。

折断大小：显示和设定用于折断标注的间隙大小。

（4）弧长符号：控制弧长标注中圆弧符号的显示。

①标注文字的前缀：将弧长符号放置在标注文字之前。

②标注文字的上方：将弧长符号放置在标注文字上方。

③无：不显示弧长符号。

（5）半径折弯标注：控制折弯（Z 字形）半径标注的显示。半径折弯标注通常在圆或圆弧的圆心位于页面外部时创建，如图 7-19 所示。

折弯角度：确定折弯半径标注中尺寸线的横向线段的角度。

（6）线性折弯标注：控制线性标注折弯的显示。当标注不能精确表示实际尺寸时，可以将折弯线添加到线性标注中。通常实际尺寸比所需值小，如图 7-20 所示。

折弯高度因子：通过形成折弯角度的两个顶点之间的距离确定折弯高度。

（7）预览：显示样例标注图像，可显示标注样式设置效果。

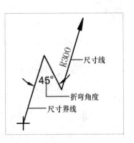

图 7-19

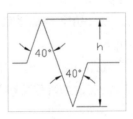

图 7-20

3. 文字

设置标注文字的外观、位置和对齐方式，如图7-21所示。

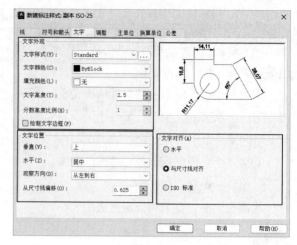

选项说明如下。

（1）文字外观：控制标注文字的格式和大小。

①文字样式：列出可用的文本样式。

②文字颜色：用于设定标注文字的颜色。单击【文字颜色】，在【文字颜色】下拉列表中，将弹出【选择颜色】对话框，允许用户选择或输入颜色名或颜色号。

图7-21

③填充颜色：用于设定标注中文字背景的颜色。单击【填充颜色】，在【填充颜色】下拉列表中，将弹出【选择颜色】对话框，允许用户选择或输入颜色名或颜色号。

④文字高度：设定当前标注文字样式的高度。

> **温馨提示**
>
> 如果在此选项卡上指定的文字样式具有固定的文字高度，则该高度将替代在此处设置的文字高度。如果要在此处设置标注文字的高度，则应确保将文字样式的高度设置为0（零）。

⑤分数高度比例：设定相对于标注文字的分数比例。

> **温馨提示**
>
> 在此处输入的值乘以文字高度，可确定标注分数相对于标注文字的高度。仅当在【主单位】选项卡上选择【分数】作为【单位格式】时，此选项才可用。

⑥绘制文字边框：显示标注文字的矩形边框。

（2）文字位置：控制标注文字的位置。

①垂直：控制标注文字相对尺寸线的垂直位置。垂直位置选项如图7-22所示，具体如下。

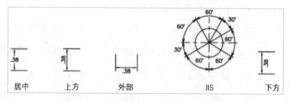

图7-22

a.居中：将标注文字放在尺寸线的两部分中间。

b.上方：将标注文字放在尺寸线上方。从尺寸线到文字的最低基线的距离就是当前的文字间距，可参见【从尺寸线偏移】选项。

c.外部：将标注文字放在尺寸线上远离第一个定义点的一边。

d.JIS：按照日本工业标准（Japanese Industrial Standards，JIS）放置标注文字。

e.下方：将标注文字放在尺寸线下方。从尺寸线到文字的最低基线的距离就是当前的文字间距，可参见【从尺寸线偏移】选项。

②水平：控制标注文字在尺寸线上相对于尺寸界线的水平位置。水平位置选项如图7-23所示，具体如下。

a.居中：将标注文字沿尺寸线放在两条尺寸界线的中间。

b.第一条尺寸界线：沿尺寸线与第一条尺寸界线左对正。尺寸界线与标注文字的距离是箭头大小加上文字间距之和的两倍，可参见【箭头】和【从尺寸线偏移】选项。

c.第二条尺寸界线：沿尺寸线与第二条尺寸界线右对正。尺寸界线与标注文字的距离是箭头大小加上文字间距之和的两倍，可参见【箭头】和【从尺寸线偏移】选项。

d.第一条尺寸界线上方：沿第一条尺寸界线放置标注文字或将标注文字放在第一条尺寸界线之上，如图7-24所示。

e.第二条尺寸界线上方：沿第二条尺寸界线放置标注文字或将标注文字放在第二条尺寸界线之上，如图7-25所示。

图7-23

图7-24

图7-25

③观察方向：控制标注文字的观察方向。其包括以下选项。

a.从左到右：按从左到右阅读的方式放置文字。

b.从右到左：按从右到左阅读的方式放置文字。

④从尺寸线偏移：设定当前文字间距。文字间距是指当尺寸线断开以容纳标注文字时标注文字周围的距离，如图7-26所示。仅当生成的线段至少与文字间距同样长时，才会将文字放置在尺寸界线内侧。仅当箭头、标注文字及页边距有足够的空间容纳文字间距时，才将尺寸线上方或下方的文字置于内侧（DIMGAP系统变量）。

（3）文字对齐：控制标注文字放在尺寸界线外边或里边时的方向是保持水平还是与尺寸界线平行。

①水平：水平放置文字，如图7-27所示。

②与尺寸线对齐：文字与尺寸线对齐。

③ISO标准：当文字在尺寸界线内时，文字与尺寸线对齐；当文字在尺寸界线外时，文字水平排列，如图7-28所示。

图7-26

图7-27

图7-28

4. 调整

【调整】选项卡用于控制基于尺寸界线之间可用空间的文字和箭头的位置，如图7-29所示。

选项说明如下。

（1）调整选项。

①文字或箭头（最佳效果）：按照最佳效果将文字或箭头移动到尺寸界线外。

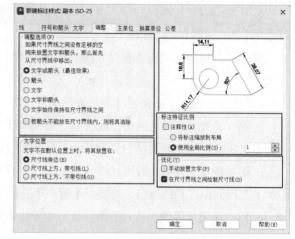

图7-29

a. 当尺寸界线间的距离足够放置文字和箭头时，文字和箭头都放在尺寸界线内；否则，将按照最佳效果移动文字或箭头。

b. 当尺寸界线间的距离仅够容纳文字时，将文字放在尺寸界线内，而箭头放在尺寸界线外。

c. 当尺寸界线间的距离仅够容纳箭头时，将箭头放在尺寸界线内，而文字放在尺寸界线外。

d. 当尺寸界线间的距离既不够放文字又不够放箭头时，文字和箭头都放在尺寸界线外。

②箭头：首先将箭头移动到尺寸界线外，然后移动文字。

a. 当尺寸界线间的距离足够放置文字和箭头时，文字和箭头都放在尺寸界线内。

b. 当尺寸界线间距离仅够放下箭头时，将箭头放在尺寸界线内，而文字放在尺寸界线外。

c. 当尺寸界线间距离不足以放下箭头时，文字和箭头都放在尺寸界线外。

③文字：先将文字移动到尺寸界线外，然后移动箭头。

a. 当尺寸界线间的距离足够放置文字和箭头时，文字和箭头都放在尺寸界线内。

b. 当尺寸界线间的距离仅能容纳文字时，将文字放在尺寸界线内，而箭头放在尺寸界线外。

c. 当尺寸界线间距离不足以放下文字时，文字和箭头都放在尺寸界线外。

④文字和箭头：当尺寸界线间距离不足以放下文字和箭头时，文字和箭头都移到尺寸界线外。

⑤文字始终保持在尺寸界线之间：始终将文字放在尺寸界线之间。

⑥若箭头不能放在尺寸界线内，则将其消除：如果尺寸界线内没有足够的空间，则不显示箭头。

（2）文字位置：设定标注文字从默认位置（由标注样式定义的位置）移动时标注文字的位置。

①尺寸线旁边：如果选中该单选按钮，则只要移动标注文字尺寸线就会随之移动。

②尺寸线上方，带引线：如果选中该单选按钮，则移动文字时尺寸线不会移动。如果将文字从尺寸线上移开，将创建一条连接文字和尺寸线的引线。当文字非常靠近尺寸线时，将省略引线。

③尺寸线上方，不带引线：如果选中该单选按钮，则移动文字时尺寸线不会移动。远离尺寸线的文字不与带引线的尺寸线相连。

（3）标注特征比例：设定全局标注比例值或图纸空间比例。

①注释性：指定标注为注释性。注释性对象和样式用于控制注释对象在模型空间或布局中显示的尺寸和比例。

②将标注缩放到布局：根据当前模型空间视口和图纸空间之间的比例确定比例因子。当在图纸

空间而不是模型空间视口中绘图时，或当 TILEMODE 设置为 1 时，将使用默认比例因子 1.0 或使用 DIMSCALE 系统变量。

③使用全局比例：为所有标注样式设置一个比例，这些设置指定了大小、距离或间距，包括文字和箭头大小。该缩放比例并不更改标注的测量值。

（4）优化：提供用于放置标注文字的其他选项。

①手动放置文字：忽略所有水平对正设置并把文字放在【尺寸线位置】提示下指定的位置。

②在尺寸界线之间绘制尺寸线：即使箭头放在测量点之外，也会在测量点之间绘制尺寸线。

5. 主单位

【主体位】选项卡如图 7-30 所示。

选项说明如下。

（1）线性标注：设定线性标注的格式和精度。

①单位格式：设定除角度之外的所有标注类型的当前单位格式。

②精度：显示和设定标注文字中的小数位数。

③分数格式：设定分数格式。

④小数分隔符：设定用于十进制格式的分隔符。

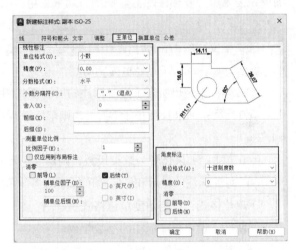

图 7-30

⑤舍入：为除【角度】之外的所有标注类型设置标注测量的最近舍入值。

> **温馨提示**
> 如果输入值"0.25"，则所有距离都将舍入最接近的 0.25 单位；如果输入值"1.0"，则所有标注距离都将舍入最接近的整数。注意，小数点后显示的位数取决于【精度】设置。

⑥前缀：在标注文字中包含指定的前缀。可以输入文字或使用控制代码显示特殊符号。例如，输入控制代码"%%c"会显示直径符号，如图 7-31 所示。当输入前缀时，将替换在直径和半径等标注中使用的任何默认前缀。如果指定了公差，则前缀会添加到公差和主标注中。

⑦后缀：在标注文字中包含指定的后缀。可以输入文字或使用控制代码显示特殊符号。例如，在标注文字中输入"mm"的结果如图 7-32 所示。当输入后缀时，将替换所有默认后缀。如果指定了公差，则后缀会添加到公差和主标注中。

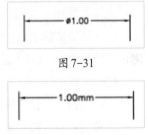

图 7-31

图 7-32

（2）测量单位比例：定义线性比例选项。

①比例因子：设置线性标注测量值的比例因子。建议不要更改此值的默认值1。例如，如果输入"2"，则 1 英寸直线的标注会显示为 2 英寸。该值不会应用于角度标注，也不会应用于舍入值或

正负公差值。

②仅应用到布局标注：仅将测量比例因子应用在布局视口中创建的标注。除非使用非关联标注，否则该复选框应保持取消选中状态。

（3）消零：控制是否禁止输出前导零、后续零、零英尺和零英寸部分。

①前导：不输出所有十进制标注中的前导零，如0.5000会变成.5000。选中【前导】复选框，可以启用小于一个单位的标注距离的显示（以辅单位为单位）。

②辅单位因子：将辅单位的数量设定为一个单位。当距离小于一个单位时，辅单位因子用于以辅单位为单位计算标注距离。例如，如果主单位后缀为m，而辅单位后缀为cm，则以cm显示，输入100。

③辅单位后缀：在标注值子单位中包含后缀，可以输入文字或使用控制代码显示特殊符号。例如，输入cm，可将.96m显示为96cm。

④后续：不输出所有十进制标注的后续零。例如，12.5000变成12.5，30.0000变成30。

⑤0英尺：如果长度小于1英尺，则消除英尺–英寸标注中的英尺部分。例如，0'-6 1/2"变成6 1/2"。

⑥0英寸：如果长度为整英尺数，则消除英尺–英寸标注中的英寸部分。例如，1'-0"变为1'。

（4）角度标注：显示和设定角度标注的当前角度格式。

①单位格式：设定角度单位格式。

②精度：设定角度标注的小数位数。

（5）消零：控制是否禁止输出前导零和后续零。

①前导：禁止输出角度十进制标注中的前导零。例如，0.5000变成.5000。

②后续：禁止输出角度十进制标注中的后续零。例如，12.5000变成12.5，30.0000变成30。

6. 换算单位

【换算单位】选项卡用于显示和设定除角度之外的所有标注类型的当前换算单位格式，如图7-33所示。

选项说明如下。

（1）显示换算单位：向标注文字添加换算测量单位，将DIMALT系统变量设置为1。

（2）换算单位。

①单位格式：设定换算单位的单位格式。

②精度：设定换算单位中的小数位数。

③换算单位倍数：指定一个倍数，作为主单位和换算单位之间的转换因子使用。例如，要将英寸转换为毫米，可输入25.4。此值对角度标注没有影响，而且不会应用于舍入值或正负公差值。

④舍入精度：设定除角度之外的所有标注类型的换算单位的舍入规则。如果输入0.25，则所有

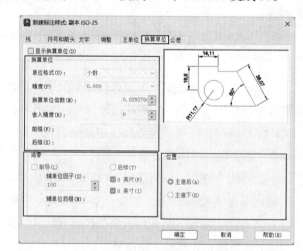

图7-33

标注测量值都以 0.25 为单位进行舍入；如果输入 1.0，则所有标注测量值都将舍入为最接近的整数。小数点后显示的位数取决于【精度】设置。

⑤前缀：在换算标注文字中包含前缀，可以输入文字或使用控制代码显示特殊符号。例如，输入控制代码"%%c"，显示直径符号，如图 7-34 所示。

⑥后缀：在换算标注文字中包含后缀，可以输入文字或使用控制代码显示特殊符号。例如，在标注文字中输入 cm，结果如图 7-35 所示。输入的后缀将替代所有默认后缀。

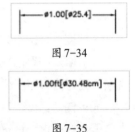

图 7-34

图 7-35

（3）消零：控制是否禁止输出前导零、后续零、零英尺和零英寸部分。

①前导：不输出所有十进制标注中的前导零。例如，0.5000 变成 .5000。

②辅单位因子：将辅单位的数量设定为一个单位。辅单位因子用于在距离小于一个单位时以辅单位为单位计算标注距离。例如，如果主单位后缀为 m，而辅单位后缀为 cm，则以 cm 显示，输入 100。

③辅单位后缀：在标注值子单位中包含后缀，可以输入文字或使用控制代码显示特殊符号。例如，输入 cm，可将 .96m 显示为 96cm。

④后续：不输出所有十进制标注的后续零。例如，12.5000 变成 12.5，30.0000 变成 30。

⑤0 英尺：如果长度小于 1 英尺，则消除英尺-英寸标注中的英尺部分。例如，0'-6 1/2" 变成 6 1/2"。

⑥0 英寸：如果长度为整英尺数，则消除英尺-英寸标注中的英寸部分。例如，1'-0" 变为 1'。

（4）位置：控制标注文字中换算单位的位置。

①主值后：将换算单位放在标注文字中的主单位之后。

②主值下：将换算单位放在标注文字中的主单位下面。

7. 公差

【公差】选项卡如图 7-36 所示。选项说明如下。

（1）公差格式：控制公差格式。

①方式：设定计算公差的方法。

a. 无：不添加公差。

b. 对称：添加公差的正/负表达式，其中一个偏差量的值应用于标注测量值。标注后面将显示加号或减号。在【上偏差】文本框中输入公差值，结果如图 7-37 所示。

c. 极限偏差：添加正/负公差表达式。不同的正公差值和负公差值将应用于标注测量值，将在【上偏差】文本框中输入的公差值前面显示正号 (+)；在【下偏差】文本框中输入的公差值前面显示负号 (-)，如图 7-38 所示。

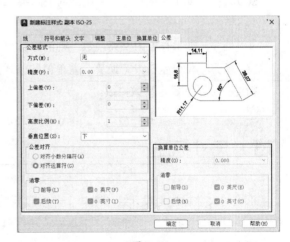

图 7-36

图 7-37　　　　　　图 7-38

d. 界线：创建极限标注。在此类标注中，将显示一个最大值和一个最小值，一个在上，另一个在下。其中最大值等于标注值加上在【上偏差】文本框中输入的值，最小值等于标注值减去在【下偏差】文本框中输入的值，如图 7-39 所示。

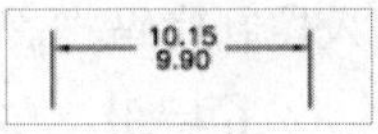

e. 基本：创建基本标注，这将在整个标注范围周围显示一个框，如图 7-40 所示。

图 7-39

②精度：设定小数位数。

③上偏差：设定最大公差或上偏差。如果在【方式】下拉列表中选择【对称】选项，则此值将用于公差。

图 7-40

④下偏差：设定最小公差或下偏差。

⑤高度比例：设定公差文字的当前高度。

⑥垂直位置：控制对称公差和偏差公差的文字对正。

a. 上对齐：公差文字与主标注文字的顶部对齐，如图 7-41 所示。

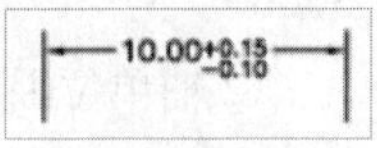

图 7-41

b. 中对齐：公差文字与主标注文字的中间对齐，如图 7-42 所示。

c. 下对齐：公差文字与主标注文字的底部对齐，如图 7-43 所示。

（2）公差对齐：堆叠时，控制上偏差值和下偏差值的对齐。

①对齐小数分隔符：通过值的小数分割符堆叠值。

②对齐运算符：通过值的运算符堆叠值。

图 7-42

（3）消零：控制是否禁止输出前导零、后续零、零英尺和零英寸部分。

①前导：不输出所有十进制标注中的前导零。例如，0.5000 变成 .5000。

②后续：不输出所有十进制标注中的后续零。例如，12.5000 变成 12.5，30.0000 变成 30。

图 7-43

③0 英尺：如果长度小于 1 英尺，则消除英尺–英寸标注中的英尺部分。例如，0'-6 1/2" 变成 6 1/2"。

④0 英寸：如果长度为整英尺数，则消除英尺–英寸标注中的英寸部分。例如，1'-0" 变为 1'。

（4）换算单位公差：设定换算公差单位的格式。

精度：显示和设定小数位数。

7.3 · 尺寸标注

正确的尺寸标注是设计绘图中一个非常重要的环节，AutoCAD 2024 提供了非常丰富的尺寸标注方法，可通过菜单栏、功能区、工具栏或快捷键等常用方式执行各种尺寸标注命令。本节将介绍如何使用各种尺寸标注方法对图形进行标注。

7.3.1 线性标注

使用线性标注命令，可以标注图形对象的线性距离，包括水平标注、垂直标注和旋转标注。

常用的几种执行线性标注命令的方式如下。

方式1：菜单栏。选择【标注】→【线性】选项即可，如图7-44所示。

方式2：功能区或工具栏。单击【注释】选项卡→【标注】面板→【线性】按钮即可，如图7-45所示；或单击标注工具栏中的【线性】按钮即可，如图7-46所示。

图 7-44 　　　　　　　　　　　　　　　　图 7-45

方式3：快捷键。输入线性标注命令DLI，按Space键确认即可，如图7-47所示。

执行以上任一种线性标注方式后，提示指定第一个尺寸界线原点或选择对象，这里指定第一个尺寸界线原点，如图7-48所示。

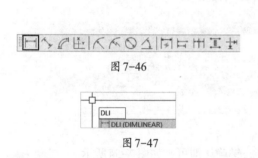

图 7-46

图 7-47

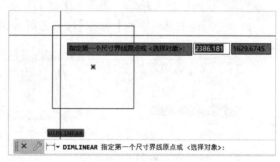

图 7-48

温馨提示　　按Space键可切换至选择对象，选择需要进行线性标注的对象即可标注尺寸。

指定第二个尺寸界线原点，如图7-49所示。

指定尺寸线位置，即可标注线性尺寸，如图7-50所示。

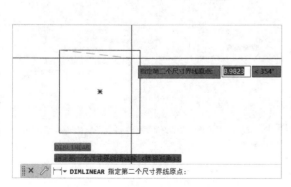

图 7-49

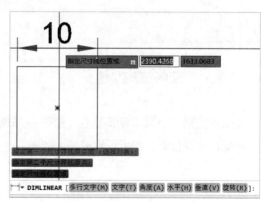

图 7-50

选项说明如下。

（1）多行文字：用多行文本编辑器确定尺寸文本。

（2）文字：用单行文本编辑器确定尺寸文本。

（3）角度：用于确定尺寸文本的倾斜角度。

（4）水平：水平标注尺寸，无论标注什么方向的线段，尺寸线总保持水平放置。

（5）垂直：垂直标注尺寸，无论标注什么方向的线段，尺寸线总保持垂直放置。

（6）旋转：输入尺寸线旋转的角度值，用于旋转标注尺寸。

7.3.2 对齐标注

使用对齐标注命令，则所标注尺寸的尺寸线与两条尺寸界线起始点间的连线平行。常见的对齐标注命令执行方式有如下几种。

方式1：菜单栏。选择【标注】→【对齐】选项即可，如图7-51所示。

方式2：功能区或工具栏。单击【注释】选项卡→【标注】面板→【对齐】按钮即可，如图7-52所示；或单击标注工具栏中的【对齐】按钮即可，如图7-53所示。

图7-51

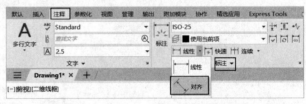

图7-52

方式3：快捷键。输入对齐标注命令DAL，按Space键确认即可，如图7-54所示。

执行上面任一对齐标注方式后，提示指定第一个尺寸界线原点或选择对象，这里选择第一个尺寸界线原点，如图7-55所示。

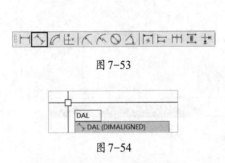

图7-53

图7-54

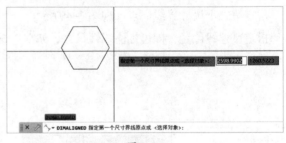

图7-55

提示指定第二个尺寸界线原点，如图7-56所示。

指定尺寸线位置，即可标注完成，如图7-57所示。

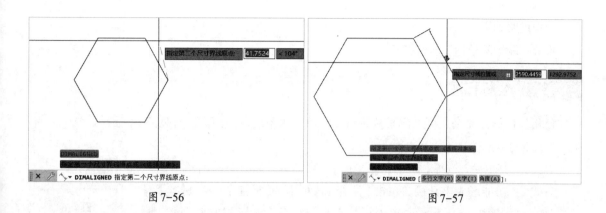

图 7-56 　　　　　　　　　　　　　　　　图 7-57

7.3.3　弧长标注

使用弧长标注命令，可以测量圆弧或多段线圆弧上的距离。常用的弧长标注命令执行方式有如下几种。

方式 1：菜单栏。选择【标注】→【弧长】选项即可，如图 7-58 所示。

方式 2：功能区或工具栏。单击【注释】选项卡→【标注】面板→【弧长】按钮即可，如图 7-59 所示；或单击标注工具栏中的【弧长】按钮即可，如图 7-60 所示。

方式 3：快捷键。输入弧长标注命令 DAR，按 Space 键确认即可，如图 7-61 所示。

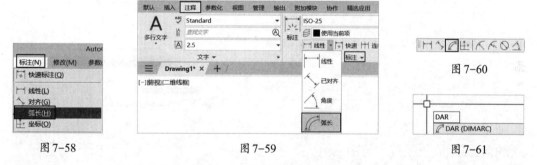

图 7-58 　　　　　　　图 7-59 　　　　　　　图 7-60 / 图 7-61

通过以上任一方式执行弧长标注命令后，提示选择弧线段或多段线圆弧段，如图 7-62 所示。指定弧长标注位置，即可标注弧长，如图 7-63 所示。

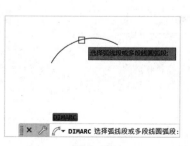
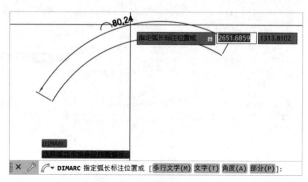

图 7-62 　　　　　　　　　　　　图 7-63

选项说明如下。

部分：缩短弧长标注的长度。

7.3.4 坐标标注

使用坐标标注命令，可以测量从原点到对象的水平或垂直距离。常见的
坐标标注命令执行方式有如下几种。

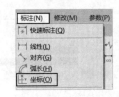

方式1：菜单栏。选择【标注】→【坐标】选项即可，如图7-64所示。

方式2：功能区或工具栏。单击【注释】选项卡→【标注】面板→【坐标】
按钮即可，如图7-65所示；或单击标注工具栏中的【坐标】按钮即可，如
图7-66所示。

图7-64

方式3：快捷键。输入坐标标注命令DOR，按Space键确认即可，如图7-67所示。

执行以上任意一种坐标标注命令方式后，提示指定点坐标，如图7-68所示。

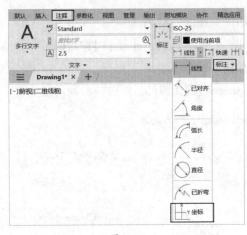

图7-65

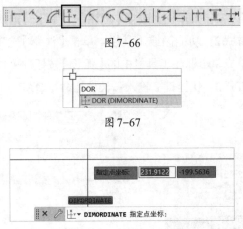

图7-66

图7-67

图7-68

指定需要标注的点坐标，如图7-69所示。

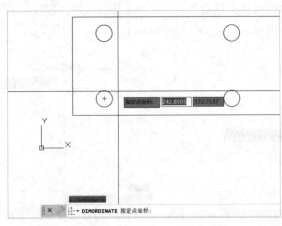

图7-69

其中，水平方向标注的是Y坐标，垂直方向标注的是X坐标，如图7-70所示。

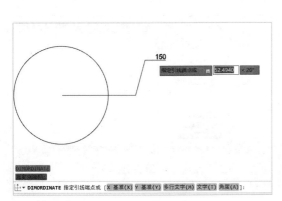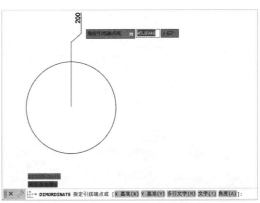

图7-70

选项说明如下。

（1）X基准：测量X坐标并确定引线和标注文字的方向。

（2）Y基准：测量Y坐标并确定引线和标注文字的方向。

7.3.5 半径标注

使用半径标注命令，可以标注圆或圆弧的半径尺寸。常用的执行半径标注命令的方式有如下几种。

方式1：菜单栏。选择【标注】→【半径】选项即可，如图7-71所示。

方式2：功能区或工具栏。单击【注释】选项卡→【标注】面板→【半径】按钮即可，如图7-72所示；或单击标注工具栏中的【半径】按钮即可，如图7-73所示。

图7-71　　　　　　　　　　　　图7-72

方式3：快捷键。输入半径标注命令DRA，按Space键确认即可，如图7-74所示。

图7-73　　　　　　　　　　　　图7-74

通过以上任一方式执行半径标注命令后，提示选择圆弧或圆，如图7-75所示。

指定尺寸线位置，即可标注半径，如图7-76所示。

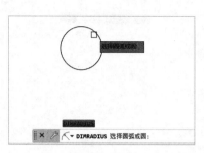

图7-75

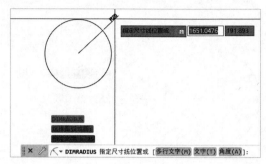

图7-76

7.3.6 折弯标注

当圆弧或圆的中心位于布局之外并且无法在其实际位置显示时，将创建折弯半径标注。常用的执行折弯标注命令的方式有如下几种。

方式1：菜单栏。选择【标注】→【折弯】选项即可，如图7-77所示。

方式2：功能区或工具栏。单击【注释】选项卡→【标注】面板→【折弯】按钮即可，如图7-78所示；或单击标注工具栏中的【折弯】按钮即可，如图7-79所示。

方式3：快捷键。输入折弯标注命令DJO，按Space键确认即可，如图7-80所示。

通过以上任一方式执行折弯标注命令后，提示选择圆弧或圆，如图7-81所示。

图7-77

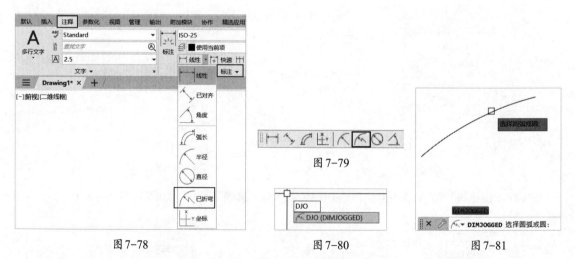

图7-78   图7-79   图7-80   图7-81

提示指定图示中心位置，即新圆心替代实际圆心，如图7-82所示。

指定尺寸线位置，如图7-83所示。

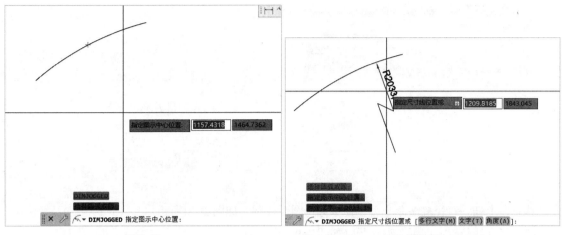

图 7-82　　　　　　　　　　　　　图 7-83

指定折弯位置，如图 7-84 所示。

折弯标注完成，如图 7-85 所示。

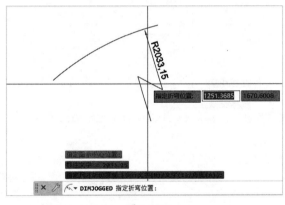

图 7-84

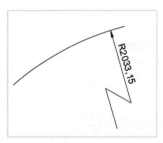

图 7-85

7.3.7　直径标注

使用直径标注，可以标注圆或圆弧的直径尺寸。常用的执行直径标注命令的方式有如下几种。

方式 1：菜单栏。选择【标注】→【直径】选项即可，如图 7-86 所示。

方式 2：功能区或工具栏。单击【注释】选项卡→【标注】面板→【直径】按钮即可，如图 7-87 所示；或单击标注工具栏中的【直径】按钮即可，如图 7-88 所示。

方式 3：快捷键。输入直径标注命令 DDI，按 Space 键确认即可，如图 7-89 所示。

图 7-86

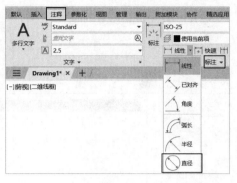

图 7-87

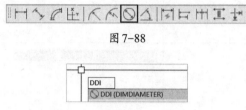

图 7-88

图 7-89

执行以上任一直径标注命令后，提示选择圆弧或圆，如图7-90所示。

指定尺寸线位置，即可标注直径，如图7-91所示。

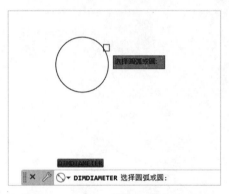

图 7-90

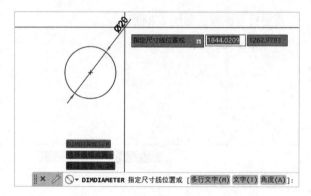

图 7-91

<table><tr><td>7.3.8</td><td>角度标注</td></tr></table>

　　角度标注命令可用于圆弧包含角、两条非平行线的夹角及三点之间的夹角。常见的执行角度标注命令的方式有如下几种。

　　方式1：菜单栏。选择【标注】→【角度】选项即可，如图7-92所示。

　　方式2：功能区或工具栏。单击【注释】选项卡→【标注】面板→【角度】按钮即可，如图7-93所示；或单击标注工具栏中的【角度】按钮即可，如图7-94所示。

　　方式3：快捷键。输入角度标注命令DAN，按Space键确认即可，如图7-95所示。

图 7-92 　　　　　　 图 7-93

图 7-94

图 7-95

执行以上任一角度标注命令方式后，提示选择圆弧、圆、直线或指定顶点，这里选择需要标注的对象，如图7-96所示。

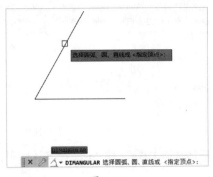

图 7-96

选项说明如下。

指定顶点：通过三点确定角度。

选择第二条直线，如图7-97所示。

指定标注弧线的位置，即可标注角度，如图7-98所示。

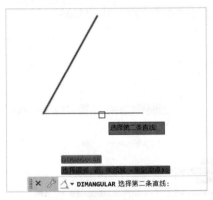

图 7-97

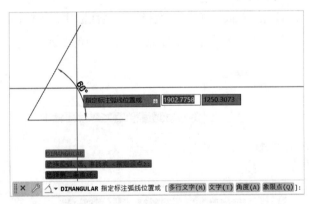

图 7-98

选项说明如下。

象限点：指定标注应锁定到的象限。打开象限行为后，将标注文字放置在角度标注外时，尺寸线会延伸超过尺寸界线。

7.3.9 基线标注

使用基线标注命令，可以标注一系列基于同一尺寸界线的尺寸，适用于长度尺寸、角度和坐标标注。在使用基线标注之前，需要先标注出一个相关的尺寸作为基线标准。常见的执行基线标注命令的方式有如下几种。

方式1：菜单栏。选择【标注】→【基线】选项即可，如图7-99所示。

方式2：功能区或工具栏。单击【注释】选项卡→【标注】面板→【基线】按钮即可，如图7-100

所示；或单击标注工具栏中的【基线】按钮即可，如图7-101所示。

图7-99   图7-100

方式3：快捷键。输入基线标注命令DBA，按Space键确认即可，如图7-102所示。

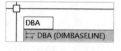

图7-101   图7-102

执行以上任一基线标注命令方式后，会自动选择基准进行基线标注，如图7-103所示。选项说明如下。

选择：AutoCAD提示选择一个线性标注、坐标标注或角度标注作为基线标注的基准。

指定第二个尺寸界线原点，如图7-104所示。

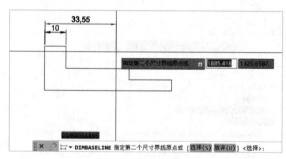

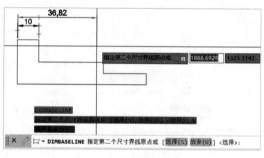

图7-103   图7-104

继续指定第二个尺寸界线原点，如图7-105所示。

直到标注完成，按Space键结束，如图7-106所示。

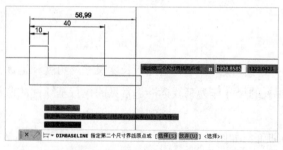

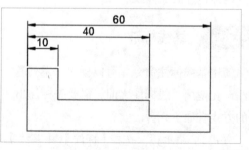

图7-105   图7-106

7.3.10　连续标注

使用连续标注命令，可以产生一系列连续的尺寸标注，后一个尺寸标注均把前一个尺寸标注的第二条尺寸界线作为其第一条尺寸界线。连续标注命令适用于长度、角度和坐标标注。在使用连续标注命令前需标注出一个相关的尺寸作为基准尺寸。常用的连续标注命令执行方式有如下几种。

方式1：菜单栏。选择【标注】→【连续】选项即可，如图7-107所示。

方式2：功能区或工具栏。单击【注释】选项卡→【标注】面板→【连续】按钮即可，如图7-108所示；或单击标注工具栏中的【连续】按钮即可，如图7-109所示。

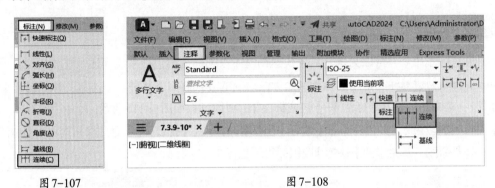

图 7-107　　　　　　　　　　　　　　　图 7-108

方式3：快捷键。输入连续标注命令DCO，按Space键确认即可，如图7-110所示。

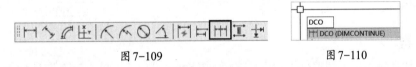

图 7-109　　　　　　　　　　　　　　图 7-110

执行以上任一连续标注命令方式后，会自动选择上一标注尺寸作为基准尺寸进行标注，如图7-111所示。

指定第二个尺寸界线原点，如图7-112所示。

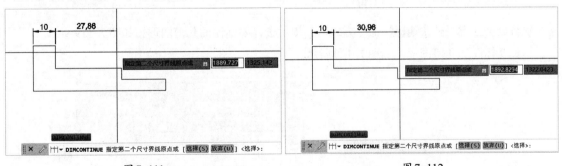

图 7-111　　　　　　　　　　　　　　　图 7-112

继续指定第二个尺寸界线原点，直到标注完成，如图7-113和图7-114所示。

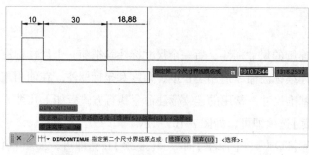

图 7-113   图 7-114

7.3.11 快速标注

使用快速标注命令，可以为选定对象快速创建一系列标注，包括基线标注、连续标注，或者为一系列圆或圆弧创建标注。常用的执行快速标注命令的方式有如下几种。

方式1：菜单栏。选择【标注】→【快速标注】选项即可，如图7-115所示。

方式2：功能区或工具栏。单击【注释】选项卡→【标注】面板→【快速】按钮即可，如图7-116所示；或单击标注工具栏中的【快速】按钮即可，如图7-117所示。

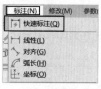

图 7-115

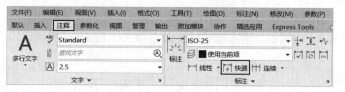

图 7-116

方式3：快捷键。输入快速标注命令QDIM，按Space键确认即可，如图7-118所示。

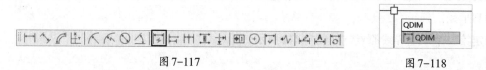

图 7-117   图 7-118

执行以上任意一种快速标注命令方式后，提示选择要标注的几何图形，如图7-119所示。选择要标注的几何图形，如图7-120所示。

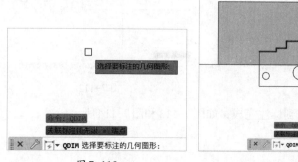

图 7-119   图 7-120

指定尺寸线位置，即可标注图形，如图7-121所示。

选项说明如下。

（1）连续：创建一系列连续标注，其中线性标注线端对端地沿同一条直线排列，如图7-122所示。

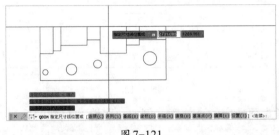

图7-121

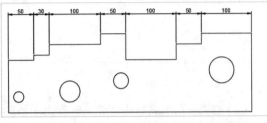

图7-122

（2）并列：创建一系列并列标注，其中线性尺寸线以恒定的增量相互偏移，如图7-123所示。

（3）基线：创建一系列基线标注，其中线性标注共享一条公用尺寸界线，如图7-124所示。

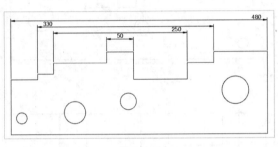

图7-123

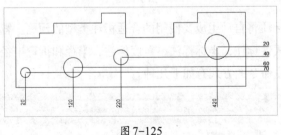

图7-124

（4）坐标：创建一系列坐标标注，其中元素将以单个尺寸界线及 X 或 Y 值进行注释。相对于基准点进行测量，如图7-125所示。

（5）半径：创建一系列半径标注，其中将显示选定圆弧和圆的半径值，如图7-126所示。

图7-125

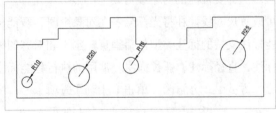

图7-126

（6）直径：创建一系列直径标注，其中将显示选定圆弧和圆的直径值，如图7-127所示。

（7）基准点：为基线和坐标标注设置新的基准点。比如基准点在左侧，可以通过设置将基准点改成右侧，如图7-128所示。

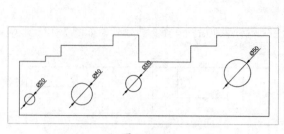

图 7-127

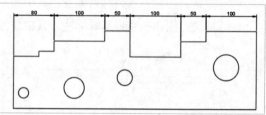

图 7-128

（8）编辑：在生成标注之前，删除出于各种考虑而选定的点位置。例如，取消30尺寸的标注，只将不需要标注的点删除即可，如图7-129所示。

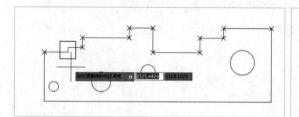

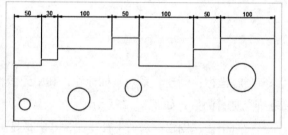

图 7-129

（9）设置：为指定尺寸界线原点（交点或端点）设置对象捕捉优先级。

最终结果如图7-130所示。

7.3.12 智能标注

使用智能标注可以创建多个标注和标注类型。选择要标注的对象或对象上的点，单击即可放置尺寸线。在将光标悬停在对象上时，智能标注将自动生成要使用的合适标注类型的预览。智能标注支持的标注类型包括垂直、水平和对齐的线性标注，坐标标注，角度标注，半径和折弯半径标注，直径标注，弧长标注。常用的执行智能标注命令的方式有如下几种。

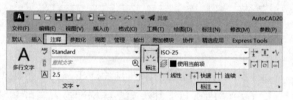

图 7-130

方式1：功能区。单击【注释】选项卡→【标注】面板→【智能标注】按钮即可，如图7-131所示。

方式2：快捷键。输入智能标注命令DIM，按Space键确认即可，如图7-132所示。

执行以上任一智能标注命令方式后，提示选择对象或指定第一个尺寸界线原点，如图7-133所示。

图 7-131

图 7-132

图 7-133

选项说明如下。

（1）角度：创建一个角度标注，以显示3个点或2条直线之间的角度。

（2）基线：从上一个或选定标准的第一条界线创建线性、角度或坐标标注。

（3）连续：从选定标注的第二条尺寸界线创建线性、角度或坐标标注。

（4）坐标：创建坐标标注。

（5）对齐：将多个平行、同心或同基准标注对齐到选定的基准标注。

（6）分发：指定可用于分发一组选定的孤立线性标注或坐标标注的方法。

①相等：均匀分发所有选定的标注。此方法要求至少3条标注线。

②偏移：按指定的偏移距离分发所有选定的标注。

（7）图层：为指定的图层指定新标注，以替代当前图层。输入 Use Current 或 "."，以使用当前图层。

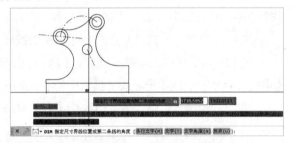

图 7-134

（8）放弃：放弃上一个标注操作。

选择对象就可以进行标注，如图 7-134 所示；或指定两个尺寸界线的原点也可以进行标注，如图 7-135 所示。

如果选择圆弧对象，则可默认标注圆弧半径，如图 7-136 所示。

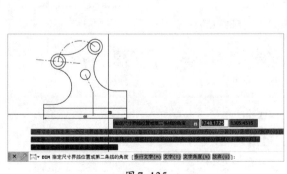

图 7-135

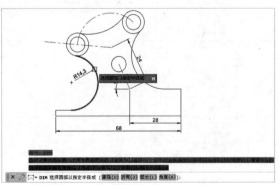

图 7-136

选项说明如下。

（1）直径：切换为直径标注。

（2）折弯：切换为半径折弯标注。

（3）弧长：切换为弧长标注。

（4）角度：切换为角度标注。

7.4 · 多重引线标注

多重引线可创建为箭头优先、引线基线优先或内容优先。如果已使用多重引线样式，则可以从该指定样式创建多重引线。多重引线对象通常包含箭头、水平基线、引线或曲线和多行文字对象或块，如图7-137所示。

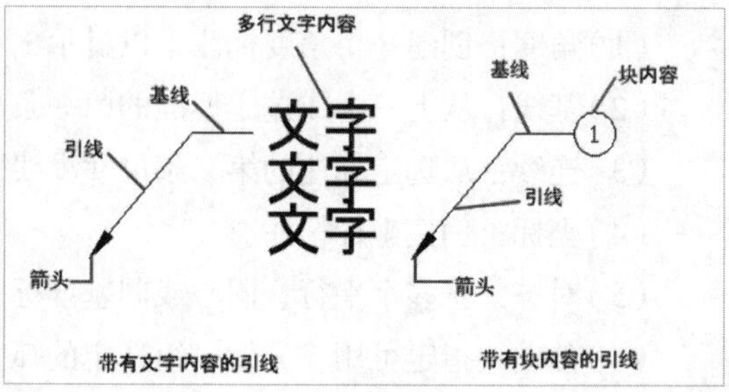

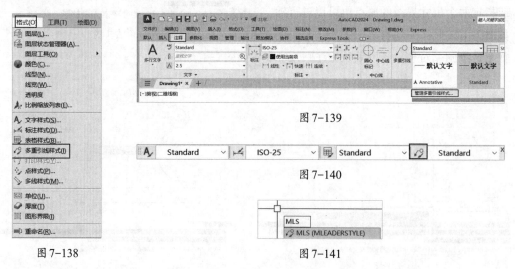

图 7-137

7.4.1 多重引线样式

使用多重引线样式命令，可以控制引线的外观，包括箭头、引线、基线和内容的格式。常用的执行多重引线样式命令的方式有如下几种。

方式1：菜单栏。选择【格式】→【多重引线样式】选项即可，如图7-138所示。

方式2：功能区或工具栏。单击【注释】选项卡→【引线】面板→【管理多重引线样式】按钮即可，如图7-139所示；或单击样式工具栏中的【多重引线样式】按钮即可，如图7-140所示。

方式3：快捷键。输入多重引线样式命令MLS，按Space键确认即可，如图7-141所示。

图 7-138

图 7-139

图 7-140

图 7-141

执行以上任意一种多重引线样式命令方式后，将弹出【多重引线样式管理器】对话框，如图7-142所示。

选项说明如下。

（1）当前多重引线样式：显示当前多重引线样式，默认为Standard。

（2）样式：显示样式列表，当前样式被亮显。

（3）列出：控制【样式】列表框中的内容。选择【所有样式】选项，可显示图形中可用的所有样式；选择【正在使用的样式】选项，则仅显示当前图形中参照的样式。

（4）预览：显示【样式】列表框中选定样式的预览图像。

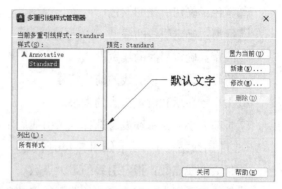

图7-142

（5）置为当前：将【样式】列表框中选定的样式设定为当前样式。所有新的多重引线都将使用此样式进行创建。

（6）新建：弹出【创建新多重引线样式】对话框，从中可以定义新样式。

（7）修改：弹出【修改多重引线样式】对话框，从中可以修改样式。

（8）删除：删除【样式】列表框中选定的样式。不能删除图形中正在使用的样式。

单击【新建】按钮，弹出【创建新多重引线样式】对话框，设置新样式名，选择基础样式，单击【继续】按钮，如图7-143所示。

选项说明如下。

注释性：创建注释性多重引线样式。

图7-143

弹出【修改多重引线样式：副本Standard】对话框，对多重引线从格式、结构和内容三个方面进行设置后，单击【确定】按钮，即可新建多重引线样式，如图7-144所示。

选项说明如下。

（1）【引线格式】选项卡如图7-145所示。

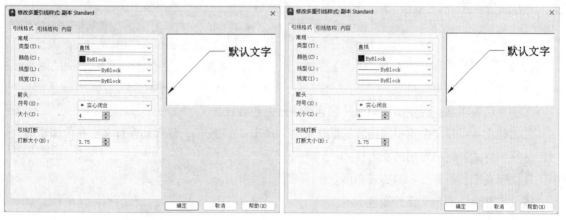

图7-144   图7-145

①类型：确定引线类型，可以选择直引线、样条曲线或无引线。

②颜色：确定引线的颜色。

③线型：确定引线的线型。

④线宽：确定引线的线宽。

⑤符号：设置多重引线的箭头符号。

⑥大小：显示和设置箭头的大小。

⑦折断大小：显示和设置选择多重引线后用于 DIMBREAK 命令的折断大小。

（2）【引线结构】选项卡如图7-146所示。

①最大引线点数：指定引线的最大点数。

②第一段角度：指定引线中的第一个点的角度。

③第二段角度：指定多重引线基线中的第二个点的角度。

④自动包含基线：将水平基线附着到多重引线内容。

⑤设置基线距离：确定多重引线基线的固定距离。

⑥注释性：指定多重引线为注释性。

a. 将多重引线缩放到布局：根据模型空间视口和图纸空间视口中的缩放比例确定多重引线的比例因子。当多重引线不为注释性时，此单选按钮可用。

b. 指定比例：指定多重引线的缩放比例。当多重引线不为注释性时，此单选按钮可用。

（3）【内容】选项卡如图7-147所示。

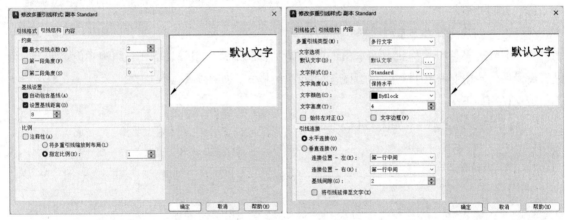

图 7-146   图 7-147

①多重引线类型：确定多重引线是包含文字还是包含块。

②默认文字：设定多重引线内容的默认文字。单击"..."按钮，将启动多行文字在位编辑器。

③文字样式：列出可用的文本样式。

④文字角度：指定文字的旋转角度。

⑤文字颜色：指定文字的颜色。

⑥文字高度：指定文字的高度。

⑦始终左对正：指定文字始终左对齐。

⑧文字边框：使用文本框为文字内容添加边框。

⑨水平连接：水平附着将引线插入文字内容的左侧或右侧。水平附着包括文字和引线之间的基线。

a. 连接位置-左：控制文字位于引线右侧时基线连接到文字的方式。

b. 连接位置-右：控制文字位于引线左侧时基线连接到文字的方式。

c. 基线间隙：指定基线和文字之间的距离。

d. 将引线延伸至文字：将基线延伸到附着引线的文字行边缘（而不是多行文本框的边缘）处的端点。

⑩垂直连接：将引线插入文字内容的顶部或底部。垂直连接不包括文字和引线之间的基线。

a. 连接位置-上：将引线连接到文字内容的中上部。单击下拉菜单以在引线连接和文字内容之间插入上画线。

b. 连接位置-下：将引线连接到文字内容的底部。单击下拉菜单以在引线连接和文字内容之间插入下画线。

c. 基线间隙：指定基线和文字之间的距离。

7.4.2 多重引线标注

设置完多重引线样式之后，接着就可以利用该样式进行多重引线标注。常用的多重引线标注命令的执行方式有如下几种。

方式1：菜单栏。选择【标注】→【多重引线】选项即可，如图7-148所示。

方式2：功能区或工具栏。单击【注释】选项卡→【引线】面板→【多重引线】按钮即可，如图7-149所示；或单击多重引线工具栏中的【多重引线】按钮即可，如图7-150所示。

方式3：快捷键。输入多重引线标注命令MLD，按Space键确认即可，如图7-151所示。

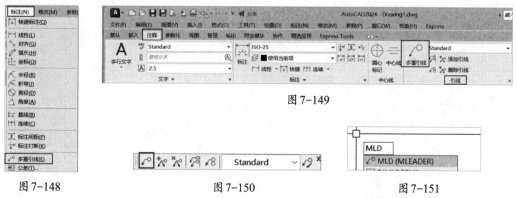

图7-149

图7-148   图7-150   图7-151

执行以上任一多重引线命令方式后，提示指定引线箭头的位置，如图7-152所示。

选项说明如下。

（1）预输入文字：预先输入多重引线的文字。

图7-152

（2）引线基线优先：首先指定多重引线的基线位置。

（3）内容优先：首先输入多重引线的内容。

（4）选项：指定用于放置多重引线对象的选项。

①引线类型：指定如何处理引线。

a. 直线：创建直线多重引线。

b. 样条曲线：创建样条曲线多重引线。

c. 无：创建无引线的多重引线。

②引线基线：指定是否添加水平基线。如果输入"是"，将提示设置基线长度。

③内容类型：指定要用于多重引线的内容类型。

a. 块：指定图形中的块，以与新的多重引线相关联。

b. 多行文字：指定多行文字包含在多重引线中。

c. 无：指定没有内容显示在引线的末端。

④最大节点数：指定新引线的最大点数或线段数。

⑤第一个角度：约束新引线中的第一个点的角度。

⑥第二个角度：约束新引线中的第二个点的角度。

⑦退出选项：退出MLD命令的"选项"分支。

指定引线箭头位置后，提示指定引线基线位置，如图7-153所示。

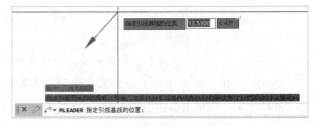

图 7-153

指定引线基线位置后，弹出多行文本对话框，输入文本即可标注多重引线，如图7-154所示。

最终结果如图7-155所示。

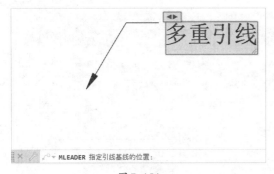

图 7-154

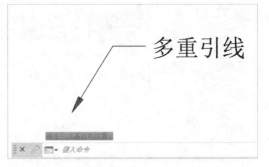

图 7-155

7.4.3 多重引线编辑

1. 添加引线

打开7.4.3素材，单击【注释】选项卡→【引线】面板→【添加引线】按钮，如图7-156所示。

选择需要添加引线的多重引线，如图 7-157 所示。

图 7-156

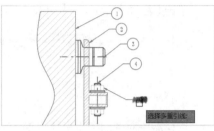

图 7-157

指定引线箭头位置，如图 7-158 所示。按 Space 键确认，即可添加引线，结果如图 7-159 所示。

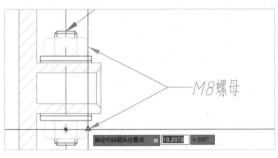

图 7-158

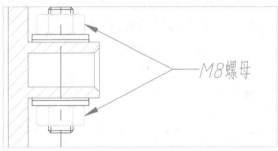

图 7-159

2. 删除引线

单击【注释】选项卡→【引线】面板→【删除引线】按钮，如图 7-160 所示。

选择多重引线，如图 7-161 所示。

图 7-160

图 7-161

指定要删除的引线，如图 7-162 所示。

按 Space 键确认，即可删除引线，如图 7-163 所示。

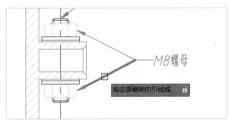

图 7-162

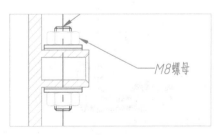

图 7-163

3. 对齐引线

单击【注释】选项卡→【引线】面板→【对齐】按钮，如图7-164所示。

图7-164

选择需要对齐的多重引线，如图7-165所示。

按Space键确认后，选择要对齐到的多重引线，如图7-166所示。

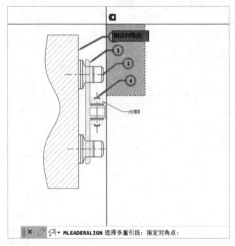

图7-165

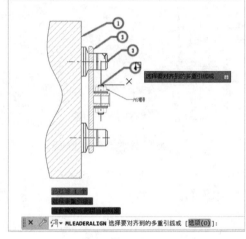

图7-166

指定方向，如图7-167所示。

最终结果如图7-168所示。

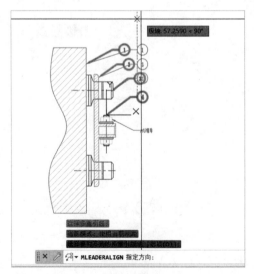

图7-167

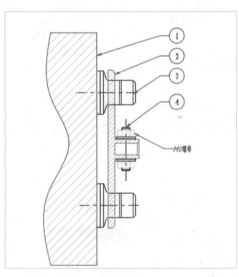

图7-168

4.合并引线

单击【注释】选项卡→【引线】面板→【合并】按钮，如图7-169所示。

图7-169

选择需要合并的多重引线，如图7-170所示。指定收集的多重引线位置，如图7-171所示。最终结果如图7-172所示。

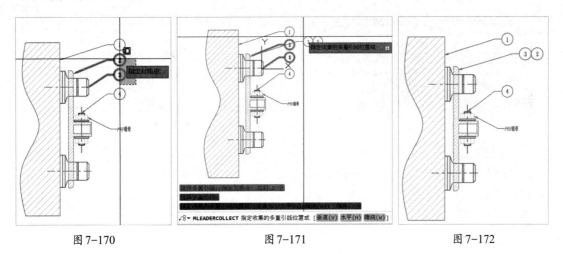

图7-170   图7-171   图7-172

7.5 · 表面粗糙度标注

表面粗糙度是指加工表面具有的较小间距和微小峰谷的不平度。表面粗糙度越小，则表面越光滑。根据国家标准，表面粗糙度代号由规定的符号和有关参数组成，在图样上表示表面粗糙度的符号有5种，如表7-1所示。

表7-1 表示表面粗糙度的符号

序号	符号	意义
1	√	基本符号，表示表面可用任何方法获得
2	√	基本符号加一短划，表示表面用去除材料的方法获得，如车、铣等
3	√	基本符号加一小圆，表示表面用不去除材料的方法获得，或者用于保持原供应状况的表面
4	√√√	在上述3个符号的长边上均可加一横线，用于标注有关参数和说明
5	√√√	在1-3的符号上均可加一小圆，表示所有表面具有相同的表面粗糙度要求

AutoCAD 2024本身并不带有表面粗糙度符号，因此需要将表面粗糙度符号制作成块，通过插入块的形式标注表面粗糙度。其具体的制作参数如图7-173所示。

下面以制作好的表面粗糙度符号对图7-174中的图形进行标注。

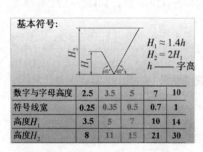

图 7-173

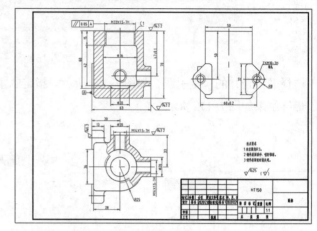

图 7-174

基本符号：					
数字与字母高度	2.5	3.5	5	7	10
符号线宽	0.25	0.35	0.5	0.7	1
高度H_1	3.5	5	7	10	14
高度H_2	8	11	15	21	30

其步骤如下。

步骤1 打开7.5素材，输入图块插入命令I，按Space键确认，如图7-175所示。

图 7-175

步骤2 弹出图块【插入块】对话框，单击【库】，单击【浏览块库】对话框，如图7-176所示。

步骤3 找到第7章中的【粗糙度符号】文件，单击【打开】按钮，如图7-177所示。

步骤4 单击打开的粗糙度符号块文件，如图7-178所示。

图 7-176

图 7-177

图 7-178

步骤5 在需要标注的地方指定插入点，如图7-179所示。

步骤6 弹出【编辑属性】对话框，输入粗糙度值，单击【确定】按钮，如图7-180所示。

步骤7 粗糙度符号标注完成，结果如图7-181所示。

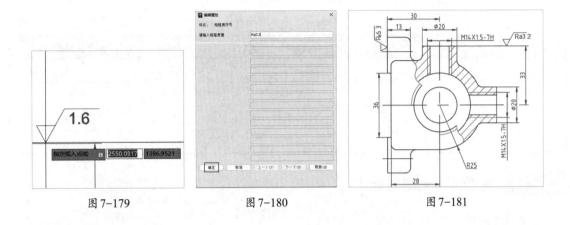

图 7-179　　　　　　　　图 7-180　　　　　　　　图 7-181

7.6 · 基准与形位公差标注

　　加工后的零件不仅有尺寸公差，构成零件几何特征的点、线、面的实际形状和相互位置与理想几何体规定的形状和相互位置也不可避免地存在差异。这种形状上的差异就是形状公差，而相互位置的差异就是位置公差，统称为形位公差。

　　形位公差的标注通常由基准要素符号和形位公差特征符号组成。

　　基准要素符号由大写字母（基准代号，由字母表示，如A、B、C等，I、O、Q除外）、方框、三角形，以及从方框延伸到要素的引线组成，如图7-182所示，其中 h 代表字高。

　　形位公差特征符号如表7-2所示。

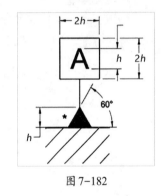

图 7-182

表7-2　形位公差特征符号

公差		特征	符号	有或无基准要求
形状公差	形状	直线度	▬	无
		平面度	▱	无
		圆度	○	无
		圆柱度	⌖	无
	轮廓	线轮廓度	⌒	有或无
		面轮廓度	◠	有或无
位置公差	定向	平行度	//	有
		垂直度	⊥	有
		倾斜度	∠	有
	定位	位置度	⌖	有或无

续表

公差		特征	符号	有或无基准要求
位置公差	定位	同轴（同心）度	◎	有
		对称度	=	有
	跳动	圆跳动	/	有
		全跳动	//	有

7.6.1 基准符号创建与标注

1. 绘制基准符号

绘制基准符号的步骤如下。

步骤1 绘制一个任意长度的等边三角形，如图7-183所示。

步骤2 利用参照缩放将等边三角形的高缩放成2.5，如图7-184所示。

步骤3 实体填充等边三角形成黑色，如图7-185所示。

步骤4 利用直线命令绘制长度为3的直线，如图7-186所示。

图 7-183

图 7-184

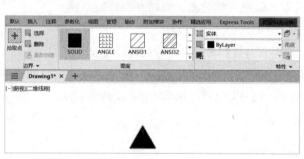

图 7-185

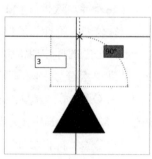

图 7-186

步骤5 绘制一个边长为5的正方形，如图7-187所示。

步骤6 将正方形下边中点移动至线的端点，如图7-188所示。

步骤7 输入属性命令ATT，按Space键确认，如图7-189所示。

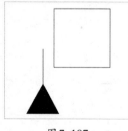

图 7-187

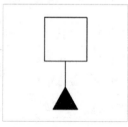

图 7-188

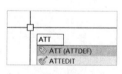

图 7-189

步骤8 弹出【属性定义】对话框，在【标记】文本框中输入"A"，在【提示】文本框中输入"输入基准编号"，在【默认】文本框中输入"A"，单击【确定】按钮，如图7-190所示。

步骤9　将A放在矩形框内，如图7-191所示。

步骤10　利用写块命令将该图形创建为外部块，如图7-192所示。

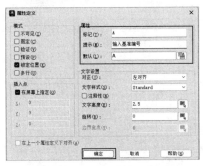
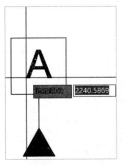

图7-190　　　　　　　　图7-191　　　　　　　　图7-192

2.标注基准符号

步骤1　打开7.6节素材，如图7-193所示。

步骤2　输入插入块命令I，按Space键确认，如图7-194所示。

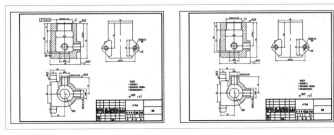

图7-193　　　　　　　　　　　　　　　图7-194

步骤3　打开【插入块】对话框，单击【库】，单击【浏览块库】图标，如图7-195所示。

步骤4　弹出【为块库选择文件夹或文件】对话框，选择基准符号，单击【打开】按钮，如图7-196所示。

步骤5　选中【旋转】复选框，单击基准符号块，如图7-197所示。

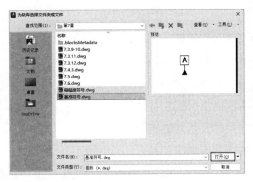

图7-195　　　　　　　　图7-196　　　　　　　　图7-197

步骤6　指定基准符号块插入点，如图7-198所示。

步骤7　旋转至图7-199所示方向，单击确定。

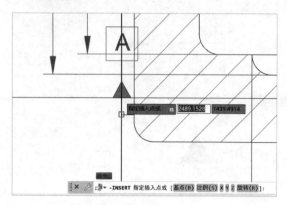

图7-198

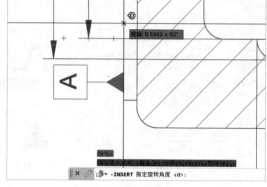

图7-199

步骤8　在【编辑属性】对话框中输入基准编号A，单击【确定】按钮，如图7-200所示。

步骤9　标注完成，结果如图7-201所示。

图7-200

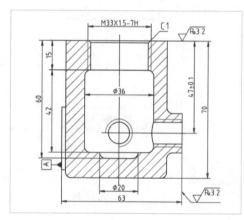

图7-201

7.6.2　形位公差标注

1. 形位公差的使用方法

为了方便机械设计绘图工作，AutoCAD 2024提供了形位公差标注功能。形位公差在新版机械制图国家标准中被改为几何公差，具体的标注形式如图7-202所示。形位公差主要包括指引线、特征符号、公差值、附加符号、基准代号及其附加符号。

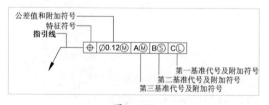

图7-202

执行形位公差标注命令的方式有如下几种。

方式1：菜单栏。选择【标注】→【公差】选项即可，如图7-203所示。

方式2：功能区或工具栏。单击【注释】选项卡→【标注】面板→【形位公差标注】按钮即可，如图7-204所示；或单击标注工具栏中的【形位公差标注】按钮即可，如图7-205所示。

方式3：快捷键。输入形位公差标注命令TOL，按Space键确认即可，如图7-206所示。

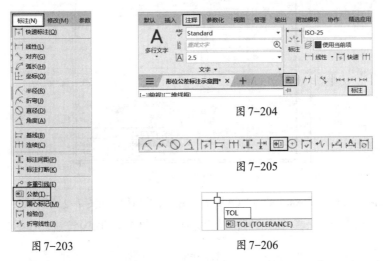

图 7-203

图 7-204

图 7-205

图 7-206

通过以上任意一种方式执行形位公差标注命令后，弹出【形位公差】对话框，如图7-207所示。选项说明如下。

（1）符号：用于设定或改变公差特征符号。单击【符号】下面的黑块，弹出如图7-208所示的【特征符号】对话框，从中选择需要的特征符号即可。

（2）公差1和公差2：用于产生第1个公差和第2个公差的公差值及附加符号。其中，第1个黑块控制是否在公差值前面加一个直径符号，单击即显示直径符号，再次单击则取消；第2个白色文本框用于确定公差值，可在其中输入确定的公差值；第3个黑块用于插入【包容条件】符号，单击可弹出如图7-209所示【附加符号】对话框，从中可选择需要的符号即可。

（3）基准1/2/3：用于确定第1/2/3个基准代号及材料状态符号。其中，白色文本框用于输入基准代号；单击黑块，弹出【附加符号】对话框，从中可选择需要的符号，如图7-210所示。

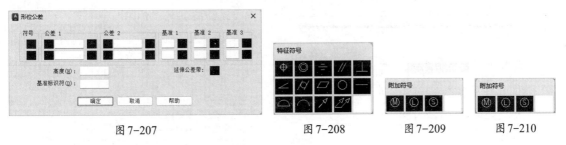

图 7-207

图 7-208

图 7-209

图 7-210

（4）高度：确定标注复合形位公差的高度。

（5）延伸公差带：在延伸公差带值的后面插入延伸公差带符号。

（6）基准标识符：创建由参照字母组成的基准标识符。基准是理论上精确的几何参照，用于建立其他特征的位置和公差带。

2. 形位公差标注应用案例

步骤1　打开7.6节素材，如图7-211所示。

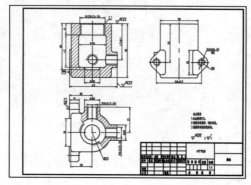

图7-211

步骤2　输入形位公差标注命令TOL，按Space键确认，如图7-212所示。

步骤3　弹出【形位公差】对话框，设置完成后，单击【确定】按钮，如图7-213所示。

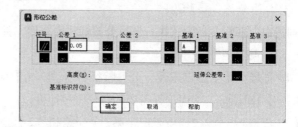

图7-212　　　　图7-213

步骤4　插入在指定位置，如图7-214所示。

步骤5　使用直线命令绘制一条引线，最终结果如图7-215所示。

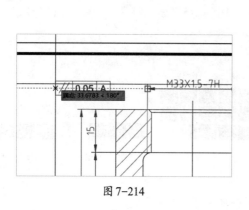

图7-214

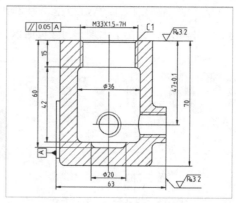

图7-215

第8章

技巧提升：特性与图层使用详解

8.1 · 特性

通过AutoCAD【特性】面板可以快速设置对象的颜色、线型和线宽属性。此外，也可将对象的颜色、线型和线宽属性设置为"ByLayer"或"ByBlock"以适应不同的绘画需求。

（1）ByLayer：随层，图形对象的属性使用其所在图层的属性。图形对象的默认属性是ByLayer，即将同类的很多图形放到一个图层上，通过图层控制图形的属性。如果图形对象没有分层，要实现不同的属性，可以给每个对象设置单独的图形特性，如颜色、线型和线宽。

（2）ByBlock：随块，图形对象的属性使用其所在图块的属性。如果将图形对象属性设置成ByBlock，但没有被定义成块，此对象将使用默认的属性，颜色是白色，线宽为默认线宽，线型为实线。

在【默认】选项卡→【特性】面板中【颜色】【线宽】【线型】下拉列表中可对选定对象的特性进行更改，如图8-1所示，修改特性后，后面绘制的对象将继承此特性。

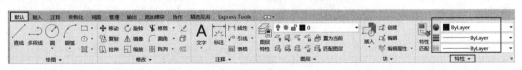

图8-1

按Ctrl+1组合键打开【特性】选项板，在其中也可以对对象的特性进行更改，如图8-2所示。

图8-2

> **技能拓展**
>
> 特性的优先级大于图层，如特性颜色是红色，图层颜色是蓝色，那么对象将显示特性的颜色。

8.2 · 图层

8.2.1 图层设置

图层是AutoCAD中非常重要的管理工具，通过设置图层的特性可以控制图形的颜色、线型、线宽，以及是否显示、是否可被修改和是否可被打印等。AutoCAD 2024提供了详细直观的【图层特性管理器】面板，通过该面板，用户可以对各选项及二级选项进行设置，从而实现对图层特性的设置及图层的管理。

打开【图层特性管理器】面板的方式有如下几种。

方式1：菜单栏。选择【格式】→【图层】选项即可，如图8-3所示。

方式2：功能区或工具栏。单击【默认】选项卡→【图层】面板→【图层特性】按钮即可，如图8-4所示；或单击图层工具栏中的【图层特性】按钮即可，如图8-5所示。

图8-3

图8-4

方式3：快捷键。输入图层特性管理器命令LAYER，按Space键确认即可，如图8-6所示。

图8-5

图8-6

通过以上任意一种方式执行图层特性管理器命令后，打开【图层特性管理器】面板，如图8-7所示。

（a）模型空间选项卡中　　　　　　　　　　　（b）布局空间选项卡中

图8-7

选项说明如下。

1. 图层和图层特性

（1）新建图层：使用默认名称创建图层，用户可以立即更改该名称。新图层将继承图层列表中当前选定图层的特性。

（2）在所有视口中都被冻结的新图层视口 🔳：创建图层，并在所有现有布局视口中将其冻结。可以在【模型】选项卡或【布局】选项卡上访问此按钮。

（3）删除图层 🔳：删除选定图层。

无法删除以下图层。

①图层 0 和 Defpoints。

②当前图层。

③块定义中使用的图层。

④在外部参照中使用的图层。

⑤局部已打开的图形中的图层。

（4）置为当前 🔳：将选定图层设定为当前图层。

2. 图层列表

（1）排序：单击列标签，以按该列进行排序，如图8-8所示。

（2）列顺序：通过将列拖动到列表中的新位置来更改列顺序。例如，把状态拖到名称后面，如图8-9所示。

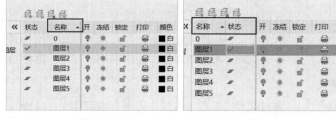

图 8-8   图 8-9

（3）状态。

①✔：此图层为当前图层。

②🔳：此图层包含对象。

③🔳：此图层不包含任何对象。此状态由 SHOWLAYERUSAGE 系统变量控制。

④🔳：此图层包含对象，并且布局视口中的特性替代已打开。

⑤🔳：此图层不包含任何对象，并且布局视口中的特性替代已打开。

⑥🔳：此图层包含对象，并且布局视口中的外部参照和视口特性替代已打开。

⑦🔳：此图层不包含对象，并且布局视口中的外部参照和视口特性替代已打开。

⑧🔳：此图层包含对象，并且外部参照特性替代已打开。

⑨🔳：此图层不包含对象，并且外部参照特性替代已打开。

（4）名称：显示图层或过滤器的名称。按 F2 键可输入新名称。

（5）开：打开和关闭选定图层。当图层打开时，图层可见并且可以打印；当图层关闭时，图层将不可见且不能打印，即使【打印】列中的设置已打开也是如此。

（6）冻结：冻结选定的图层。在复杂图形中，可以通过冻结图层提高性能并减少重生成时间。冻结后，将不会显示、打印或重生成冻结图层上的对象。

（7）锁定：锁定和解锁选定图层。锁定后，无法修改锁定图层上的对象。将光标悬停在锁定图层中的对象上时，对象显示为淡入并显示一个小锁图标。

（8）打印：控制是否打印选定图层。即使图层被关闭或冻结，也可以通过设置图层的"打印"属性来控制是否打印该图层上的对象。如果图层的"打印"属性被关闭，则该图层上的对象将不会被打印，无论图层是否被打开或冻结。

（9）颜色：弹出【选择颜色】对话框，可以在其中指定选定图层的颜色。

（10）线型：弹出【选择线型】对话框，可以在其中指定选定图层的线型。

（11）线宽：弹出【线宽】对话框，可以在其中指定选定图层的线宽。

（12）透明度：弹出【透明度】对话框，可以在其中指定选定图层的透明度。其有效值为0～90，值越大，对象越透明。

（13）打印样式：弹出【选择打印样式】对话框，可以在其中指定选定图层的打印样式。对于颜色相关打印样式（PSTYLEPOLICY 系统变量设置为1），无法更改与图层关联的打印样式。

（14）新视口冻结：在新布局视口中冻结选定图层。例如，若在所有新视口中冻结DIMENSIONS 图层，将在所有新建的布局视口中限制标注显示，但不会影响现有视口中的DIMENSIONS 图层。如果以后创建了需要标注的视口，则可以通过更改当前视口设置来替代默认设置。

（15）说明：描述图层或图层过滤器。

（16）视口冻结（仅在【布局】选项卡中可用）：仅在当前布局视口中冻结选定的图层。如果图层在图形中已冻结或关闭，则无法在当前布局视口中解冻该图层。

（17）视口颜色（仅在【布局】选项卡中可用）：设置与当前布局视口上的选定图层关联的颜色替代。

（18）视口线型（仅在【布局】选项卡中可用）：设置与当前布局视口上的选定图层关联的线型替代。

（19）视口线宽（仅在【布局】选项卡中可用）：设置与当前布局视口上的选定图层关联的线宽替代。

（20）视口透明度（仅在【布局】选项卡中可用）：设置与当前布局视口上的选定图层关联的透明度替代。

（21）视口打印样式（仅在【布局】选项卡中可用）：设置与当前布局视口上的选定图层关联的打印样式替代。当图形中的视觉样式设定为【概念】或【真实】时，替代设置将在视口中不可见或无法打印。对于颜色相关打印样式（PSTYLEPOLICY 系统变量设置为1），无法设置打印样式替代。

3. 管理图层列表

（1）搜索图层 搜索图层 🔍 ：在文本框中输入字符时，按名称过滤图层列表。

搜索图层时支持的通配符如表8-1所示。

表8-1　搜索图层时支持的通配符

字符	定义
#	匹配任意数字
@	匹配任意字母字符

续表

字符	定义
.	匹配任意非字母数字字符
*	匹配任意字符串，可以在搜索字符串的任意位置使用
?	匹配任意单个字符，如?BC 匹配 ABC、3BC 等
~	匹配不包含自身的任意字符串，如 ~*AB* 匹配所有不包含 AB 的字符串
[ ]	匹配括号中包含的任意一个字符，如[AB]C 匹配 AC 和 BC
[~]	匹配括号中未包含的任意字符，如[AB]C 匹配 XC 而不匹配 AC
[-]	指定单个字符的范围，如[A-G]C 匹配 AC、BC 直到 GC，但不匹配 HC
`	逐字读取其后的字符；如`~AB 匹配 ~AB

（2）新建特性过滤器 ⤵：弹出【图层过滤器特性】对话框，从中可以创建图层过滤器。图层过滤器将图层特性管理器中列出的图层限制为具有指定设置和特性的图层。例如，可以将图层列表限制为仅已打开和解冻的图层。

（3）新建组过滤器 ▭：创建图层过滤器，其中仅包含拖动到该过滤器的图层。

（4）过滤器列表：显示图形中的图层过滤器列表。单击 ≫ 或 ≪ 按钮，可展开或收拢过滤器列表。当过滤器列表处于收拢状态时，应使用位于图层特性管理器左下角的【图层过滤器】按钮 ▦· 显示过滤器列表。

有以下 7 种预定义的过滤器。

①全部：列出当前图形中的所有图层。

②所有非外部参照图层：列出未从外部参照图形参照的所有图层。

③所有使用的图层：列出包含对象的所有图层。

④外部参照：列出从外部参照图形参照的所有图层。

⑤外部参照替代：列出从具有外部参照图层特性替代的外部参照图形参照的所有图层。

⑥视口替代：列出包含当前布局视口中特性替代的所有图层。

⑦未协调的新图层：列出自上次打开、保存、重载或打印图形后添加的所有未协调的新图层。当图层通知功能已启用时，新图层将被视为未协调，直到用户以协调形式接受该图层。

4. 其他工具

（1）图层状态管理器：显示图层状态管理器，从中可以保存、恢复和管理图层设置集（图层状态集）。

（2）刷新：刷新图层列表的顺序和图层状态信息。

（3）切换替代突出显示：为图层特性替代打开或关闭背景突出显示。在默认情况下，背景突出显示处于关闭状态。

（4）设置：弹出【图层设置】对话框，从中可以设置各种显示选项。

5.快捷菜单

（1）列标签快捷菜单：按名称列出所有列，选中标记指示该列包括在显示中，如图8-10所示。单击列名称，可显示或隐藏列。仅当布局视口处于活动状态时，视口冻结、视口颜色、视口线型、视口线宽和视口打印样式才可用。

选项说明如下。

①自定义：弹出【自定义图层列】对话框，从中可以指定需隐藏或显示的列，或者更改列顺序。

②最大化所有列：更改所有列的宽度，以使其适合列标题和数据内容。

③最大化列：更改选定列的宽度，以使其适合该列的列标题和数据内容。

④优化所有列：更改所有列的宽度，以使其适合每一列的内容。

⑤优化列：更改选定列的宽度，以使其适合该列的内容。

⑥冻结列（解冻列）：通过冻结，可使列及左侧的所有列在滚动时均可见；解冻以便所有列均可滚动。

⑦将所有列恢复为默认值：将所有列设置为其默认的显示和宽度设置。

图 8-10

（2）图层列表快捷菜单如图8-11所示。

选项说明如下。

①显示过滤器树：显示过滤器列表。取消选中此选项，可以隐藏该列表。

②显示图层列表中的过滤器：显示位于图层列表顶部的图层过滤器。取消选中此选项，将仅显示图层列表中的图层。

③置为当前：将选定图层设定为当前图层。

④新建图层：创建图层。

⑤重命名图层：编辑图层名。

⑥删除图层：从图形文件中删除选定图层。

⑦更改说明：编辑选定图层的说明。如果图层过滤器显示在图层列表中，则可以通过编辑过滤器的说明，在过滤器的所有图层上编辑它。

图 8-11

⑧从组过滤器中删除：选定图层从过滤器列表中选定的图层组过滤器中删除。

⑨重置以下对象的外部参照图层特性：针对单个外部参照或所有外部参照删除选定图层（或所有图层）上的单个替代特性或所有特性替代。根据打开图层列表快捷菜单时光标所处的位置，在弹出菜单中将显示不同的选项。要删除单个外部参照特性替代，应在该特性替代上右击。

⑩协调图层：从未协调的新图层过滤器中删除新图层。此选项仅在已选定未协调图层时可用。当图层通知功能已启用时，新图层将被视为未协调，直到用户以协调形式接受该图层。

⑪删除视口替代：此选项仅在布局视口中可用，删除当前视口或所有视口的选定图层（或所有图层）上的单个替代特性或所有特性替代。根据打开图层列表快捷菜单时光标所处的位置，在弹出菜单中将显示不同的选项。要删除单个特性替代，应在该特性替代上右击。

⑫所有视口中已冻结的新图层：创建图层，并在所有现有布局视口和新视口中将其冻结。

⑬视口冻结图层：冻结所有新的和现有布局视口中选定的图层。

⑭所有视口中的视口解冻图层：解冻所有新的和现有布局视口中选定的图层。

⑮隔离选定的图层：关闭选定图层之外的所有图层。

⑯将选定图层合并到：将选定的图层合并到指定的图层，选定图层上的对象将移动到新图层并继承该图层的特性。

⑰全部选择：选择显示在图层列表中的所有图层。

⑱全部清除：取消选择图层列表中的所有图层。

⑲除当前对象外全部选择：选择显示在图层列表中的所有图层，当前图层除外。

⑳反转选择：选择图层列表中显示的所有项目，当前选定的项目除外。

㉑反转图层过滤器：显示所有不满足活动图层特性过滤器中条件的图层。

㉒图层过滤器：显示包括默认图层过滤器在内的图层过滤器列表。单击过滤器，可将其应用到图层列表。

㉓保存图层状态：将当前图层设置另存为图层状态。

㉔恢复图层状态：显示图层状态管理器，从中可以选择要恢复的图层状态。此操作仅恢复那些在保存图层状态时，已在图层状态管理器中指定的设置。

（3）过滤器列表快捷菜单如图 8-12 所示。

选项说明如下。

①可见性：更改选定过滤器中图层的可见性。

②锁定：控制是锁定还是解锁选定过滤器中的图层。

③视口：在当前布局视口中，控制选定过滤器中图层的【视口冻结】设置。

④隔离组：冻结所有未包括在选定过滤器中的图层。

a. 所有视口。在所有布局视口中，将未包括在选定过滤器中的所有图层设置为【视口冻结】；在模型空间中，将冻结不在选定过滤器中的所有图层，当前图层除外。

图 8-12

b. 仅活动视口。在当前布局视口中，将未包括在选定过滤器中的所有图层设置为【视口冻结】；在模型空间中，将关闭未包括在选定过滤器中的所有图层，当前图层除外。

⑤重置外部参照图层特性：针对选定外部参照删除外部参照特性替代。可以为选定的外部参照重置所有替代，或者重置特定的外部参照图层特性替代。

⑥新建特性过滤器：弹出【图层过滤器特性】对话框。

⑦新建组过滤器：创建图层组过滤器。

⑧转换为组过滤器：将选定图层特性过滤器转换为图层组过滤器。

⑨重命名：编辑选定的图层过滤器名称。

⑩删除：删除选定的图层过滤器。无法删除【全部】【所有使用的图层】或【外部参照】图层过滤器。

⑪特性：弹出【图层过滤器特性】对话框，从中可以修改选定图层特性过滤器的定义。仅当选定了某一个图层特性过滤器后，此选项才可用。

⑫选择图层：添加或替换选定图层组过滤器中的图层。仅当选定了某一个图层组过滤器后，此选项才可用。

a. 添加：将图层从图形中选定的对象添加到选定图层组过滤器。

b. 替换：用图形中选定对象所在的图层替换选定图层组过滤器的图层。

8.2.2　颜色设置

打开【图层特性管理器】面板，单击特定图层上的【颜色】按钮，如图8-13所示，弹出【选择颜色】对话框，在其中选择颜色即可，如图8-14所示。

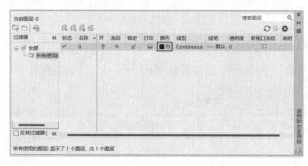

图 8-13

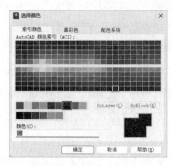

图 8-14

选项说明如下。

1. 【索引颜色】选项卡

【索引颜色】选项卡中提供了255种索引颜色，选择需要的颜色即可，如图8-15所示。

所选择的索引颜色代号值会显示在【颜色】文本框中，也可直接在颜色文本框中输入自己设定的代号值来选择颜色。单击【ByLayer（L）】和【ByBlock（K）】两个按钮，可分别按图层和图块设置颜色。这两个按钮只有在设定了图层颜色和图块颜色后才可以使用。

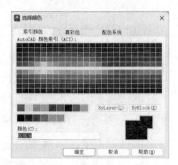

图 8-15

2.【真彩色】选项卡

选择【真彩色】选项卡，在其中可以选择需要的颜色，如图8-16所示。可以通过拖动调色板中的颜色指示光标和亮度滑块选择颜色及亮度，也可以通过色调、饱和度、亮度的调节按钮选择需要的颜色。所选颜色RGB值将显示在下方的【RGB颜色】文本框中，也可以直接在【RGB颜色】文本框中输入RGB值选择需要的颜色。

在此选项卡中还有一个【颜色模式】下拉列表，其默认是HSL模式，也可选择RGB模式来设置颜色，如图8-17所示。

3.【配色系统】选项卡

选择【配色系统】选项卡，首先在【配色系统】下拉列表中选择需要的系统，然后拖动右侧滑块选择颜色，最后在左边选择具体颜色编号即可。所选颜色编号会在【颜色】文本框中显示，也可以直接在该文本框输入编号选择需要的颜色，如图8-18所示。

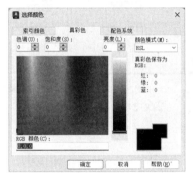

图 8-16

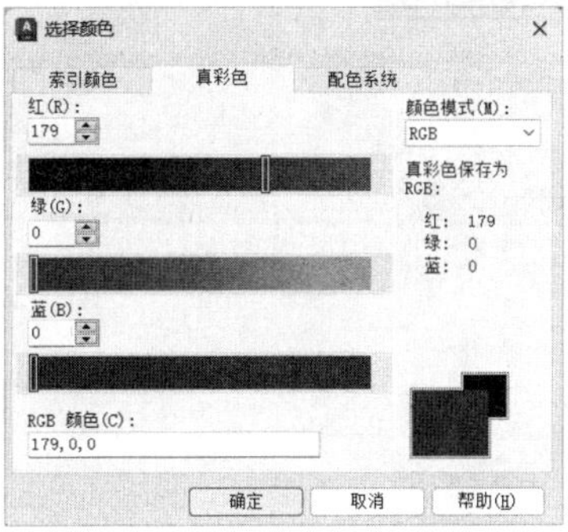

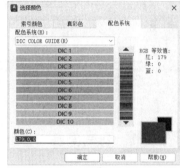

图 8-17

图 8-18

8.2.3　线型设置

打开【图层特性管理器】面板，单击特定图层上的【线型】按钮，如图8-19所示，弹出【选择线型】对话框，选择已加载的线型，单击【确定】按钮即可，如图8-20所示。

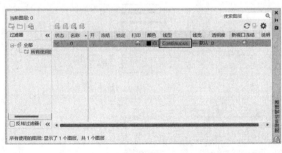

图 8-19

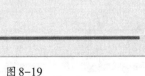

图 8-20

如果已加载的线型中没有需要的线型，则单击【加载】按钮（见图8-21），在弹出的【加载或重载线型】对话框中选择需要的线型，单击【确定】按钮，如图8-22所示。

图 8-21　　　　　　　　　　　　　　　　图 8-22

　　在【选择线型】对话框中选择加载完成的线型，单击【确定】按钮，即可完成设置，如图 8-23 和图 8-24 所示。

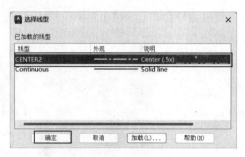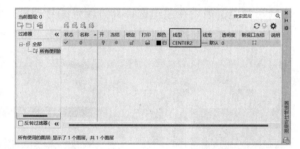

图 8-23　　　　　　　　　　　　　　　　图 8-24

8.2.4　线宽设置

　　打开【图层特性管理器】面板，单击特定图层上的【线宽】按钮，如图 8-25 所示，弹出【线宽】对话框，选择需要的线宽，单击【确定】按钮，线宽即设置完成，如图 8-26 和图 8-27 所示。

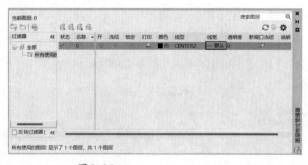

图 8-25　　　　　　　　　　　　　　　　图 8-26

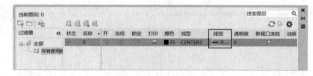

图 8-27

8.2.5　其他图层相关管理技巧

前面我们介绍了图层特性管理器中的相关图层管理技巧，下面我们将介绍图层面板中的一些图层管理技巧，如图8-28所示。

选项说明如下。

1. 关

单击【关】按钮 🔖，将关闭选定对象所在的图层。

其使用方法如下。

（1）打开8.2.5素材，如图8-29所示。

（2）单击【默认】选项卡→【图层】面板→【关】按钮或输入命令LAYOFF即可，如图8-30所示。

（3）提示选择要关闭的图层上的对象，如图8-31所示。

选项说明如下。

①设置：显示【视口和块定义】设置类型。选定的设置在会话间保持不变。

②视口：显示视口设置类型。

a.视口冻结：在图纸空间的当前视口中冻结选定的图层。

b.关：在图纸空间的所有视口中关闭选定的图层。

③块选择：显示【块选择】设置类型，从中可以冻结选定对象所在的图层。

a. 块：关闭选定对象所在的图层。如果选定的对象嵌套在块中，则关闭包含该块的图层；如果选定的对象嵌套在外部参照中，则关闭该对象所在的图层。

b. 图元：即使选定对象嵌套在外部参照或块中，仍将关闭选定对象所在的图层。

c. 无：关闭选定对象所在的图层。如果选定块或外部参照，则关闭包含该块或外部参照的图层。

（4）例如，选择标注，如图8-32所示。

图 8-28

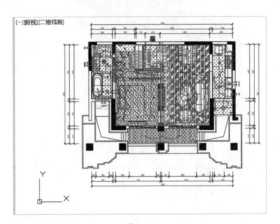

图 8-29

图 8-30

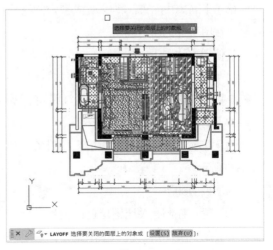

图 8-31

（5）这样即可关闭标注所在图层，如图8-33所示。

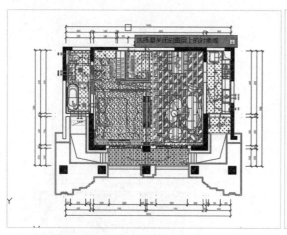

图8-32   图8-33

2. 打开所有图层

单击【打开所有图层】按钮，将打开图形中的所有图层。

其使用方法如下。

（1）单击【默认】选项卡→【图层】面板→【打开所有图层】按钮或输入命令LAYON即可，如图8-34所示。

图8-34

（2）所有关闭的图层都会被打开，如图8-35所示。

3. 隔离

单击【隔离】按钮，将隐藏或锁定除选定对象所在图层外的所有图层。

其使用方法如下。

（1）单击【默认】选项卡→【图层】面板→【隔离】按钮或输入命令LAYISO即可，如图8-36所示。

（2）提示选择要隔离的图层上的对象，如图8-37所示。

选项说明如下。

①设置：控制是关闭图层还是锁定图层。

②关闭：关闭所有视口中除选定图层之外的所有图层。

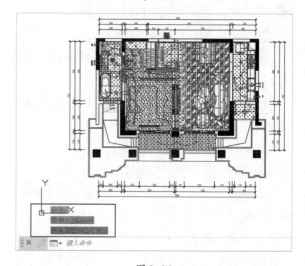

图8-35

图8-36

③锁定和淡入：锁定除选定对象所在的图层之外的所有图层，并设置锁定图层的淡入度。

（3）例如，选择尺寸标注，如图8-38所示，就会把除尺寸标注所在图层以外的所有图层都隔离，最终结果如图8-39所示。

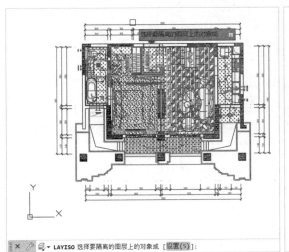

图 8-37

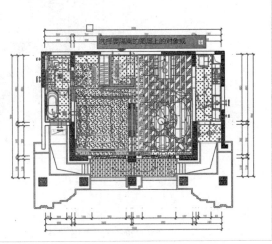

图 8-38

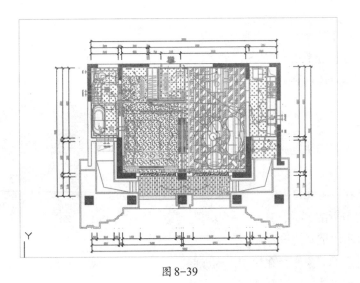

图 8-39

4. 取消隔离

单击【取消隔离】按钮，将恢复使用 LAYISO 命令隐藏或锁定的所有图层其使用方法如下。

单击【默认】选项卡→【图层】面板→【取消隔离】按钮或输入命令LAYUNISO，如图8-40所示，就可以恢复使用 LAYISO 命令隐藏或锁定的所有图层，如图8-41所示。

图 8-40

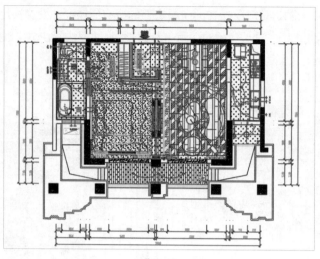

图 8-41

5. 冻结

单击【冻结】按钮，将冻结选定对象所在的图层。

图 8-42

其使用方法如下。

（1）单击【默认】选项卡→【图层】面板→【冻结】按钮或输入命令LAYFRZ，如图8-42所示。

（2）提示选择要冻结的图层上的对象，如图8-43所示。

选项说明如下。

①设置：显示视口和块定义的设置。

②视口：显示视口的设置。

a.冻结：冻结在所有视口中的所有对象。

b.视口冻结：仅冻结当前视口中的一个对象。

c.块选择：显示块定义的设置。

d.块：如果选定的对象嵌套在块中，则冻结该块所在的图层；如果选定的对象嵌套在外部参照中，则冻结该对象所在的图层。

e.图元：即使选定的对象嵌套在外部参照或块中，仍冻结这些对象所在的图层。

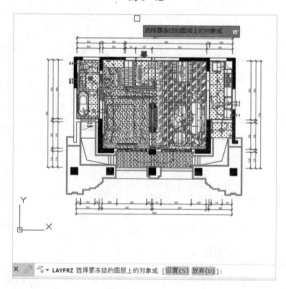

图 8-43

f.无：如果选定块或外部参照，则冻结包含该块或外部参照的图层。

例如，选择标注对象，如图8-44所示，即可将标注所在的图层上的对象全部冻结，如图8-45所示。

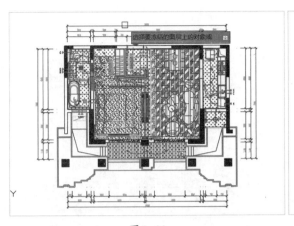

图 8-44

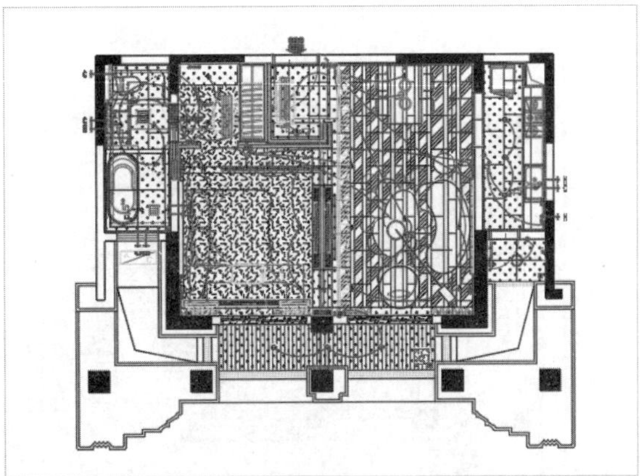

图 8-45

6. 解冻所有图层

单击【解冻所有图层】按钮，将解冻图形中的所有图层。

其使用方法如下。

单击【默认】选项卡→【图层】面板→【解冻所有图层】按钮，如图 8-46 所示，即可解冻图形中的所有图层，如图 8-47 所示。

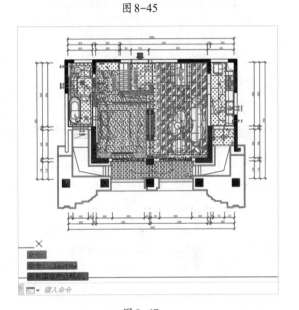

图 8-46

图 8-47

7. 锁定

单击【锁定】按钮，将锁定选定对象所在的图层。

其使用方法如下。

（1）单击【默认】选项卡→【图层】面板→【锁定】按钮或输入命令 LAYLCK，如图 8-48 所示。

图 8-48

（2）选择要锁定的图层上的对象，如标注图层，如图 8-49 所示。

（3）标注图层被锁定，锁定的图层会被淡显，如图 8-50 所示。

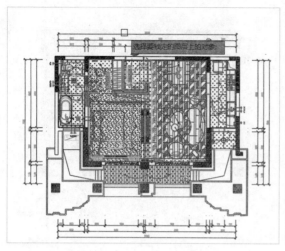

图 8-49

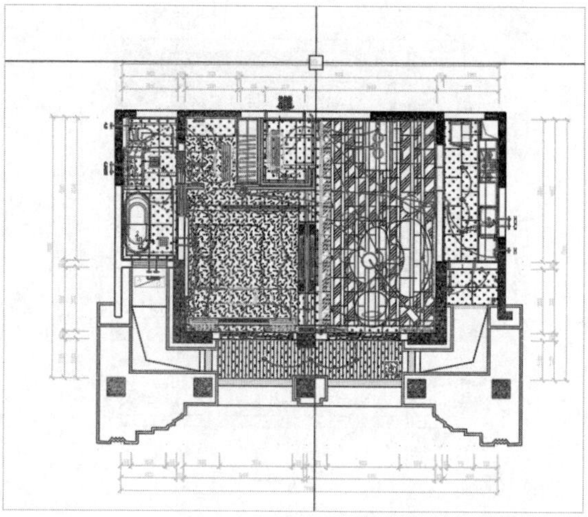

（4）图层淡显值可以在【默认】选项卡→【图层】面板中进行设置，如图8-51所示。

8. 解锁

单击【解锁】按钮，将解锁选定对象所在的图层。

其使用方法如下。

（1）单击【默认】选项卡→【图层】面板→【解锁】按钮或输入命令LAYULK，如图8-52所示。

图 8-50

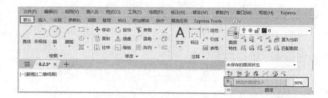

图 8-51

图 8-52

（2）选择要解锁的图层上的对象，如图8-53所示，即可解锁锁定的图层，如图8-54所示。

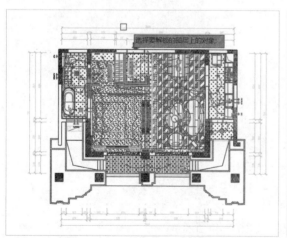

图 8-53

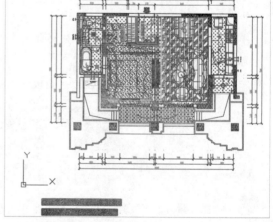

图 8-54

9. 置为当前

单击【置为当前】按钮，将当前图层设定为选定对象所在的图层。

其使用方法如下。

（1）例如，当前是0图层，如图8-55所示。

（2）单击【默认】选项卡→【图层】面板→【置为当前】按钮或输入命令LAYMCUR，如图8-56所示。

图 8-55 　　　　　　　　　　　　　　　　图 8-56

（3）提示选择将使其图层成为当前图层的对象，如选择标注对象，如图8-57所示，当前图层就会切换至标注对象所在的图层，如图8-58所示。

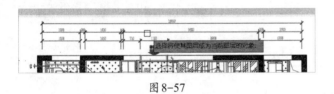

图 8-57 　　　　　　　　　　　　　　　　图 8-58

10. 匹配图层

单击【匹配图层】按钮，将更改选定对象所在的图层，以使其匹配目标图层。

其使用方法如下。

（1）单击【默认】选项卡→【图层】面板→【匹配图层】按钮或输入命令LAYMCH，如图8-59所示。

（2）提示选择需要更改图层的对象，按Space键确认，如图8-60所示。

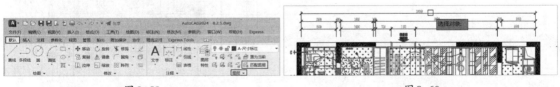

图 8-59 　　　　　　　　　　　　　　　　图 8-60

（3）提示选择目标图层上的对象，如选择墙体，如图8-61所示。

（4）这样该标注对象图层就会被改成墙体图层，如图8-62所示。

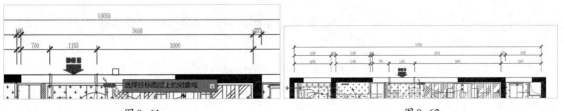

图 8-61 　　　　　　　　　　　　　　　　图 8-62

11. 上一个

单击【上一个】按钮，将放弃对图层设置的上一个或上一组更改。

使用【上一个图层】时，可以放弃使用【图层】控件、图层特性管理器或 –LAYER 命令所做的最新更改。用户对图层所做的更改都将被追踪，并且可以通过【上一个图层】放弃操作。

LAYERP（上一个图层）没有放弃以下更改。

（1）重命名的图层：如果重命名图层并更改其特性，则【上一个图层】将恢复原特性，但不恢复原名称。

（2）删除的图层：如果对图层进行了删除或清理操作，则使用【上一个图层】将无法恢复该图层。

（3）添加的图层：如果将新图层添加到图形中，则使用【上一个图层】不能删除该图层。

其使用方法如下。

（1）例如，上一步操作是将标注图层关闭，如图8-63所示。

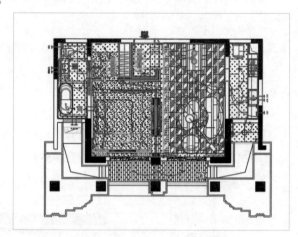

图 8-63

（2）单击【默认】选项卡→【图层】面板→【上一个】按钮或输入命令LAYERP，如图8-64所示，就会恢复上一步所做的图层相关操作，如图8-65所示。

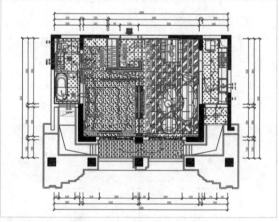

图 8-64

图 8-65

12. 更改为当前图层

单击【更改为当前图层】按钮，会将选定对象的图层特性更改为当前图层的特性。

其使用方法如下。

（1）例如，当前图层是W-水路-上下水系统，如图8-66所示。

（2）单击【默认】选项卡→【图层】面板→【更改为当前图层】按钮或输入命令LAYCUR，如

图8-67所示。

图8-66

图8-67

（3）选择某一个标注对象，如图8-68所示，该对象会被更改为当前图层的特性，如图8-69所示。

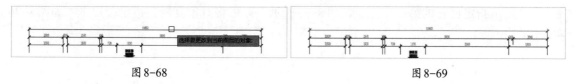

图8-68   图8-69

13.将对象复制到新图层

单击【将对象复制到新图层】按钮，将一个或多个对象复制到其他图层。

其使用方法如下。

（1）单击【默认】选项卡→【图层】面板→【将对象复制到新图层】按钮或输入命令COPYTOLAYER，如图8-70所示。

图8-70

（2）选择要复制的对象，如红色的圆，如图8-71所示。

（3）提示选择目标图层上的对象或名称，这里直接选择目标对象或输入n，按Space键确认，如图8-72所示。

图8-71

图8-72

（4）弹出【复制到图层】对话框，选择目标图层，单击【确定】按钮，如图8-73所示。

（5）提示指定基点，如选择圆心，如图8-74所示。

图 8-73

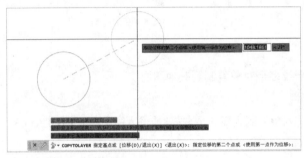

图 8-74

（6）提示指定位移的第二个点，如图8-75所示，即可将对象复制到指定图层上，如图8-76所示。

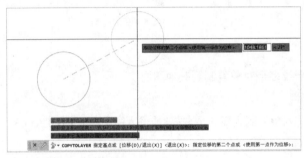

图 8-75

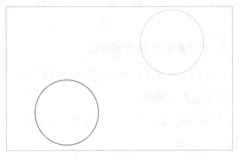

图 8-76

14. 图层漫游

单击【图层漫游】按钮，将显示选定图层上的对象并隐藏所有其他图层上的对象。

其使用方法如下。

（1）单击【默认】选项卡→【图层】面板→【图层漫游】按钮或输入命令LAYWALK，如图8-77所示。

（2）弹出【图层漫游-图层数：42】对话框，如图8-78所示。

图 8-77

（3）单击图层，即可显示选定图层上的对象并隐藏所有其他图层上的对象，如图8-79所示。

图 8-78

图 8-79

15. 视口冻结当前视口以外的所有视口

单击【视口冻结当前视口以外的所有视口】按钮，将冻结除当前视口外的所有布局视口中的选定图层。

其使用方法如下。

（1）打开8.2.5-2素材，切换到【布局1】选项卡，如图8-80所示。

（2）双击左边第1个图视口内任意位置进入视口，如图8-81所示。

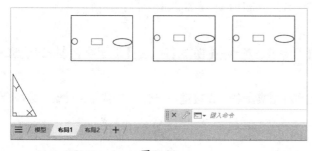 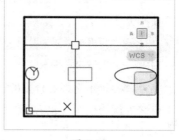

图 8-80   图 8-81

（3）单击【默认】选项卡→【图层】面板→【视口冻结当前视口以外的所有视口】按钮或输入命令LAYVPI，如图8-82所示。

（4）提示选择要在视口中隔离的图层上的对象，如图8-83所示。

 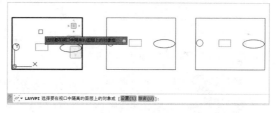

图 8-82   图 8-83

选项说明如下。

①设置：显示【视口和块定义】设置类型。

②布局：显示用于隔离图层的布局选项。

a. 所有布局：在所有布局中，在除当前视口之外的所有视口中隔离选定对象所在的图层。

b. 当前布局：在当前布局中，在除当前视口之外的所有视口中隔离选定对象所在的图层。

③块选择：显示【块选择】设置类型，从中可以冻结选定对象所在的图层。

a. 块：隔离选定对象所在的图层。如果选定的对象嵌套在块中，则隔离包含该块的图层；如果选定的对象嵌套在外部参照中，则隔离该对象所在的图层。

b. 图元：即使选定对象嵌套在外部参照或块中，仍将隔离选定对象所在的图层。

c. 无：隔离选定对象所在的图层。如果选定块或外部参照，则隔离包含该块或外部参照的图层。

（5）例如，选择矩形对象，如图8-84所示，就会冻结除当前视口外的所有布局视口中的选定图层，如图8-85所示。

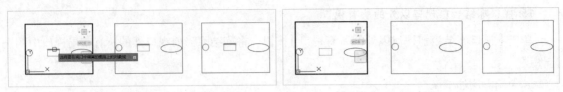

图 8-84   图 8-85

16. 合并

单击【合并】按钮，将选定图层合并为一个目标图层，并从图形中将它们删除。

其使用方法如下。

步骤1   打开8.2.5-2素材，单击【默认】选项卡→【图层】面板→【图层合并】按钮或输入命令LAYMRG，如图8-86所示。

步骤2   提示选择要合并的图层上的对象或命名，直接选择要合并图层上的对象或选择命名，这里以命名为例，如图8-87所示。

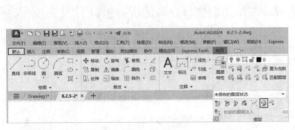

图 8-86

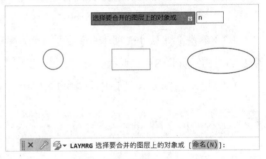

图 8-87

步骤3   弹出【合并图层】对话框，选择要合并的图层，单击【确定】按钮，如图8-88所示。

步骤4   按Space键确认，提示选择目标图层上的对象，输入n，按Space键确认，如图8-89所示。

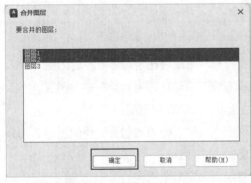

图 8-88

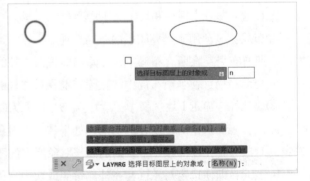

图 8-89

步骤5   选择【图层3】，单击【确定】按钮，如图8-90所示。

步骤6   弹出【合并到图层】对话框，单击【是】按钮，如图8-91所示。

步骤7 这样就把图层1、图层2全部合并到图层3，并删除图层1和图层2，如图8-92所示。

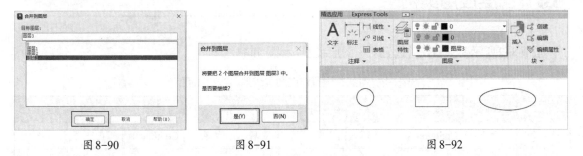

图 8-90   图 8-91   图 8-92

17. 删除

单击【删除】按钮，将删除图层上的所有对象并清理该图层。

其使用方法如下。

步骤1 单击【默认】选项卡→【图层】面板→【图层删除】按钮或者输入命令LAYDEL，如图8-93所示。

步骤2 提示选择要删除的图层上的对象或名称，输入n，按Space键确认选择名称，如图8-94所示。

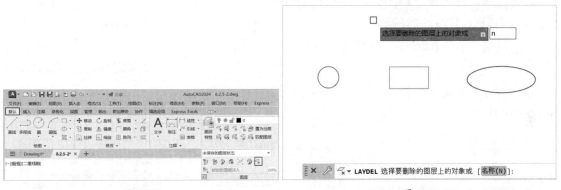

图 8-93   图 8-94

步骤3 弹出【删除图层】对话框，选择要删除的图层，如【图层1】【图层2】，单击【确定】按钮，如图8-95所示。

步骤4 弹出【图层删除-删除确认】对话框，单击【删除图层】按钮，如图8-96所示。

步骤5 这样图层和对象都会被删除，如图8-97所示。

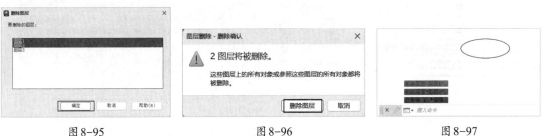

图 8-95   图 8-96   图 8-97

8.3 · 图层应用案例

按表8-2所示要求新建并设置对应图层线型、线宽和颜色。

表8-2 新建并设置对应图层线型、线宽和颜色

名称	颜色	线型	线宽	是否打印	名称	颜色	线型	线宽	是否打印
粗实线	白色	Continuous	0.5	是	尺寸层	绿色	Continuous	0.25	是
细实线	青色	Continuous	0.25	是	文字层	绿色	Continuous	0.25	是
虚线	黄色	HIDDEN	0.25	是	剖面图案层	青色	Continuous	0.25	是
中心线	红色	CENTER	0.25	是	不打印图层	9号灰色	Continuous	默认	否
双点画线	洋红	DIVIDE	0.25	是	—	—	—	—	—

其步骤如下。

步骤1 输入命令LAYER，打开【图层特性管理器】面板，如图8-98所示。

步骤2 单击【新建图层】按钮，如图8-99所示。

步骤3 将新建的图层命名为【粗实线】，如图8-100所示。

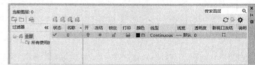

图8-98

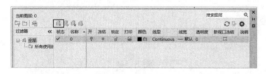

图8-99

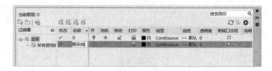

图8-100

步骤4 单击粗实线图层中的线宽，将其设置成0.5，如图8-101所示。

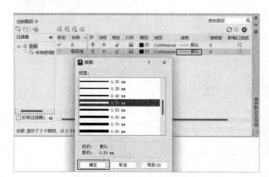
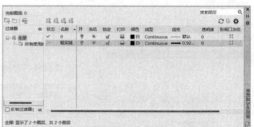

图8-101

步骤5 再次单击【新建图层】按钮，将图层命名为【细实线】，单击细实线图层中的颜色按钮，如图8-102所示。

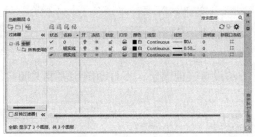

图 8-102

步骤6 弹出【选择颜色】对话框，在【索引颜色】选项卡中选择【青色】，单击【确定】按钮，如图8-103所示。

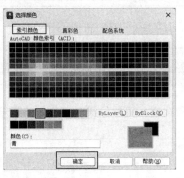

图 8-103

步骤7 将线宽改成0.25，如图8-104所示。

步骤8 再次单击【新建图层】按钮，将图层命名为【虚线】，设置【颜色】为黄色，线宽为0.25，如图8-105所示。

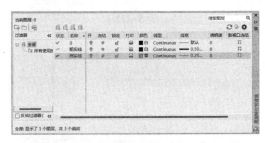

图 8-104

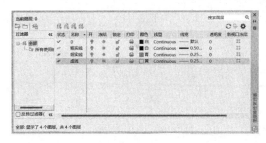

图 8-105

步骤9 单击虚线图层中的线型按钮，如图8-106所示。

步骤10 弹出【选择线型】对话框，单击【加载】按钮，如图8-107所示。

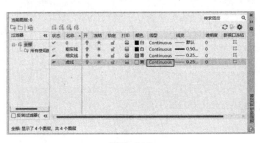

图 8-106

图 8-107

步骤11 选择HIDDEN线型，单击【确定】按钮，如图8-108所示。

步骤12 选择已加载的线型，单击【确定】按钮，如图8-109所示，最终结果如图8-110所示。

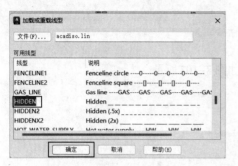

图 8-108　　　　　　　　　　　　　　　　　　　　　图 8-109

按以上方法设置其他图层，不打印图层需要关闭打印选项，最终结果如图8-111所示。

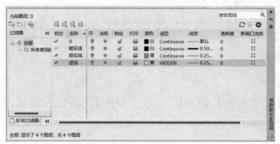

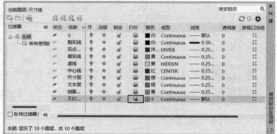

图 8-110　　　　　　　　　　　　　　　　　　　　　图 8-111

第9章

不惧复杂操作：图块与组使用详解

9.1 · 图块的创建

图块是由一组图形对象组成的集合。通常创建图块的方式有两种：一种是创建内部块，该图块只能在当前图纸中进行插入；另一种是创建外部块，该图块可以在任意图形中插入。

9.1.1 内部块创建

打开9.1节素材，以马桶为例，创建马桶内部块。

创建内部块有如下几种常用方式。

方式1：菜单栏。选择【绘图】→【块】→【创建】选项即可，如图9-1所示。

方式2：功能区或工具栏。单击【默认】选项卡→【块】面板→【创建】按钮即可，如图9-2所示；或单击绘图工具栏中的【创建】按钮即可，如图9-3所示。

方式3：快捷键。输入创建块命令B，按Space键确认即可，如图9-4所示。

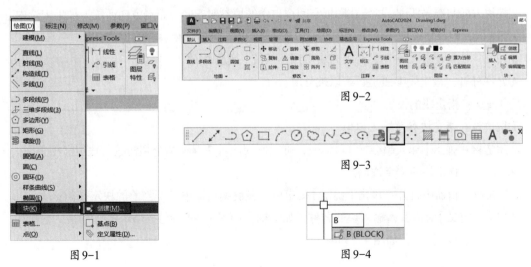

图9-1

图9-2

图9-3

图9-4

执行以上任意一种创建块的方式后，弹出【块定义】对话框，如图9-5所示。

选项说明如下。

（1）名称：指定块的名称。

（2）基点：指定块的插入基点。

①在屏幕上指定：关闭【块定义】对话框时，
将提示用户指定基点。

②拾取点：暂时关闭【块定义】对话框，以使
用户能在当前图形中拾取插入基点。

a. X：指定 X 坐标值。

b. Y：指定 Y 坐标值。

c. Z：指定 Z 坐标值。

图9-5

（3）对象：指定新块中要包含的对象，以及创建块之后如何处理这些对象，是保留还是删除选
定的对象或是将它们转换成块实例。

①在屏幕上指定：关闭【块定义】对话框时，将提示用户指定对象。

②选择对象：暂时关闭【块定义】对话框，允许用户选择块对象。选择对象后，按 Enter 键可
返回该对话框。

③快速选择：弹出【快速选择】对话框，该对话框中可定义选择集。

④保留：创建块以后，将选定对象保留在图形中作为区别对象。

⑤转换为块：创建块以后，将选定对象转换成图形中的块实例。

⑥删除：创建块以后，从图形中删除选定的对象。

⑦选定的对象：显示选定对象的数目。

（4）方式：指定块的方式。

①注释性：指定块为注释性。

②使块方向与布局匹配：指定在图纸空间视口中的块参照方向与布局方向匹配。如果未选中【注
释性】复选框，则该复选框不可用。

③按统一比例缩放：指定是否阻止块参照不按统一比例缩放。

④允许分解：指定块参照是否可以被分解。

（5）设置：指定块的设置。

①块单位：指定块参照插入单位。

②超链接：弹出【插入超链接】对话框，可以使用该对话框将某个超链接与块定义相关联。

（6）说明：指定块的文字说明。

（7）在块编辑器中打开：单击【确定】按钮后，在块编辑器中打开当前的块定义。

弹出【块定义】对话框，输入块的名称，如马桶，如图9-6所示。

单击【拾取点】按钮，如图9-7所示。

图 9-6

图 9-7

拾取马桶左边中点为基点，如图 9-8 所示。

单击【选择对象】按钮，如图 9-9 所示。

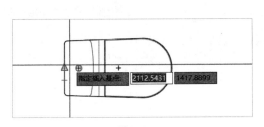

图 9-8

图 9-9

选择马桶对象，按 Space 键确认，如图 9-10 所示。

单击【确定】按钮，马桶内部块即创建完成，如图 9-11 所示。

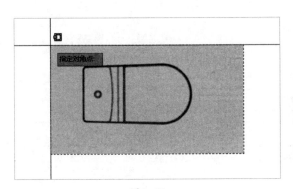

图 9-10

图 9-11

9.1.2　外部块创建

打开 9.1 素材，以冰箱平面图为例，创建冰箱外部块。

输入创建外部块命令 WB，按 Space 键确认，如图 9-12 所示。

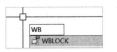

图 9-12

弹出【写块】对话框，在【源】中选择【对象】单选按钮，如图9-13所示。

选项说明如下。

（1）块：指定要另存为文件的现有块，从列表中选择名称。

（2）整个图形：选择要另存为其他文件的当前图形。

（3）对象：选择要另存为文件的对象。指定基点并选择下面的对象。

（4）插入单位：指定从设计中心拖动新文件或将其作为块插入使用不同单位的图形中时用于自动缩放的单位值。如果希望插入时不自动缩放图形，则选择【无单位】选项。

单击【拾取点】按钮，即图块插入时的基点，如图9-14所示，拾取冰箱背面中点为插入基点，如图9-15所示。

图9-13

图9-14

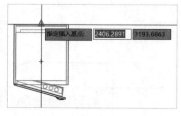

图9-15

单击【选择对象】按钮，如图9-16所示。

框选冰箱为选择对象，如图9-17所示。

按Space键，弹出【写块】对话框，单击文件名和路径后面的【浏览】按钮□，如图9-18所示。

图9-16

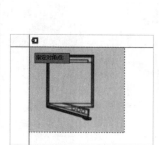

图9-17

图9-18

弹出【浏览图形文件】对话框，选择保存位置并命名，单击【保存】按钮，如图9-19所示。

单击【确定】按钮，制作完成，如图9-20所示。

图 9-19　　　　　　　　　　　　　图 9-20

9.2 图块的插入

9.2.1 内部块插入

不管是内部块命令还是外部块命令做的块，在使用时都需要插入图形。内部块只能在当前图形进行插入，外部块可以在任何图形进行插入。插入块的方式有如下几种。

方式 1：菜单栏。选择【插入】→【块选项板】选项即可，如图 9-21 所示。

方式 2：功能区或工具栏。单击【默认】选项卡→【块】面板→【插入】下拉按钮，在打开的下拉列表中选择【最近使用的块】选项即可，如图 9-22 所示；或单击插入工具栏中的【插入】按钮即可，如图 9-23 所示。

方式 3：快捷键。输入插入块命令 I，按 Space 键确认，如图 9-24 所示。

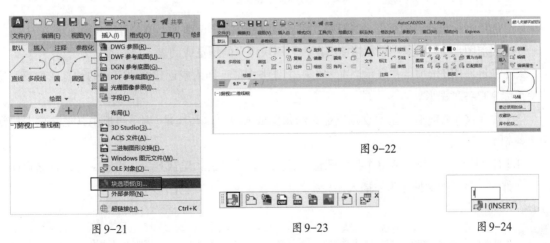

图 9-21　　　　　　　　图 9-22

图 9-23　　　　　图 9-24

执行以上任一插入块命令方式后，弹出【块】面板，选择【当前图形】选项卡，设置插入选项，单击图形中创建好的内部块或已有块，如图 9-25 所示。

选项说明如下。

（1）过滤器：接受使用通配符的条件，以按名称过滤可用的块。有效的通配符："?"代表单个字符；"*"代表多个字符。例如，4??A* 可显示名为 40xA123 和 4x8AC 的块。下拉列表显示之前使用的通配符字符串。

（2）将DWG作为块插入 ：弹出【选择要插入的文件】对话框，在其中选择要作为块插入当前图形中的图形文件，如图9-26所示。

（3）浏览块库 ：弹出【为块库选择文件夹或文件】对话框，在其中选择要作为块插入当前图形中的图形文件或其块定义之一，如图9-27所示。此选项仅在【库】选项卡中可用。

图 9-25

图 9-26

图 9-27

（4）图标或列表样式：显示列出或预览可用块的多个选项。

温馨提示

在【块】面板中，作为块插入的外部文件的名称中包含星号 (*)。

（5）选项卡：包括当前图形、最近使用、收藏夹和库4个选项卡，单击可以切换。

①【当前图形】选项卡：显示当前图形中可用块定义的预览或列表。

②【最近使用】选项卡：显示当前和上一个任务中最近插入或创建的块定义的预览或列表。这些块可能来自各种图形。

③【收藏夹】选项卡：显示收藏块定义的预览或列表。这些块是【块】面板中其他选项卡的常用块的副本。

④【库】选项卡：显示从单个指定图形中插入的块定义的预览或列表。块定义可以存储在任何图形文件中。将图形文件作为块插入还会将其所有块定义输入当前图形中。

温馨提示

可以创建存储所有相关块定义的块库图形。如果使用此方法，则在插入块库图形时选中【块】面板中的【分解】复选框，可防止图形本身在预览区域中显示或列出。

（6）预览区域：显示基于当前选项卡可用块的预览或列表。预览右下角的闪电图标指示该块为动态块。图标 ♠ 指示该块为注释性。

（7）选项：插入块的位置和方向取决于 UCS 的位置和方向。

 温馨提示 仅当单击并放置块而不是拖放它们时，才可应用这些选项。

①插入点：指定块的插入点。如果选中该复选框，则插入块时使用定点设备或手动输入坐标，即可指定插入点。如果取消选中该复选框，将使用之前指定的坐标。

 温馨提示 若要使用此复选框在先前指定的坐标处定位块，必须在【块】面板中双击该块。

②比例：指定插入块的缩放比例。如果选中该复选框，则指定 X、Y 和 Z 方向的比例因子。如果为 X、Y 和 Z 比例因子输入负值，则块会作为围绕该轴的镜像图像插入。如果取消选中该复选框，则使用之前指定的比例。

③统一比例：为 X、Y 和 Z 坐标指定单一的比例值。

④旋转：在当前 UCS 中指定插入块的旋转角度。如果选中该复选框，则使用定点设备或输入角度指定块的旋转角度；如果取消选中该复选框，则使用之前指定的旋转角度。

⑤自动放置：控制插入块时是否显示放置建议。

⑥重复放置：控制是否自动重复块插入。如果选中该复选框，系统将自动提示其他插入点，直到按 Esc 键取消命令；如果取消选中该复选框，将插入指定的块一次。

⑦分解：控制块在插入时是否自动分解为其部件对象。作为块将在插入时遭分解的指示，将自动阻止光标处块的预览。如果选中该复选框，则块中的构件对象将解除关联并恢复为其原有特性。使用 BYBLOCK 颜色的对象为白色，具有 BYBLOCK 线型的对象使用 CONTINUOUS 线型。如果取消选中此复选框，将在块不分解的情况下插入指定块。

温馨提示 只能使用统一比例因子指定此复选框。如果需要分解比例不统一的块，仍可以使用 EXPLODE 命令手动完成（块在选中【允许分解】复选框的情况下创建）。

指定插入点，即可插入图形，如图9-28所示。

选项说明如下。

（1）基点：将块临时放置到其当前所在的图形中，并允许在将块参考拖动到位时为其指定新基点。这不会影响为块参照定义的实际基点。

（2）比例：为 X、Y 和 Z 轴设定比例因子。Z 轴比例是指定比例因子的绝对值。

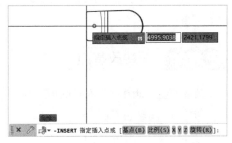

图 9-28

（3）X：设定 X 比例因子。

（4）Y：设定 Y 比例因子。

（5）Z：设定 Z 比例因子。

（6）旋转：设定块插入的旋转角度。

最终结果如图9-29所示。

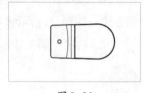

图 9-29

9.2.2 外部块插入

其步骤如下。

步骤1 输入插入块命令I，按Space键确认，如图9-30所示。

步骤2 弹出【块】面板，设置插入选项，单击将DWG作为块插入，如图9-31所示。

图 9-30

步骤3 选择前面保存的冰箱外部块，单击【打开】按钮，如图9-32所示。

步骤4 指定插入点即可插入，如图9-33所示。

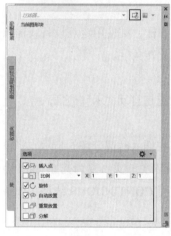

图 9-31

图 9-32

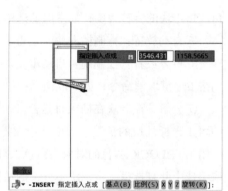

图 9-33

9.3 · 图块的编辑

9.3.1 图块改基点

图块基点即图块插入时的插入点，如果已经制作好的图块需要更改基点，可以通过块编辑器实现。其具体步骤如下。

步骤1 打开9.3.1-2素材，双击需要更改基点的图块，如图9-34所示。

步骤2 弹出【编辑块定义】对话框，其中会默认选中前面双击的图块，单击【确定】按钮，如图 9-35 所示。

步骤 3 弹出【块编写选项板-所有选项板】面板，在【参数】选项卡中选择【基点】，如图 9-36 所示。

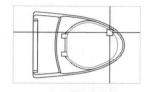

图 9-34

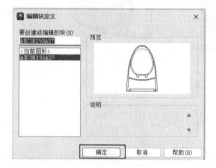

图 9-35

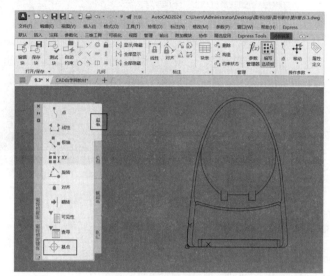

图 9-36

步骤 4 提示指定参数位置，将基点指定在需要的地方，如下方中点处，如图 9-37 和图 9-38 所示。

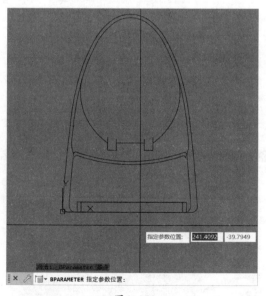

图 9-37

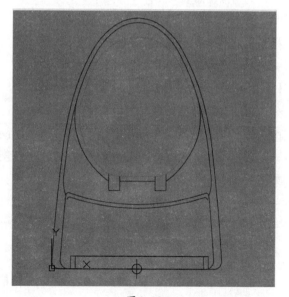

图 9-38

步骤 5 单击【关闭块编辑器】按钮，如图 9-39 所示。

步骤 6 在弹出的对话框中单击【将更改保存到 A$C3E193A37(S)】，如图 9-40 所示。

步骤 7 这样块基点即被更改到指定的位置；如图 9-41 所示。

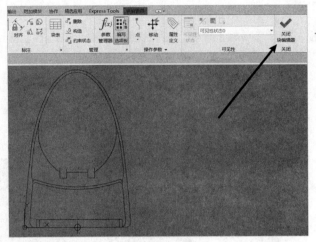

图 9-39

图 9-40

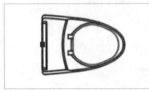

图 9-41

9.3.2 图块重命名

有时图块名称不合适或从网上下载的图块名称不符合要求，就需要给图块重命名。例如，图9-42中马桶的默认名称就是系统自动命名的，不符合要求。

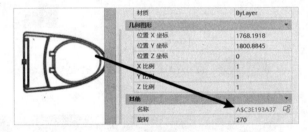

图 9-42

为马桶重命名的具体步骤如下。

步骤1 输入重命名命令RENAME，按Space键确认，如图9-43所示。

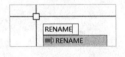

图 9-43

步骤2 弹出【重命名】对话框，在【命名对象】列表框中选择【块】，在【项数】列表框中选择需要重命名的块，输入重命名的名称【马桶】，单击【确定】按钮，如图9-44所示。

步骤3 选择重命名后的块，按Ctrl+1组合键，打开特性对话框，可以看到图块已经重命名，如图9-45所示。

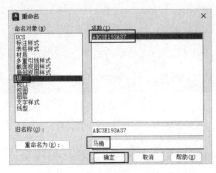

图 9-44

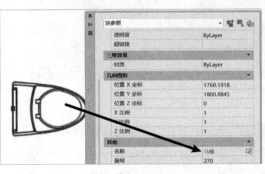

图 9-45

9.3.3　图块编辑

在AutoCAD中如果图块定义错了，可以通过块编辑器或在位编辑两种方法对图块进行编辑。如图9-46所示的桌椅，如果需要将4把椅子改成6把椅子，就可以通过上面两种方法进行编辑。

1. 块编辑器

（1）双击图块，弹出【编辑块定义】对话框，选择桌椅，单击【确定】按钮，即可进入块编辑器，如图9-47所示；或输入命令BE，按Space键确认，弹出【编辑块定义】对话框，单击【确定】按钮，进入块编辑器，如图9-48所示。

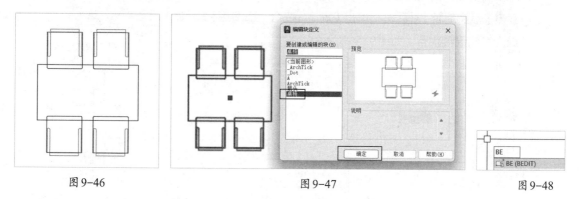

图9-46　　　　　　　　　　　图9-47　　　　　　　　　　　图9-48

（2）通过块编辑器将4把椅子改成6把椅子，如图9-49所示。

（3）单击【关闭块编辑器】按钮，关闭块编辑器，如图9-50所示。

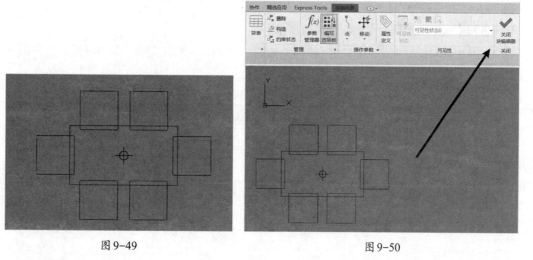

图9-49　　　　　　　　　　　　　　　图9-50

（4）在弹出的对话框中单击【保存更改（S）】，如图9-51所示，即可修改完成，最终结果如图9-52所示。

2. 在位编辑

（1）输入在位编辑命令REFEDIT，按Space键确认，如图9-53所示。

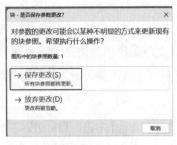

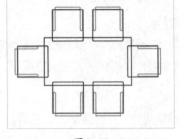

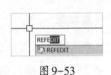

图 9-51   图 9-52   图 9-53

（2）选择需要编辑的块，如图9-54所示。

（3）弹出【参照编辑】对话框，单击【确定】按钮，如图9-55所示。

（4）进入在位编辑状态，如图9-56所示。

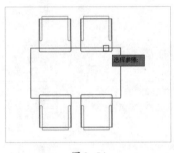

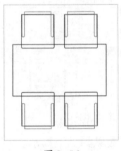

图 9-54   图 9-55   图 9-56

（5）编辑完成，如图9-57所示。

（6）输入在位编辑关闭命令REFCLOSE，按Space键确认，如图9-58所示。

（7）选择【保存参照修改】，如图9-59所示。

（8）在弹出的对话框中单击【确定】按钮，如图9-60所示。修改完成，最终结果如图9-61所示。

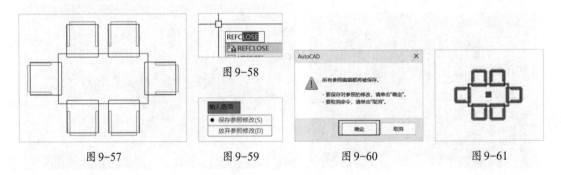

图 9-57   图 9-59   图 9-60   图 9-61

图 9-58

9.4 · 属性块

9.4.1 属性块定义

为了增强图块的通用性，可以给图块添加一些文本信息，这些文本信息被称为属性。要定义属性块，需要先定义属性，再制作块。

以下以制作粗糙度符号属性块为例，介绍属性块的制作方法。

步骤1 制作粗糙度符号属性块的图形部分，如图9-62所示。

步骤2 输入定义属性命令ATT，按Space键确认，如图9-63所示。

步骤3 弹出【属性定义】对话框，在
【标记】文本框中输入RA，在【提示】文本框中
输入"请输入粗糙度值"，在【默认】文本框中
输入1.6，单击【确定】按钮，如图9-64所示。

图 9-62   图 9-63

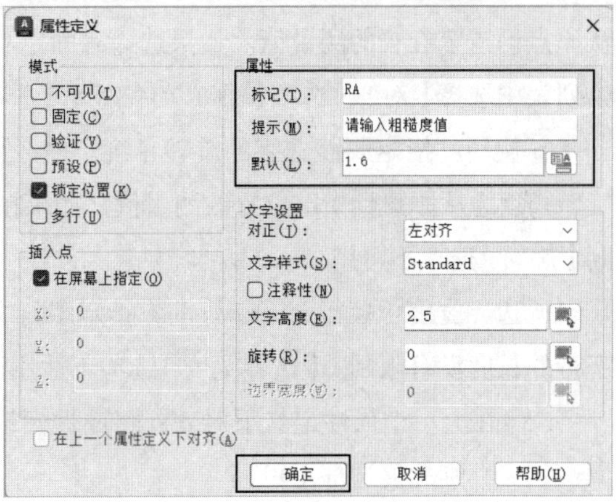

选项说明如下。

（1）模式：在图形中插入块时，设定与块关
联的属性值选项。

①不可见：指定插入块时不显示或不打印
属性值。

②固定：在插入块时指定属性的固定属性值。

③验证：插入块时提示验证属性值是否正确。

④预设：插入块时，将属性设置为一个默
认值而无须显示提示。这个选项仅在ATTDIA设
置为0时，才应用【预设】复选框。

⑤锁定位置：锁定块参照中属性的位置。
解锁后，属性可以相对于使用夹点编辑的块的其
他部分移动，并且可以调整多行文字属性的大小。

图 9-64

⑥多行：指定属性值可以包含多行文字，并且允许用户指定属性的边界宽度。

（2）属性：设定属性数据。

①标记：指定用来标识属性的名称。使用任何字符组合（空格除外）输入属性标记，小写字母
会自动转换为大写字母。

②提示：指定在插入包含该属性定义的块时显示的提示。如果不输入提示，属性标记将用作提
示。如果在【模式】区域选中【固定】复选框，则【提示】选项将不可用。

③默认：指定默认属性值。

a.【插入字段】按钮：弹出【字段】对话框，可以在其中插入一个字段作为属性的全部或部分值。

b.【多行编辑器】按钮：选中【多行】复选框后，将显示具有【文字格式】工具栏和标尺的在位
文字编辑器。

（3）插入点：指定属性位置。输入坐标值，或选中【在屏幕上指定】复选框，并使用定点设备
指定属性相对于其他对象的位置。

①在屏幕上指定：关闭【属性定义】对话框后将显示【起点】提示，使用定点设备指定属性相

对于其他对象的位置。

②X：指定属性插入点的 X 坐标。

③Y：指定属性插入点的 Y 坐标。

④Z：指定属性插入点的 Z 坐标。

（4）文字设置：设定属性文字的对正、样式、高度和旋转。

①对正：指定属性文字的对正。

②文字样式：指定属性文字的预定义样式，显示当前加载的文字样式。

③注释性：指定属性为注释性。如果块是注释性的，则属性将与块的方向相匹配。

④文字高度：指定属性文字的高度。输入值，或选择【高度】用定点设备指定高度。此高度为从原点到指定位置的测量值。如果选择有固定高度（任何非 0.0 值）的文字样式，或者在【对正】下拉列表中选择【对齐】选项，则【文字高度】选项不可用。

⑤旋转：指定属性文字的旋转角度。输入值，或选择【旋转】，用定点设备指定旋转角度。此旋转角度为从原点到指定位置的测量值。如果在【对正】下拉列表中选择了【对齐】或【调整】选项，则【旋转】选项不可用。

⑥边界宽度：换行至下一行前，指定多行文字属性中一行文字的最大长度。值 0.000 表示对文字行的长度没有限制。【边界宽度】选项不适用于单行属性。

（5）在上一个属性定义下对齐：将属性标记直接置于之前定义的属性下面。如果之前没有创建属性定义，则此复选框不可用。

步骤4 将属性标记放在指定位置，如图 9-65 所示。

步骤5 输入制作块的命令，这里以内部块为例，输入 B，按 Space 键确认，如图 9-66 所示。

步骤6 输入块名，如图 9-67 所示。

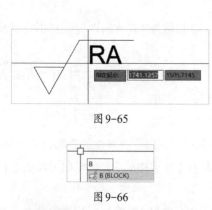

图 9-65

图 9-66

图 9-67

步骤7 单击【拾取点】按钮，如图 9-68 所示。

步骤8 拾取需要定义属性块的插入基点，如图 9-69 所示。

图 9-68

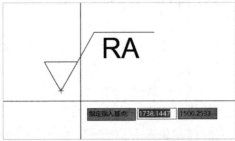

图 9-69

步骤9 单击【选择对象】按钮，如图9-70所示。

步骤10 框选对象，如图9-71所示。

图 9-70

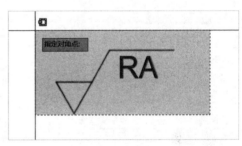

图 9-71

步骤11 按Space键确认，再次弹出【块定义】对话框，单击【确定】按钮，如图9-72所示。

步骤12 弹出【编辑属性】对话框，单击【确定】按钮，如图9-73所示，至此粗糙度属性块即制作完成。

图 9-72

图 9-73

9.4.2 属性块插入

属性块的插入方法和普通块的插入方法一样，输入插入块命令I，按Space键确认，如图9-74所示。

弹出【块】选项板，选择【当前图形】选项卡，设置插入选项，单击粗糙度符号属性块，如图9-75所示。

在需要的位置指定插入点，如图9-76所示。

指定旋转角度，如图9-77所示。

弹出【编辑属性】对话框，输入粗糙度值，单击【确定】按钮，如图9-78所示，属性块即插入完成，如图9-79所示。

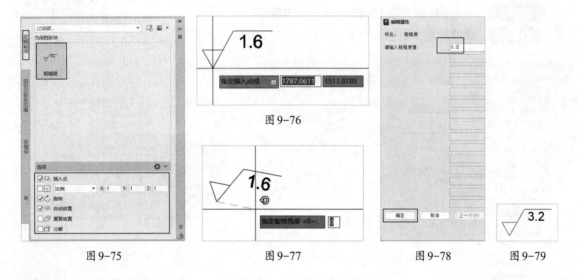

图9-75　　　　　　图9-76　　　　　　图9-77　　　　　　图9-78　　　图9-79

9.4.3 属性块编辑

对于创建完成的属性块，可以对其属性值、属性进行编辑，同时还可以添加属性。

1. 编辑属性值

以9.4.2小节插入的粗糙度属性块为例，直接双击属性块，如图9-80所示。弹出【增强属性编辑器】对话框，选择【属性】选项卡，选择标记，并更改值，单击【确定】按钮即可，如图9-81所示。更改完成，结果如图9-82所示。

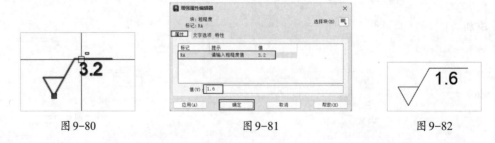

图9-80　　　　　　　　　图9-81　　　　　　　　　图9-82

2. 编辑属性

例如，把提示"请输入粗糙度值"改成"粗糙度值"，具体步骤如下。

步骤1 输入块属性管理器命令BATTMAN或单击【默认】选项卡→【块】面板→【属性管理器】按钮即可，如图9-83所示。

图9-83

步骤2 弹出【块属性管理器】对话框，单击【选择块】按钮，如图9-84所示。

步骤3 选择需要编辑的属性块，如图9-85所示。

步骤4 选择属性，单击【编辑】按钮，如图9-86所示。

图9-84

图9-85

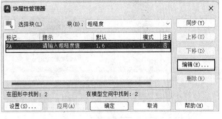

图9-86

步骤5 弹出【编辑属性】对话框，将【属性】选项卡中的【提示】由"请输入粗糙度值"改成"粗糙度值"，单击【确定】按钮，如图9-87所示。

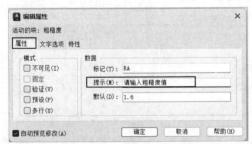

图9-87

步骤6 返回【块属性管理器】对话框，单击【确定】按钮即可，如图9-88所示。

3. 添加属性

上述粗糙度属性块的属性如图9-89所示，现需要再添加一个材料名称属性，如图9-90所示。

具体操作步骤如下。

图9-88

步骤1 打开9.4.3素材，如图9-91所示。

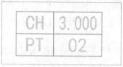

图9-89   图9-90   图9-91

步骤2 选中粗糙度属性块并右击，在弹出的快捷菜单中选择【块编辑器】命令，如图9-92所示。

步骤3 进入块编辑器，输入添加属性命令ATT，按Space键确认，如图9-93所示。

步骤4 弹出【属性定义】对话框，设置属性标记、提示、默认，单击【确定】按钮，如图9-94所示。

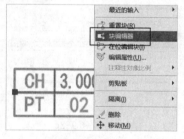

图9-92

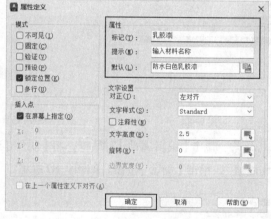

图9-94

图9-93

步骤5 指定属性插入位置，如图9-95所示。

步骤6 单击【关闭块编辑器】按钮，如图9-96所示。

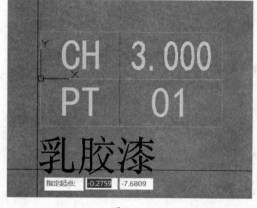

图9-95

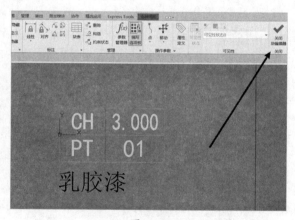

图9-96

步骤 7 在弹出的对话框中单击【将更改保存到 顶面标高＋主材（S）】，如图9-97所示。

步骤 8 单击【默认】选项卡→【块】面板→【属性同步】按钮，如图9-98所示。

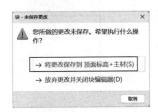

图 9-97

图 9-98

步骤 9 选择【选择】选项，如图9-99所示。

步骤 10 选择需要同步的属性块，如图9-100所示。

步骤 11 选择【是】选项，如图9-101所示。

步骤 12 更新完成，结果如图9-102所示。

图 9-99

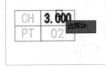

图 9-100

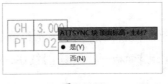

图 9-101

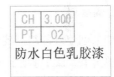

图 9-102

9.5 组

图块主要应用于图纸中会重复使用的一些图形，如机械零件、建筑的门窗等。图块相当于一个由多个图形组成的集合，一旦定义后，可以在图纸中重复引用。而组是一个选择集，对对象进行分组后，就可以将该组内的对象一次性选中。常见的组操作有创建组、编辑组和解除组。

1. 创建组

单击【默认】选项卡→【组】面板→【组】按钮，或输入编组命令G，按Space键确认，如图9-103所示。

图 9-103

提示选择对象，框选需要编组的对象，如图9-104所示。

选项说明如下。

（1）名称：为所选项目的编组指定名称。

（2）说明：添加编组的说明。

按Space键，即可将对象编组，如图9-105所示。

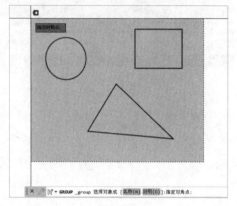 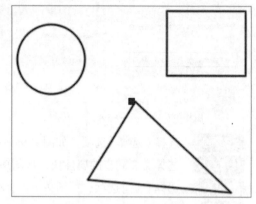

图9-104　　　　　　　　　　　　　图9-105

2. 编辑组

如果创建好的组需要添加对象、删除对象或给组重命名，就可以通过编辑组来完成。

单击【默认】选项卡→【组】面板→【编辑组】按钮，如图9-106所示。

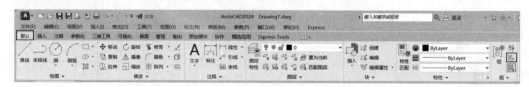

图9-106

选择需要编辑的组，如图9-107所示。

选择编辑选项，如【重命名（REN）】，如图9-108所示。

输入新的组名，按Space键确认即可，如图9-109所示。

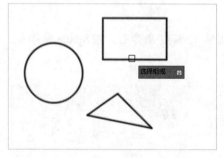 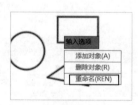 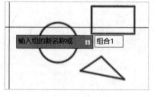

图9-107　　　　　　　图9-108　　　　　　　图9-109

3. 解除组

如果想解除创建的组，可以通过解除组来完成。

单击【默认】选项卡→【组】面板→【解除组】按钮，如图9-110所示。

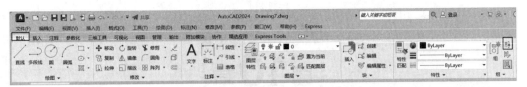

图 9-110

选择需要解除的组，即可将组进行解除，如图 9-111 和图 9-112 所示。

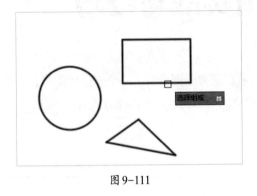

图 9-111

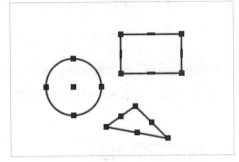

图 9-112

第10章

模型与布局出图实战与技巧

图纸绘制完成后，为了确保其完整性和规范性，我们需要给图形套上一个合适的图框，并填写相应的标题栏信息。在AutoCAD等绘图软件中，模型空间和布局空间的出图方式有所不同。

10.1· 模型空间出图

首先，在模型空间内精确绘制图形，然后根据图形的大小和比例，选取一个与之匹配的图框。接下来，将图框插入到图形中，调整图框的大小，确保图形完全包含在图框内。如果图框过大，则需要缩小图框以适应图形；反之，如果图框过小，则需要适当放大图框。缩放时，通常优先选择整数倍的比例，因为不同行业或标准可能规定了特定的缩放倍数。完成这些步骤后，再填写标题栏中的必要信息，图纸的绘制才算真正完成。

下面以一个具体案例介绍模型空间出图过程，具体如下。

步骤1 打开10.1绘制好的图形素材，如图10-1所示。

步骤2 利用di测量长度命令，大致测量图形需要长宽多少的矩形能够包住，如图10-2所示，长约230，宽约212。

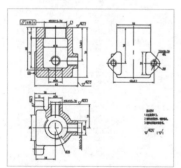
图 10-1

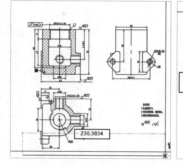
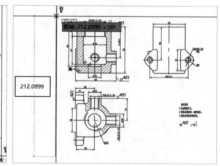
图 10-2

步骤3 选择适合的图框。常见图框尺寸如表10-1所示。

温馨提示 通常需要预留图框周边宽、装订边宽及标题栏等尺寸。

表 10-1　常见图框尺寸

方向	A0	A1	A2	A3	A4
横向	1189×841	841×594	594×420	420×297	297×210
竖向	841×1189	594×841	420×594	297×420	210×297

步骤4　选择A3横版图框，输入插入块命令I，按Space键确认，如图10-3所示。

步骤5　打开【块】面板，选择【当前图形】选项卡，单击将DWG作为块插入图标，如图10-4所示。

步骤6　弹出【选择要插入的文件】对话框，选择第10章中的A3横板图框，单击【打开】按钮，如图10-5所示。

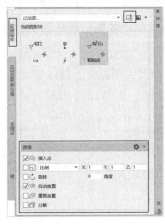

图 10-3　　　　　　　　　　图 10-4　　　　　　　　　　　　　图 10-5

步骤7　将图框插入图形合适的位置，如图10-6所示，最终结果如图10-7所示。

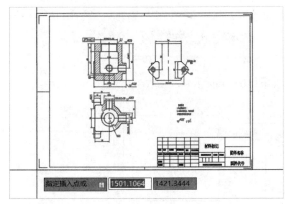
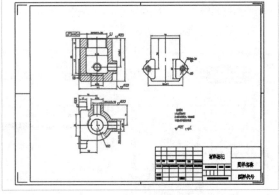

图 10-6　　　　　　　　　　　　　　　　　　图 10-7

如果放大图框，出图比例即为1∶N（N为放大倍数）；如果缩小图框，出图比例即为N∶1。

温馨提示

如果图框未缩放，则图纸打印比例为1∶1，如图10-8所示。

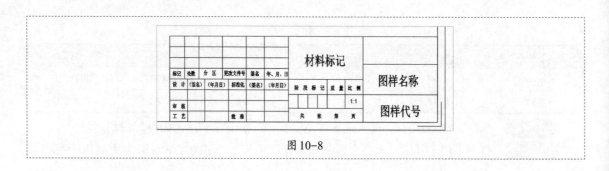

图 10-8

10.2 布局空间出图

在 AutoCAD 布局中通过视口显示模型空间中的图，通过图层控制在不同视口中的显示，从而达到快速出图的目的。

下面以室内施工图为例讲解 AutoCAD 布局出图思路，具体如下。

步骤 1 在模型空间绘制好原始结构图，如图 10-9 所示。

步骤 2 在布局空间插入图框，如图 10-10 所示。

图 10-9

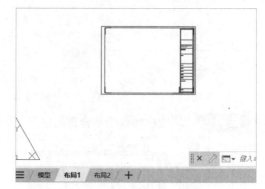

图 10-10

步骤 3 在布局中通过 MV 新建一个视口，如图 10-11 所示。

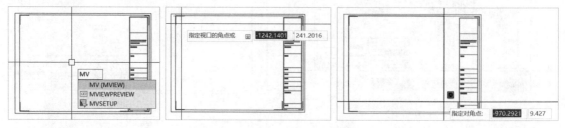

图 10-11

步骤 4 进入视口，将图形调至适合大小并锁定视口，如图 10-12 所示。

步骤 5 退出视口，标注尺寸，第一张原始结构图即绘制完成，如图 10-13 所示。

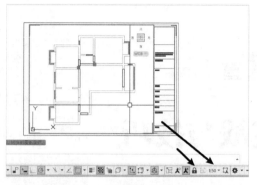

图 10-12

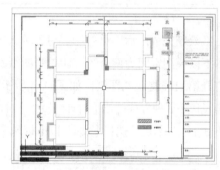

图 10-13

步骤 6　复制一份原始结构图，如图 10-14 所示。

步骤 7　进入视口，绘制拆墙和砌墙图，如图 10-15 所示。

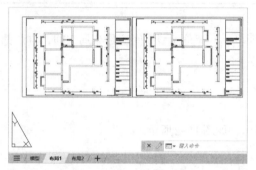

图 10-14

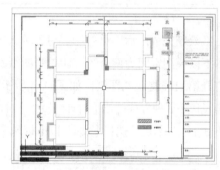

图 10-15

温馨提示

拆墙图图层只在当前视口显示，砌墙图图层在当前视口及后面的平面图中显示。

步骤 8　退出视口，标注拆墙和砌墙图尺寸，第二张拆墙和砌墙图即绘制完成，如图 10-16 所示。

步骤 9　同理，再复制一份拆墙和砌墙图，把拆除墙体部分删除，绘制平面布置图，如图 10-17 所示。依此类推，绘制其他图纸。

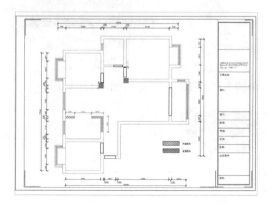

图 10-16

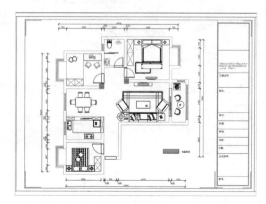

图 10-17

第11章

打印图纸实战与技巧

11.1 打印单张图纸

图纸绘制完成之后即可打印。对于单张图纸的打印，不管是模型空间还是布局空间，方法都相同。以下以模型空间为例介绍打印单张图纸的过程。

打开第11章提供的图纸，如图11-1所示。

通过以下3种方式弹出【打印-模型】对话框。

方式1：菜单栏。选择【文件】→【打印】选项即可，如图11-2所示。

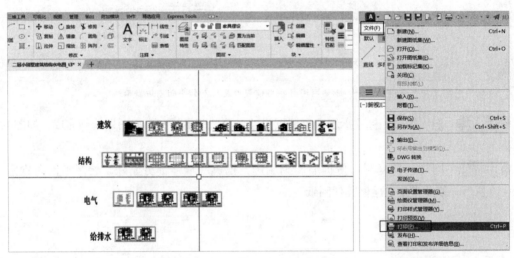

图 11-1   图 11-2

方式2：快速访问工具栏。单击快速访问工具栏中的【打印】按钮即可，如图11-3所示。

图 11-3

方式 3：快捷键。按 Ctrl+P 组合键即可。

弹出的【打印 - 模型】对话框如图 11-4 所示。

选项说明如下。

图 11-4

（1）页面设置：列出图形中已命名或已保存的页面设置。可以将图形中保存的命名页面设置作为当前页面设置，也可以在【打印】对话框中单击【添加】按钮，基于当前设置创建一个新的命名页面设置。

①名称：显示当前页面设置的名称。

②添加：弹出【添加页面设置】对话框，从中可以将【打印 - 模型】对话框中的当前设置保存到命名页面设置。可以通过【页面设置管理器】对话框修改此页面设置。

（2）打印机/绘图仪：指定打印布局时使用已配置的打印设备。如果选定绘图仪不支持布局中选定的图纸尺寸，将弹出警告，用户可以选择绘图仪的默认图纸尺寸或自定义图纸尺寸。

①名称：列出可用的 PC3 文件或系统打印机，可以从中进行选择，以打印当前布局。设备名称前面的图标识别其为 PC3 文件还是系统打印机，其中🖫代表 PC3 文件，🖨代表系统打印机。

②特性：显示绘图仪配置编辑器（PC3 编辑器），从中可以查看或修改当前绘图仪的配置、端口、设备和介质。如果使用绘图仪配置编辑器更改 PC3 文件，将弹出【修改打印机配置文件】对话框。

③绘图仪：显示当前所选页面设置中指定的打印设备。

④位置：显示当前所选页面设置中指定的输出设备的物理位置。

⑤说明：显示当前所选页面设置中指定的输出设备的说明文字，可以在绘图仪配置编辑器中编辑此文字。

⑥打印到文件：打印输出到文件而不是绘图仪或打印机。打印文件的默认位置是在【选项】对话框的【打印和发布】选项卡中的【打印到文件操作的默认位置】中指定的。如果选中【打印到文件】复选框，单击【确定】按钮将弹出【打印到文件】对话框（标准文件浏览对话框）。

⑦PDF 选项：弹出【PDF 选项】对话框，在其中能够针对创建文件时的特定用途，优化 PDF文件。仅当选择生成 PDF 文件的绘图仪配置 (PC3) 文件时，此按钮才可见。

⑧局部预览：精确显示相对于图纸尺寸和可打印区域的有效打印区域，如图 11-5所示。

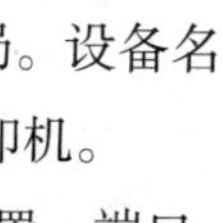

图 11-5

（3）图纸尺寸：显示所选打印设备可用的标准图纸尺寸。如果未选择绘图仪，将显示全部标准图纸尺寸列表以供选择。

如果所选绘图仪不支持布局中选定的图纸尺寸，将弹出警告，用户可以选择绘图仪的默认图纸尺寸或自定义图纸尺寸。

使用【添加绘图仪】向导创建 PC3 文件时，将为打印设备设置默认的图纸尺寸。在【页面设置】

对话框中选择的图纸尺寸将随布局一起保存，并将替代 PC3 文件设置。

页面的实际可打印区域（取决于所选打印设备和图纸尺寸）在布局中用虚线表示。

如果打印的是光栅图像（如 BMP 或 TIFF 文件），打印区域大小将以像素为单位而不是英寸或毫米为单位指定。

（4）打印份数：指定要打印的份数。选中【打印到文件】复选框时，此选项不可用。

（5）打印区域：指定要打印的图形部分。在【打印范围】下拉列表中可以选择要打印的图形区域。

①窗口：打印指定的图形部分。如果选择【窗口】选项，则【窗口】按钮将成为可用按钮。单击【窗口】按钮，以使用定点设备指定要打印区域的两个角点，或输入坐标值。

②范围：打印包含对象的图形的部分当前空间。当前空间内的所有几何图形都将被打印。打印之前，可能会重新生成图形以重新计算范围。

③布局/图形界线：打印布局时，将打印指定图纸尺寸的可打印区域内的所有内容，其原点从布局中的（0,0）点计算得出。

从【模型】选项卡打印时，将打印栅格界线定义的整个绘图区域。如果当前视口不显示平面视图，则该选项与【范围】选项效果相同。

④显示：打印选定的【模型】选项卡当前视口中的视图或布局中的当前图纸空间视图。

⑤视图：打印以前使用 VIEW 命令保存的视图，可以从列表中选择命名视图。如果图形中没有已保存的视图，则此选项不可用。

选择【视图】选项后，将显示【视图】列表，列出当前图形中保存的命名视图，可以从此列表中选择视图进行打印。

（6）打印偏移（原点设置在可打印区域）：根据【指定打印偏移时相对于】选项（位于【选项】对话框的【打印和发布】选项卡）中的设置，指定打印区域相对于可打印区域左下角或图纸边界的偏移。【打印偏移】区域显示了包含在括号中的指定打印偏移选项。

图纸的可打印区域由所选输出设备决定，在布局中以虚线表示。更改为其他输出设备时，可能会更改可打印区域。

通过在【X】和【Y】文本框中输入正值或负值，可以偏移图纸上的几何图形。图纸中的绘图仪单位为英寸或毫米。

①居中打印：自动计算 X 偏移和 Y 偏移，在图纸上居中打印。当【打印范围】设定为【布局】时，此复选框不可用。

②X：相对于【打印偏移定义】选项中的设置指定 X 方向上的打印原点。

③Y：相对于【打印偏移定义】选项中的设置指定 Y 方向上的打印原点。

（7）打印比例：控制图形单位与打印单位之间的相对尺寸。打印布局时，默认缩放比例设置为1:1；从【模型】选项卡打印时，默认设置为【布满图纸】。

①布满图纸：缩放打印图形以布满所选图纸尺寸，并在【比例】【英寸 =】【单位】框中显示自定义的缩放比例因子。

②比例：定义打印的精确比例。其中【自定义】选项可定义用户定义的比例。可以通过输入与图形单位数等价的英寸（或毫米）数创建自定义比例。

③英寸 =/毫米 =/像素 =：指定与指定的单位数等价的英寸数、毫米数或像素数。

④英寸 / 毫米 / 像素：指定要显示的单位是英寸还是毫米。其默认设置为根据图纸尺寸，并会在每次选择新的图纸尺寸时更改。其中，【像素】选项仅在选择了光栅输出时才可用。

⑤单位：指定与指定的英寸数、毫米数或像素数等价的单位数。

⑥缩放线宽：与打印比例成正比缩放线宽。线宽通常指定打印对象的线的宽度并按线宽尺寸打印，而不考虑打印比例。

（8）预览：按照启动 PREVIEW 命令打印时的显示方式显示图形。要退出预览并返回【打印 – 模型】对话框，可按 Esc 键，并按 Enter 键，或右击，在弹出的快捷菜单中选择【退出】命令。

（9）应用到布局：将当前设置保存到当前布局。

（10）其他选项⊙：控制是否显示其他选项。

①打印样式表（画笔指定）。

②着色视口选项。

③打印选项。

④图形方向。

（11）打印样式表（画笔指定）：设定、编辑打印样式表，或者创建新的打印样式表。

①名称：显示指定给当前【模型】选项卡或【布局】选项卡的打印样式表，并提供当前可用的打印样式表的列表。如果选择【新建】，将打开【添加打印样式表】向导，可用来创建新的打印样式表。显示的向导取决于当前图形是处于颜色相关模式还是处于命名相关模式。

②编辑▨：显示打印样式表编辑器，从中可以查看或修改当前指定的打印样式表中的打印样式。

（12）着色视口选项：指定着色和渲染视口的打印方式，并确定它们的分辨率大小和每英寸点数 (DPI)。

①着色打印：指定视图的打印方式。要为【布局】选项卡上的视口指定此设置，应选择该视口，并选择【工具】→【特性】选项。

在【模型】选项卡上，可以从下列选项中选择。

a. 按显示：按对象在屏幕上的显示方式打印对象。

b. 传统线框：使用传统 SHADEMODE 命令在线框中打印对象，不考虑其在屏幕上的显示方式。

c. 传统隐藏：使用传统 SHADEMODE 命令打印对象并消除隐藏线，不考虑其在屏幕上的显示方式。

d. 概念：打印对象时应用【概念】视觉样式，不考虑其在屏幕上的显示方式。

e. 消隐：打印对象时消除隐藏线，不考虑对象在屏幕上的显示方式。

f. 真实：打印对象时应用【真实】视觉样式，不考虑其在屏幕上的显示方式。

g. 着色：打印对象时应用【着色】视觉样式，不考虑其在屏幕上的显示方式。

h. 带边缘着色：打印对象时应用【带边缘着色】视觉样式，不考虑其在屏幕上的显示方式。

i. 灰度：打印对象时应用【灰度】视觉样式，不考虑其在屏幕上的显示方式。

j. 勾画：打印对象时应用【勾画】视觉样式，不考虑其在屏幕上的显示方式。

k. 线框：在线框中打印对象，不考虑其在屏幕上的显示方式。

l. X 射线：打印对象时应用【X 射线】视觉样式，不考虑其在屏幕上的显示方式。

m. 渲染：按渲染的方式打印对象，不考虑其在屏幕上的显示方式。

②质量：指定着色和渲染视口的打印分辨率。

可从下列分辨率选项中选择。

a. 草稿：将渲染和着色模型空间视图设定为线框打印。

b. 预览：将渲染模型和着色模型空间视图的打印分辨率设定为当前设备分辨率的1/4，最大值为 150 dpi。

c. 普通：将渲染模型和着色模型空间视图的打印分辨率设定为当前设备分辨率的1/2，最大值为 300 dpi。

d. 演示：将渲染模型和着色模型空间视图的打印分辨率设定为当前设备的分辨率，最大值为 600 dpi。

e. 最大值：将渲染模型和着色模型空间视图的打印分辨率设定为当前设备的分辨率，无最大值。

f. 自定义：将渲染模型和着色模型空间视图的打印分辨率设定为【DPI】下拉列表中指定的分辨率设置，最大可为当前设备的分辨率。

③DPI：指定渲染和着色视图的每英寸点数，最大可为当前打印设备的最大分辨率。只有在【质量】下拉列表中选择了【自定义】选项后，此选项才可用。

（13）打印选项：指定线宽、透明度、打印样式、着色打印和对象的打印次序等。

①后台打印：指定在后台处理打印。

②打印对象线宽：指定是否打印对象和图层的线宽。

③使用透明度打印：指定是否打印对象透明度。仅当打印具有透明对象的图形时，才应选中该复选框。

④按样式打印：指定是否打印应用于对象和图层的打印样式。

⑤最后打印图纸空间：首先打印模型空间几何图形。通常先打印图纸空间几何图形，再打印模型空间几何图形。

⑥隐藏图纸空间对象：指定【隐藏】操作是否应用于图纸空间视口中的对象。此复选框仅在【布局】选项卡中可用。此设置的效果反映在打印预览中，而不反映在布局中。

⑦打开打印戳记：打开打印戳记，在每个图形的指定角点处放置打印戳记并／或将戳记记录到文件中。

打印戳记设置是在【打印戳记】对话框中指定的，从中可以指定要应用于打印戳记的信息，如图形名、日期和时间、打印比例等。选中【打开打印戳记】复选框，单击该复选框右侧显示的【打印戳记设置】按钮；或者单击【选项】对话框的【打印和发布】选项卡上的【打印戳记设置】按钮，均可弹出【打印戳记】对话框。

⑧【打印戳记设置】按钮 ：选中【打开打印戳记】复选框后，将显示【打印戳记设置】按钮。

⑨将修改保存到布局：将所做修改保存到布局。

（14）图形方向：为支持纵向或横向的绘图仪指定图形在图纸上的打印方向。图纸图标代表所选图纸的介质方向，字母图标代表图形在图纸上的方向。

①纵向：放置并打印图形，使图纸的短边位于图形页面的顶部。

②横向：放置并打印图形，使图纸的长边位于图形页面的顶部。

③上下颠倒打印：上下颠倒地放置并打印图形。

选择打印机，如图11-6所示。

选择图纸尺寸，如图11-7所示。

图11-6

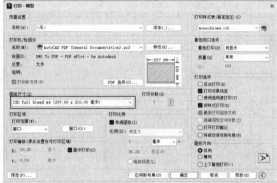

图11-7

在【打印范围】下拉列表中选择【窗口】选项，单击【窗口】按钮，如图11-8所示。

拾取需要打印图纸的第一点，如图11-9所示。

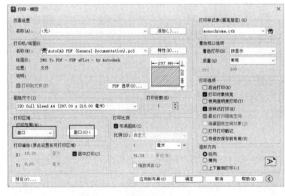

图11-8

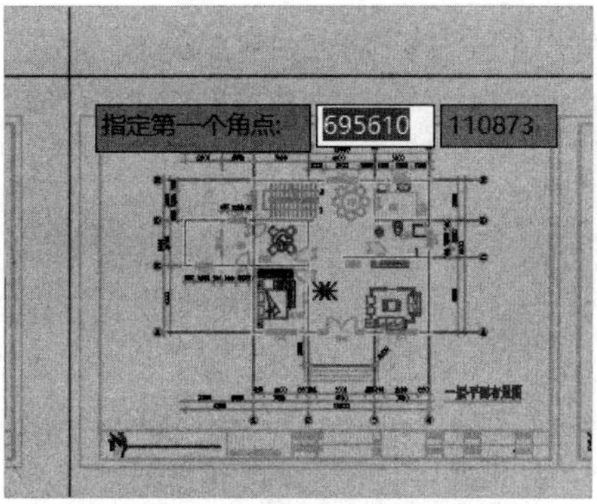

图11-9

拾取对角点，如图11-10所示。

选中【居中打印】复选框，如图11-11所示。

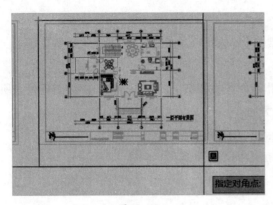

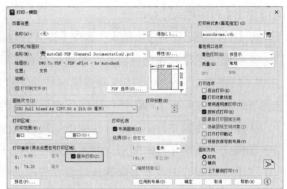

图 11-10 图 11-11

在【打印比例】区域选中【布满图纸】复选框，如图11-12所示。

选择打印样式，其中monochrome.ctb代表黑白打印，acad.ctb代表彩色打印，如图11-13所示。

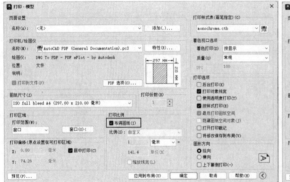

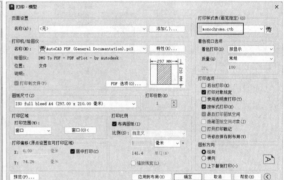

图 11-12 图 11-13

选择图形方向，如图11-14所示。

单击【确定】按钮，如图11-15所示。

图 11-14 图 11-15

选择保存位置，填写保存名称，单击【保存】按钮即可打印，如图11-16所示。

最终打开效果如图11-17所示。

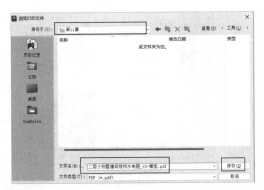

图 11-16

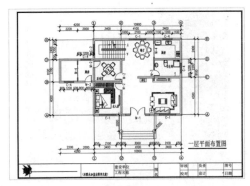

图 11-17

11.2　批量打印图纸

11.2.1　利用发布批量打印图纸

利用AutoCAD自带发布功能批量打印图纸时需要满足以下条件。

（1）每个布局一张图纸，如图11-18所示。

（2）每个布局都进行对应的页面设置，如图11-19所示。

（3）图框的左下角必须放在（0,0）点，如图11-20所示。

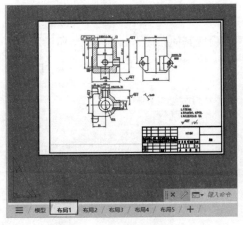

图 11-18

图 11-19

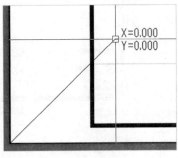

图 11-20

下面以10.2素材为例，介绍如何利用发布功能批量打印布局中的图纸。其步骤如下。

步骤1　打开10.2素材，选择【布局1】选项卡，确保布局1中只有一张图纸并且图纸左下角在（0,0）点，如图11-21所示。

步骤2　右击【布局1】，在弹出的快捷菜单中选择【页面设置管理器】命令，如图11-22所示。

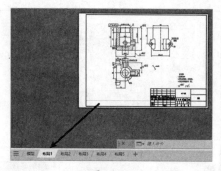

图 11-21

图 11-22

步骤3 弹出【页面设置管理器】对话框，单击【修改】按钮，如图 11-23 所示。

步骤4 弹出【页面设置-布局1】对话框，设置打印机、图纸尺寸、打印样式、图形方向，单击【确定】按钮，如图 11-24 所示。

图 11-23

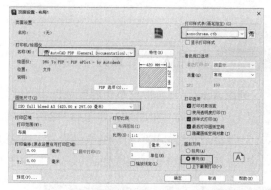

图 11-24

步骤5 单击【关闭】按钮，如图 11-25 所示。同理，设置其他布局，如图 11-26 所示。

步骤6 设置完成之后，选择【文件】→【发布】选项，或者输入命令PUBLISH，按 Space 键确认，如图 11-27 所示。

图 11-25

图 11-26

图 11-27

步骤7 弹出【发布】对话框，将不需要打印的图纸删除，如图 11-28 所示。

步骤8 选择打印保存位置，如图 11-29 所示。

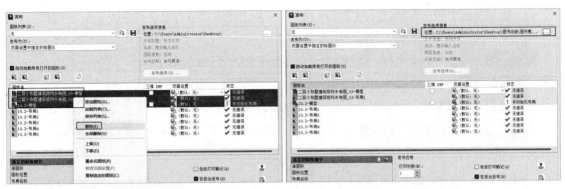

图 11-28   图 11-29

步骤9　选择打印份数，单击【发布】按钮，如图11-30所示。

步骤10　提示是否保存图纸列表，可以单击【否】按钮，如图11-31所示。

步骤11　提示正在打印，单击【关闭】按钮，可关闭该对话框，如图11-32所示。

步骤12　打印完成，左下角会提示【完成打印和发布作业】，如图11-33所示。

步骤13　打开保存的位置，可以看到文件已经打印完成，如图11-34所示，图纸如图11-35所示。。

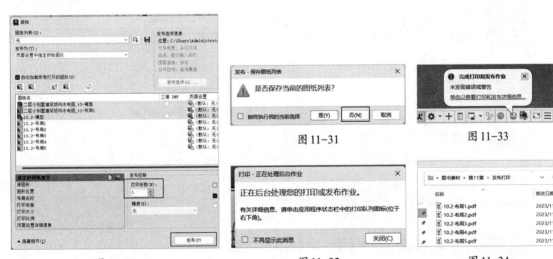

图 11-30   图 11-31   图 11-33

                  图 11-32   图 11-34

11.2.2 利用插件批量打印图纸

利用发布功能进行图纸的批量打印是针对一个布局一张图纸的，如果模型空间多张图纸或一个布局中多张图纸需要批量打印，则需要借助插件。这里以比较常用的batchplot插件为例，介绍如何利用插件批量打印图纸。

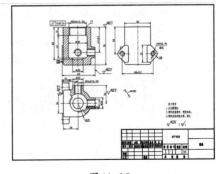

图 11-35

由于模型空间中多张图纸进行批量打印和一个布局多张图纸进行批量打印的方法是一样的，因此下面仅以模型空间中多张图纸为例介绍批量打印。

步骤1 打开第11章素材，找到【批量打印程序3.5.9版Batchplot】并双击安装，如图11-36所示。

步骤2 弹出安装向导，单击【下一步】按钮，如图11-37所示。

步骤3 选中【我接受】复选框，单击【下一步】按钮，如图11-38所示。

图11-36

图11-37

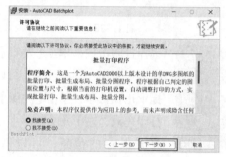

图11-38

步骤4 单击【下一步】按钮，如图11-39所示。

步骤5 选中需要安装的AutoCAD版本，单击【下一步】，如图11-40所示。

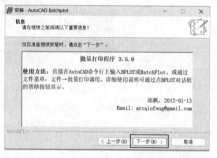

图11-39

图11-40

步骤6 选择安装位置，单击【下一步】按钮，如图11-41所示。

步骤7 单击【下一步】按钮，如图11-42所示。

图11-41

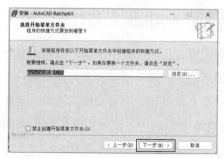

图11-42

步骤8　单击【安装】按钮，如图 11-43 所示。

步骤9　单击【完成】按钮，如图 11-44 所示。

图 11-43

图 11-44

步骤10　弹出【选择文件】对话框，选择第 11 章中需要打印的图纸，单击【打开】按钮，如图 11-45 所示。

步骤11　输入 bplot，调用批量打印插件，如图 11-46 所示。

步骤12　弹出【批量打印 3.5.9】对话框，选中【图块(B)：图框为特定图块】单选按钮，如图 11-47 所示。

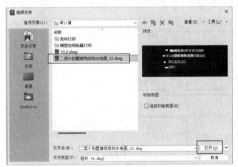

图 11-45

图 11-46

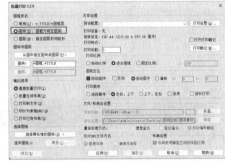

图 11-47

步骤13　单击【从图中指定图块或图层】按钮，如图 11-48 所示。

步骤14　选择图框图块，如图 11-49 所示。

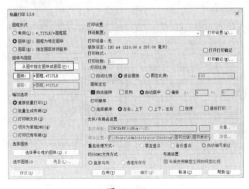

图 11-48

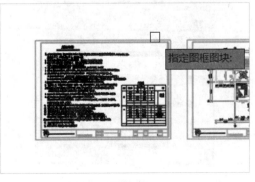

图 11-49

步骤15 在【输出选项】中选中【打印到文件】单选按钮，如图11-50所示。

步骤16 单击【选择要处理的图纸】按钮，如图11-51所示。

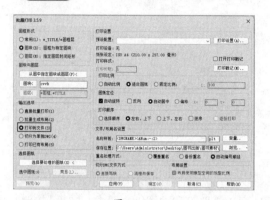

图11-50　　　　　　　　　　　　　　　　图11-51

步骤17 框选需要打印的图纸，如图11-52所示。

步骤18 单击【打印设置】，如图11-53所示。

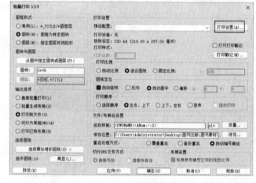

图11-52　　　　　　　　　　　　　　　　图11-53

步骤19 弹出【页面设置管理器】对话框，选择模型，单击【修改】按钮，如图11-54所示。

步骤20 弹出【页面设置-模型】对话框，设置打印机、图纸尺寸、打印样式、图形方向，单击【确定】按钮，如图11-55所示。

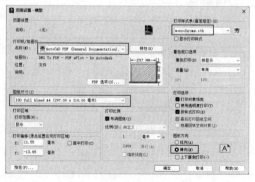

图11-54　　　　　　　　　　　　　　　　图11-55

步骤21 返回【页面设置管理器】对话框，单击【关闭】按钮，如图11-56所示。

步骤22 将【名称样板】的扩展名改为pdf，如图11-57所示。

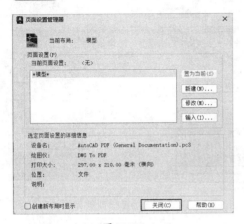

图 11-56

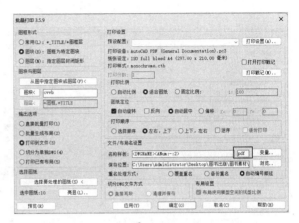

图 11-57

步骤23 单击【浏览】按钮，在弹出的对话框中设置保存位置，如图11-58所示。

步骤24 单击【确定】按钮，即可进行批量打印，如图11-59所示。

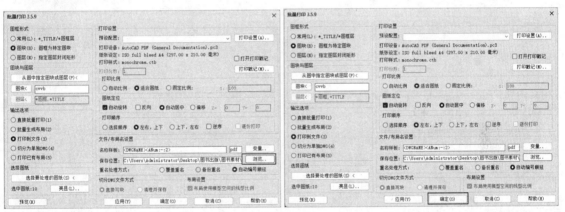

图 11-58

图 11-59

步骤25 提示打印作业进度，如图11-60所示。

步骤26 打印完成，左下角会提示【完成打印和发布作业】，如图11-61所示。

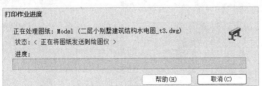

图 11-60

图 11-61

步骤27 打印完成，打开文件，效果如图11-62所示。

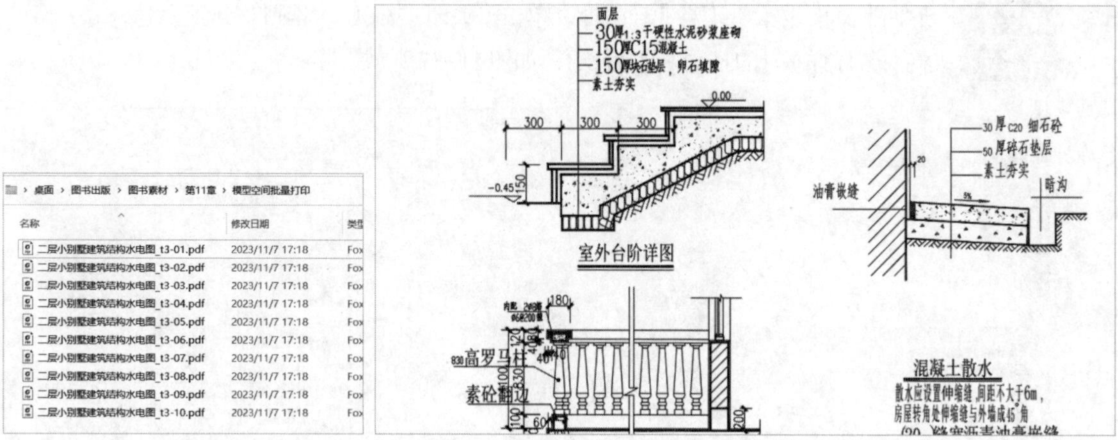
桌面 › 图书出版 › 图书素材 › 第11章 › 模型空间批量打印
名称
修改日期
二层小别墅建筑结构水电图_t3-01.pdf
二层小别墅建筑结构水电图_t3-02.pdf
二层小别墅建筑结构水电图_t3-03.pdf
二层小别墅建筑结构水电图_t3-04.pdf
二层小别墅建筑结构水电图_t3-05.pdf
二层小别墅建筑结构水电图_t3-06.pdf
二层小别墅建筑结构水电图_t3-07.pdf
二层小别墅建筑结构水电图_t3-08.pdf
二层小别墅建筑结构水电图_t3-09.pdf
二层小别墅建筑结构水电图_t3-10.pdf
2023/11/7 17:18
面层
30厚1:3干硬性水泥砂浆座砌
150厚C15混凝土
150厚块石垫层，卵石填隙
素土夯实
0.00
300
300
300
-0.45
150
室外台阶详图
30厚C20细石砼
50厚碎石垫层
素土夯实
油膏嵌缝
暗沟
5%
20
混凝土散水
散水应设置伸缩缝，间距不大于6m，
房屋转角处伸缩缝与外墙成45°角
180
830高罗马柱
素砼翻边
100
60
200

图 11-62